Methoden zur Haftfestigkeitsprüfung diamantbeschichteter Hartmetall-Wendeschneidplatten

von

Gerald Jörgensen

Tectum Verlag
Marburg 2001

Die Deutsche Bibliothek - CIP-Einheitsaufnahme

Jörgensen, Gerald:
Methoden zur Haftfestigkeitsprüfung diamantbeschichteter Hartmetall-
Wendeschneidplatten
/ von Gerald Jörgensen
- Marburg : Tectum Verlag, 2001
Zugl: Braunschweig, Univ. Diss. 2000
ISBN 3-8288-8250-1

Tectum Verlag
Marburg 2001

Die Zusammenfassung

Diese Arbeit befaßt sich mit der Korrelierbarkeit von Verschleißentwicklungen bei diamantbeschichteten Hartmetall-Zerspanungswerkzeugen (Fräsen, Drehen und Bohren von unter- und übereutektischen Al-Gußlegierungen) und Methoden zur Prüfung der Schichthaftfestigkeit. Diese Methoden wurden zum Teil im Rahmen dieser Arbeit selbst entwickelt (Kerbradtest) bzw. zusammengestellt und aufgebaut (Kavitationserosiontest). Andere Verfahren wie der Strahlverschleißtest und der Thermoschocktest wurden für die Prüfung von diamantbeschichteten Hartmetallen adaptiert, während der Rockwell- und der Ritztest weitgehend von Standardanwendungen übernommen wurden. Die Auswahl der Methoden leitete sich von den detailliert dargestellten Beanspruchungscharakteristika der drei Zerspanungsverfahren ab, die Wahl der Versuchsparameter von den genannten Zerspanungsoperationen oder anhand der Erfahrungen aus der Literatur.

Die Interpretation der Ergebnisse erfolgte mit Hilfe von zahlreichen Untersuchungen der verwendeten diamantbeschichteten Hartmetallproben. Dazu zählen Rauheitsmessungen, SEM-, SAM-, XRD-, und EDAX-Analysen von Oberflächen-, Bruch- und Tiefenstrukturen, sowie Raman-spektroskopische Untersuchungen. Ebenso wurden Messungen des gemischten E-Moduls mittels akustischer Oberflächenwellen und Eigenspannungsanalysen nach der $\sin^2\psi$-Methode durchgeführt. Für die Auswertung der Rockwelltests wurde zudem eine FEM-Simulation der Spannungs- und Dehnungsverteilung in der beschichteten Probe erstellt.

Die Ergebnisse der Haftfestigkeitsprüfmethoden wurden sowohl als Rohdaten, aber auch nach verschiedenen rechnerischen Auswertungen (empirische Bereinigung um bestimmte Einflußfaktoren wie die Schichtdicke und die Substrathärte) den Standzeit- bzw. -wegergebnissen aus zahlreichen Zerspanungsversuchen gegenübergestellt. Daraus ergab sich eine gute Korrelierbarkeit der Strahlverschleißergebnisse zu den Operationen Fräsen von AlSi10Mg wa bzw. AlSi17MgCu4 (Gleichlauf- und Gegenlauffräsen) und zum Längsdrehen von AlSi10Mg wa. Alle anderen Methoden der Schichthaftungsprüfung waren hierfür entweder nur bedingt oder gar nicht einsetzbar, bzw. bedürfen noch einer weiteren Untersuchung.

Die in dieser Arbeit verwendeten Werkzeuge waren alle diamantbeschichtete Hartmetall-Wendeschneidplatten der Geometrien SPGN120308 bzw. SCMW120408 und wurden überwiegend im Laufe dieser Arbeit gemeinsam mit dem Beschichter (Balzers AG, Liechtenstein) und dem Hartmetallhersteller (UHM, Horb a. N.) entwickelt. Dabei wurden Aspekte wie die Hartmetallkorngröße, der Binderanteil, die Sinterqualität, thermochemische Oberflächenmodifikationen des Hartmetalls betrachtet. Weitere Variationen ergaben sich aus unterschiedlichen Arten und Kombinationen von Vorpräparationen der Substratoberfläche sowie aus der Variation der Gasatmosphäre und der Abscheiderate bei der Diamantabscheidung.

Danksagung

Meinen herzlichen und verbindlichen Dank möchte ich allen denjenigen aussprechen, die mir bei dieser Arbeit mit Rat und Tat zur Seite gestanden haben, und ohne deren Zusammenarbeit diese Arbeit nicht bzw. nicht in der vorliegenden Qualität gediehen wäre.

Diese Arbeit entstand während meiner dreijährigen Tätigkeit am DaimlerChrysler Forschungszentrum in Ulm, Abteilung Fertigungstechnik. Sie wurde mir in erster Linie durch Herrn Dr. Michael Lahres ermöglicht, der mir in allen technischen und persönlichen Fragen ein ausgezeichneter Ansprechpartner war und der mir stets die notwendige Unterstützung zum Aufbau der Prüftechnologien und zur Durchführung der zahlreichen Untersuchungen und Analysen im eigenen Haus wie auch außerhalb gewährte. Ihm gilt mein besonderer Dank.

Sehr viel fachliche Unterstützung erfuhr diese Arbeit durch das Fraunhofer-Institut für Schicht- und Oberflächentechnik. Dort standen mir mein Doktorvater Prof. Heinz Dimigen, Dr. Lothar Schäfer, Dr. Claus-Peter Klages und Dr. Matthias Fryda für fruchtbare, kritische und richtungsweisende Anregungen stets zur Seite. Herrn Dr. Lothar Schäfer und H. Prof. Dimigen möchte ich an dieser Stelle meinen hohen Respekt für die ausgezeichnete Korrektur meiner Dissertation bekennen.

Die Zerspanungsversuche durfte ich am Institut für Werkzeugmaschinen und Betriebstechnik der Universität Karlsruhe durchführen. Hierfür und für das Koreferat möchte ich mich bei Prof. Jürgen Schmidt recht herzlich bedanken. Mein außerordentlicher Dank gilt auch meinem langjährigen Freund Herrn Dr. Oliver Doerfel sowie H. Joachim Krawitz für die organisatorische und die technische Hilfe.

Von besonderer Bedeutung für diese Arbeit war die offene und kreative Zusammenarbeit mit Herrn Dr. Johann Karner (Balzer AG) und H. Heinz Westermann (UHM), die mit großem Interesse an meiner Arbeit teilhatten und die für die sehr große Zahl der diamantbeschichteten Hartmetallproben sorgten.

Im Forschungszentrum Ulm führte Fr. Dr. Christel Lutz-Elsner (SEM, EDX, Raman-Spektroskopie) zahlreiche, hervorragende Untersuchungen durch. Ihnen gilt ebenso meine große Anerkennung wie H. Wolfgang Bugar, H. Oliver Vogt und H. Chris Maurer, die einige der Zerspanungs- und Laborversuche durchführten.

Weitere, sehr aufschlußreiche Untersuchungen erfolgten am Fraunhofer-Institut für Werkstoff- und Strahltechnik in Dresden, namentlich bei Herrn Dr. Bernd Schultrich, H. Dr. Peter Burck, H. Dr. Dieter Schneider und H. Dr. Gunter Kirchhoff (E-Modul, Raman-Spektroskopie, Thermoschockversuche), sowie am DaimlerChrysler Forschungsinstitut Ottobrunn bei Dr. F. Franz (Feldemissionsspektroskopie), bei der TEMIC Heilbronn bei H. Pieper und Dr. Burger (SAM), und bei H. Günter Mayer im DaimlerChrysler Forschungsbereich FT1/AF in Stuttgart. Auch Ihnen sei mein rechter Dank ausgesprochen.

Besonders innig verbunden bin ich meiner lieben Frau Heike, die die Entbehrungen des Familienlebens stets geduldig ertrug und die mir in persönlichen Dingen viel Arbeit abnahm, sowie meinem lieben, kleinen Sohn Lars, der auf so viele Spielstunden verzichten mußte.

1 Einleitung und Aufgabenstellung

Seit es Verfahren zur Beschichtung von Bauteil- oder Werkzeugoberflächen für optische, dekorative, verschleißmindernde oder Funktionszwecke gibt, besteht ein großer Bedarf an Methoden zur Charakterisierung der Schichteigenschaften. Für Verschleißschutzschichten bedeutet dies in der Praxis die Prüfung des Widerstands gegen thermische und korrosive Angriffe, insbesondere jedoch gegen mechanische und thermomechanische Beanspruchungen. Letztere stellen sich häufig nicht nur als kontinuierliche, ruhende Beanspruchung dar, sondern werden zusätzlich durch komplexe, oszillierende Kräfte moduliert. Da praxisidentische Prüfungen der Verschleißfestigkeit sehr aufwendig und langwierig sein können, ersetzen heute sogenannte Laborprüfmethoden in der Entwicklung und der Qualitätssicherung diese Prüfungen. Wegen der häufig unzureichend verstandenen realen Kollektivität der Beanspruchungen und der Schwierigkeit, diese im Labor korrekt nachzubilden, wird heutzutage bei Verschleißschutzschichten meist nur eine Abstraktion auf den dominanten tribologischen Faktor vorgenommen.

Sollen beim Endverbraucher größere Stückzahlen neuartiger, beschichteter Werkzeuge eingesetzt werden, beispielsweise im Rahmen der mehr und mehr sich ausweitenden Umstellung der Fertigung auf die Trockenzerspanung oder die Hochgeschwindigkeits- bzw. Hochleistungszerspanung, so bedarf es häufig einer zeitaufwendigen Qualitätsüberprüfung der Werkzeuge vor Ort. Für mittlerweile etablierte Verschleißschutzbeschichtungen aus metallischen Hartstoffen wie beispielsweise TiN existieren bereits Qualitätsrichtlinien für die Rockwell-Testmethode /VDI3198/ sowie den Ritztest /Bul88, Ste87, Bur87/. Außer diesen Methoden mit statischer bzw. quasistatischer Beanspruchung existieren für die Haftfestigkeitsprüfung von Verschleißschutzschichten auf Werkzeugen dynamische Methoden wie der Impulstest /Ban95, Kno92, Ley91/ und der Schwingungskavitationstest /Poh95, Mün95/ (Wechselbeanspruchungen). Die Beschreibung von Versuchsergebnissen in der Literatur befaßt sich dabei im wesentlichen mit Beschichtungen aus metallischen Hartstoffschichten wie TiN, Ti(C,N), und amorphen C-Schichten /Ara87/. Seit Anfang der 90er Jahre sind superharte diamantbeschichtete Hartmetall-Schneidwerkzeuge kommerziell erwerbbar, die sich mittlerweile in Bereichen der trockenen Leichtmetallbearbeitung und insbesondere der Graphitzerspanung mäßig bzw. gut bewährt haben und ein Konkurrenzprodukt für die gesinterten PKD-Werkzeuge darstellen können /Kla97/. Jedoch fehlt es in der Literatur und der Praxis an geeigneten Methoden für dieses Schicht/Substrat-System, um schnelle und kostengünstige Aussagen über das Leistungsvermögen dieser Werkzeuge (Verschleiß- und Haftfestigkeit) erhalten zu können; Methoden, die systematisch für diesen Zweck untersucht wurden und die nachweislich als korrelierbar mit bestimmten Werkzeugeigenschaften gelten. Dabei stellt die superhart/hart-Kombination von Diamant auf Hartmetall eine besondere Herausforderung an die Verschleißbeständigkeit des Prüfmittels dar.

Wie die Erfahrung zeigt, wird dabei die Wahl des Werkstoffs für den mit Diamant zu beschichtenden Werkzeuggrundkörper in der Regel von marktüblichen Produkten bestimmt. Dies sind typischerweise

HSS-, Hartmetall- und teilweise auch Keramikschneidstoffe. Während die Schneidkeramiken nur vergleichsweise geringe Marktanteile gegenüber Hartmetall und HS-Stahl erobern konnten und überwiegend für die Stahlzerspanung eingesetzt werden, stehen die beiden anderen Materialien in vielfältigen Geometrien und zu vergleichsweise günstigen Preisen für die Leichtmetallzerspanung zur Verfügung. Wegen der hohen Abscheidetemperaturen konnte Diamant langezeit außer auf Si_3N_4-Keramiken nur auf den temperaturstabilen Hartmetallen abgeschieden werden. Intensive Anstrengungen in der Erforschung von Techniken haben mittlerweile zur Abscheidung von Diamant auf mäßig temperaturstabilen Substratwerkstoffen wie HSS geführt /Fen98/. Jedoch ist es bislang noch nicht annähernd gelungen, diese Diamantschichten ausreichend haftfest und reproduzierbar für den Einsatz als Werkzeuge in der Metallzerspanung abzuscheiden.

Die Motivation zu dieser Arbeit basiert auf der iterativen Entwicklung einer Morphologie von diamantbeschichteten Hartmetall-Wendeschneidplatten, die sich als optimal für ein verschleißfestes Werkzeug für die Trockenzerspanung von Al-Gußlegierungen darstellen soll. In der Herstellung dieser Werkzeuge wurde dafür eng mit der Fa. United Hardmetal, Horb und der Fa. Balzers Verschleißschutz, Frstm. Liechtenstein kooperiert. Diese Arbeit entstand im Zusammenhang der aufkommenden Hochgeschwindigkeitstrockenzerspanung (Drehen, Bohren und Fräsen) von Aluminiumbasislegierungen im Automobilbau der DaimlerChrysler AG. Im Mittelpunkt der Betrachtung standen Getriebegehäuse und Zylinderköpfe aus der Gußlegierung AlSi10Mg wa, die auch als Versuchswerkstoff für die durchgeführten Zerspanungsversuche verwendet wurde. Für eine verstärkte Abrasionswirkung wurde zudem die für große Motoren verwendete Legierung AlSi17MgCu4 verwendet.

Die Entwicklung der Diamantbeschichtung von Hartmetall-Wendeschneidplatten der Güten K01 bis K15 im High-Current-DC-Arc-Verfahren (HCDCA) bot in dieser Arbeit die Basis für die Entwicklung praxisrelevanter Charakterisierungsmethoden für dieses Schicht/Substrat-System. Dabei stand die systematische Erprobung von bestehenden wie auch neuen Labormethoden für die entwicklungsbegleitende und anwendungsrelevante Bewertung der diamantbeschichteten Hartmetalle im Mittelpunkt. Zur Bestimmung dieser Methoden wird zunächst detailliert die Schneidenbeanspruchung von Werkzeugen im kontinuierlichen wie im unterbrochenen Schnitt betrachtet. Hieraus sollen für die Verfahren Fräsen, Drehen und Bohren die dominanten Beanspruchungscharakteristika herausgearbeitet werden, die sich für die Entwicklung von praxisrelevanten Charakterisierungsmethoden eignen. Die hieraus abgeleiteten Methoden sollen dann auf ihre Anwendbarkeit bei superharten Diamantschichten auf Hartmetallsubstraten hin systematisch untersucht und weiterentwickelt werden. Im Fokus dieser Untersuchungen steht dabei stets die mögliche Korrelierbarkeit der Testergebnisse mit Ergebnissen aus dem Fräsen, Drehen und Bohren der Gußlegierungen AlSi10Mg wa bzw. AlSi17MgCu4.

Einen graphischen Überblick über Struktur und Inhalt dieser Arbeit zeige die **Abb. 1.1**. Die Schwerpunkte sind dabei in drei thematische Blöcke unterteilt:

Schicht/Substrat-System

	Interzone	
Beschichtung		Substrat
Herstellung der Diamantschicht	Präparation der Interzone	Herstellung des Substrates

Eigenschaften

Methoden zur Bestimmung der Eigenschaften

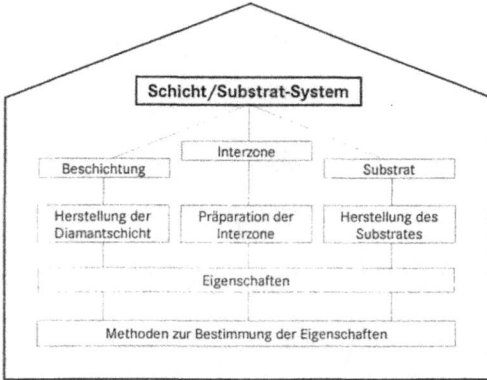

Teil I: Grundlegendes zur Diamantabscheidung auf Hartmetall

Beanspruchung der Werkzeugschneide im Einsatz

Tribologische Beanspruchung	Grobmechanische Beanspruchung	Thermische Beanspruchung

Beanpruchungskollektiv im Fräsen	Beanpruchungskollektiv im Drehen	Beanpruchungskollektiv im Bohren

Ableitung der Prüfmethodiken

Charakteristik des Strahlverschleißtests	Charakteristik des Kavitationerosiontests	Charakteristik des Thermoschocktests
Charakteristik des Kerbradtests	Charakteristik des Rockwelltests	Charakteristik des Ritztests	Charakteristik des Impulstests

Teil II: Grundlegendes zur Beanspruchung von Schneidwerkzeugen und Ableitung der Methoden zur Schichthaftungsprüfung

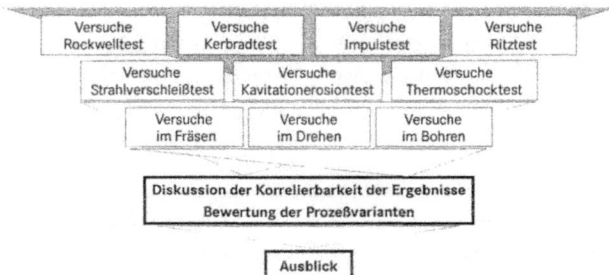

Versuche Rockwelltest	Versuche Kerbradtest	Versuche Impulstest	Versuche Ritztest
Versuche Strahlverschleißtest	Versuche Kavitationerosiontest	Versuche Thermoschocktest	
Versuche im Fräsen	Versuche im Drehen	Versuche im Bohren	

Diskussion der Korrelierbarkeit der Ergebnisse
Bewertung der Prozeßvarianten

Ausblick

Teil III: Experimente mit diamantbeschichteten Hartmetallen in Zerspanung und Haftfestigkeitsprüfung und vergleichende Diskussion der Ergebnisse

Abb. 1.1: Struktur und Inhalt der Dissertation

Teil I　Grundlegendes zur Diamantabscheidung auf Hartmetall

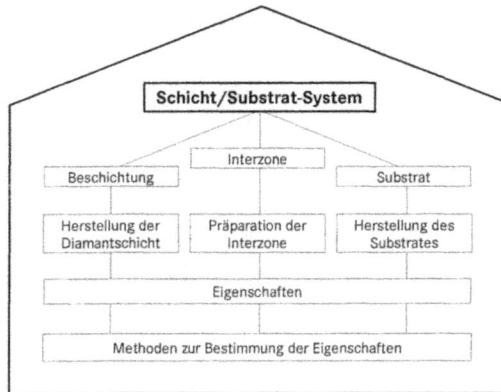

2　Das Schicht/ Substrat-System

Werkzeugoberflächen sind häufig intensiven Einflüssen aus der Umgebung und folglich Verschleiß-und Korrosionsangriffen ausgesetzt. In hochentwickelten technischen Systemen werden daher vermehrt Materialien eingesetzt, in denen durch Kompositstrukturen eine Funktionstrennung zwischen der Oberflächenzone und des darunter liegenden, tragenden Grundwerkstoffs realisiert ist. Auf diese Weise können beispielsweise harte, verschleißfeste Oberflächen mit zähen, bruchfesten Kernmaterialien kombiniert werden. Solche Oberflächen lassen sich einerseits durch Werkstoffmodifikationen des Grundwerkstoffs erreichen, bei denen in der Randzone durch thermische, chemische und/oder physikalische Behandlungen die Eigenschaften des Grundwerkstoffs gezielt verändert werden /Hae91/.

Von wachsender Bedeutung sind weiterhin die Verfahren, in denen ein anderer Werkstoff auf der O-berfläche des Grundwerkstoffs abgeschieden wird und den Oberflächenschutz, z.B. bei Schneidwerkzeugen, übernimmt. Solche Beschichtungen werden üblicherweise in sogenannte Dickschichten (Schichtdicke s $\geq$ 50 μm) und in Dünnschichten (s $\leq$ 50 μm) unterteilt. Die Abscheidung von Dünnschichten erfolgt hauptsächlich in Verfahren der PVD-Prozesse (physikal vapour depostion), der CVD-Prozesse (chemical vapour deposition), der Plasmapolymerisation und der elektochemischen Abscheidung. Weitere Ausführungen hierzu werden in /Hae87/ umfassend dargestellt.

Für das Einsatzverhalten beschichteter Werkzeuge lässt sich ein Schicht/Substrat-System in drei funktionelle Zonen untergliedern, deren Eigenschaften für das Verschleißverhalten des Systems bzw. den gewonnenen Vorteil gegenüber dem herkömmlichen, unbeschichteten Bauteil verantwortlich sind. Dies ist zum einen die Schicht selbst, die den tribologischen Gegebenheiten des Einsatzfeldes angepasst ist. So bietet für die Trockenzerspanung von abrasiven Leichtmetallegierungen eine polykristalline Diamantschicht beispielsweise Vorteile im Adhäsions- und Abrasionsverhalten. Zum zweiten sorgt das Substrat für die solide Untermauerung und somit für das Funktionsverhalten der dünnen Schicht im Einsatz. Damit diese Untermauerung bzw. Tragfähigkeit möglich ist, muss schließlich auch das Interface bzw. die Zone an der Grenzfläche (Interzone) zwischen beiden Materialien eine ausreichend gute Haftung gewährleisten.

Abb. 2.1 zeigt das morphologische Schema eines Schicht/Substrat-Systems mit vorpräparierter Substratoberfläche, der sogenannten Interzone. In der Literatur wird meist von einer Grenzfläche gesprochen. Diese flächige Trennung entstammt der epitaktischen Beschichtung von atomar glatten Flächen und ist jedoch für die Beschichtung realer, technisch vorbehandelter Oberflächen in dieser Weise nicht zutreffend. Denn durch die Vorbehandlung der Substratoberfläche ergeben sich neue Werkstoffeigenschaften in dreidimensionaler Ausdehnung.

Über die Präparation der Interzone finden sich in der Literatur zahlreiche Publikationen (siehe Kap. 2.2.5). Diese Interzone kann erzeugt werden durch die mechanische /Deu96, Zhu95/ oder chemische Veränderung des Grundwerkstoffs /Meh93, Par93, Suz86, Sai91, Nes93/, durch die Aufbringung einer Zwischenschicht /Iso93, Kaw93, Kup94, Mon93, Fre92, Kub95/, oder sie bildet sich während der Abscheidung der Deckschicht als Reaktionsprodukt mit dem Grundwerkstoff /Shi93, Sta97, Ole96, Ins97/.

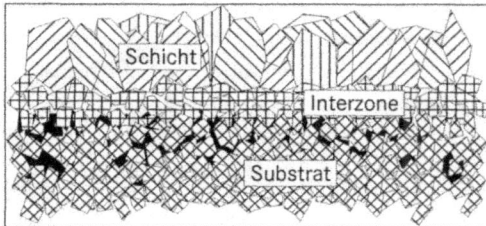

Abb. 2.1: Schicht/Substrat-System (schematisch)

2.1 Die Diamantbeschichtung

2.1.1 Die Abscheidung im aktivierten CVD-Prozess

Für die Abscheidung von polykristallinem Diamant finden zahlreiche verschiedene CVD-Verfahren ihre Anwendung. Die wesentlichen Unterschiede zwischen den einzelnen CVD-Verfahren liegen in erster Linie in der Technologie, die Gasspezies (Precursor) für die Reaktion zu aktivieren. Danach unterscheiden Sich die Verfahren in thermische wie dem Hot Wall oder dem Hot Filament Verfahren, sowie den plasmaaktivierten wie dem Microwave , dem Direct Current, dem Direct Current Arc Jet und dem in dieser Arbeit zur Anwendung gelangten High Current Density Arc Discharge Plasma CVD. Die Abscheidung von Diamant erfolgt in den meisten Fällen bei einem Umgebungsdruck von 0,01-1 bar und bei Temperaturen im Bereich von 800°-1000°C. Dabei lassen sich beispielsweise mit dem Mikrowellen-Plasma-Verfahren Beschichtungsraten von 1-30 µm/h erzielen /Fen98, Lah95, Sev98/, mit dem Arc-Jet-Verfahren bis zu 930 µm/h /Oht90/. Diese Rate steigt exponentiell mit der Substrattemperatur. Werden Nichtdiamant-Substrate verwendet, so scheidet sich Diamant heteroepitaktisch und als polykristalline Schicht ab. Diese polykristalline Schicht entsteht dabei aus zusammenwachsenden einzelnen Kristallkeimen, die üblicherweise statistisch orientiert sind. Je nach Abscheidebedingungen lässt sich jedoch auch eine Vorzugsrichtung (Textur) einstellen /Kla98, Jia92, Wil94/.

Als Reaktionsgase für die Diamantabscheidung werden zumeist CH_4 oder C_2H_2 als Kohlenstoffträger eingesetzt und mit Wasserstoff im Verhältnis 1:99 bis 3:97 gemischt /Hae91, Mat90, Li 93/. Auch kommen Zusätze von Sauerstoff im Prozessgas zu Einsatz /Pri93, Bac92, Fen98/. Sauerstoff zeigt insbesondere bei tiefen Abscheidetemperaturen gegenüber Wasserstoff eine um den Faktor 10^4-10^5 bessere Ätzeigenschaft und sorgt für eine hohe Konzentration an aktiven Wachstumsstellen. Außerdem wird der Einbau von Verunreinigungen in die Diamantschicht weitgehend unterdrückt und über eine homogenere Plasmaausbildung auch eine homogenere Diamantschicht erzeugt.

Diamant ist unter Normalbedingungen und unter CVD-Abscheidungsbedingungen eine metastabile Erscheinungsform des Kohlenstoffs. Die Abscheidung kristallinen Kohlenstoffs ist in zwei verschiedenen Formen möglich. Eine davon besteht aus einer sp^2- (Graphit), die andere aus einer sp^3- Hybridisierung (kubischer Diamant). Eine Übergangsform vom Graphit zum kubischen Diamant stellt der sogenannte amorphe Kohlenstoff (sp^1) dar. Für die Abscheidung superharter Diamantschichten für den Verschleißschutz ist es daher entscheidend wichtig, die Ausbildung von sp^2-Kohlenstoff-Doppelbindungen zu verhindern, die das Graphitwachstum erleichtern, und die Diamant-typischen sp^3-Einfachbindungen zu selektieren.

Wird Diamant in polykristalliner Struktur chemisch auf anderen Festkörpern abgeschieden so treten alle drei Formen auf. Zhu stellte in diesem Zusammenhang fest, dass das Ausmaß von Nicht-Diamant-Anteilen in der Schicht nur unwesentlich vom Substratwerkstoff abhängt /Zhu89/. Wegen der schwierig zu erreichenden Heteroepitaxie zwischen Diamantschicht und Substrat kommt es an dieser Stelle stets zu einem verstärkten Auftreten von graphitischen Bindungen. Im weiteren Aufwachsen der Schicht bestimmt nun hauptsächlich das Verhältnis von verfügbarem Kohlenstoff und den aktivierten Ätzradikalen des Wasserstoffs und gegebenenfalls des Sauerstoffs die Anteile der drei Hybridformen. Graphit findet sich dabei fast ausschließlich entlang der Diamantkorngrenzen. Mit steigender Kohlenstoffkonzentration in der Umgebung nimmt die Sekundärnukleation von Diamant auf Diamantkörnern zu; folglich sinkt die mittlere Diamantkorngröße, und der erhöhte Grenzflächenanteil bietet Platz für mehr Graphit. Gleichzeitig ätzen die prozentual weniger verfügbaren Radikale von Wasser- und Sauerstoff nicht mehr alle graphitischen Bindungen weg, bevor diese von Diamant überdeckt werden. In den Übergängen von Graphit zu Diamant bildet sich dabei die amorphe Übergangsform des Kohlenstoffs aus. Diese Erscheinung tritt auch bei einer zu geringen Abscheidetemperatur auf. Das Verhältnis von Diamantphasenanteil zu Nicht-Diamantphasenanteil (sp^3/sp^2-Verhältnis) bezeichnet man als Diamantgüte. Dabei wird in der Praxis fälschlicherweise quantitativ aus Ramanspektren das Verhältnis der Anteile des kubischen Diamants zu den übrigen Hybridformen ins Verhältnis gesetzt.

2.1.2   Eigenschaften der Diamantschicht

Bemerkenswert am Diamant ist seine chemische Beständigkeit gegenüber allen Säuren, seine hohe thermische Leitfähigkeit bei gleichzeitig elektrischer Isolation und seine unübertroffene Härte von bis zu 10000 HV. Neben der hohen Härte zeichnen ihn auch die hohe Druckfestigkeit von mehr als 110 GPa, die gute Thermoschockbeständigkeit ($\Delta T > 1000$ K) /Tah96, Dav93/ und der sehr geringe Reibungskoeffizient /Liu95/ als geeignete Verschleißschutzbeschichtung auf Zerspanungswerkzeugen für die Leichtmetallbearbeitung aus. Dabei übernimmt die Beschichtung als exponierte Oberfläche den Widerstand gegen äußere tribologische Angriffe.

2.1.2.1   Tribologische Eigenschaften und kohäsives Schichtversagen

Betrachtet man die bei diamantbeschichteten Hartmetallen auftretenden Verschleißerscheinungen in der Zerspanung von Aluminium-Leichtmetallegierungen, so können die tribochemischen Prozesse als Ursache - auch in der Trockenzerspanung - vernachlässigt werden. Anders als bei der Bearbeitung von Werkstoffen mit Metallkomponenten Eisen, Kobalt, Nickel, Mangan, Chrom und Elementen aus der Gruppe der Platinmetalle /Spu96/ wie auch Titan /Brö94/ bestehen hier keine starken Affinitäten des Schichtkohlenstoffs zu Elementen des zu bearbeitenden Materials und damit keine deutliche Diffusionsneigung insbesondere bei höheren Kontakttemperaturen zwischen beiden Materialien. Hier können je nach Werkstückmaterial und Schnittbedingungen jedoch Verschweißungen an der Schneide auftreten. Dabei ist aber über ein Herausreißen von Schichtpartikeln aus der zum Werkstück vergleichsweise stabilen Diamantschicht in der Literatur nichts bekannt. Über die Eigenschaften von polykristallinen Diamantschichten unter der Reibbeanspruchung durch metallische Gegenkörper finden sich Angaben bei /Gar92, Hay92, Bhu93, Gåh96, Pim96, Ala93/. In erster Linie wird auf den RauheitsEinfluss der Diamantschicht auf den Reibwert hingewiesen. Gegen einen AlSi-Körper zeigten sich so zum Beispiel an einem Bohrer-Spitzeneinsatz aus diamantbeschichtetem Hartmetall bei einer Anpresskraft von 1000 N nach 7500 m Reibweg lediglich Verrundungen von exponierten Diamantkristallen /Holl94/. Raman-spektroskopische und mikroskopische Untersuchungen bewiesen, dass dies nicht durch Phasenumwandlungen des Diamants zu Graphit, sondern durch Mikrospaltungen (Mikrobrechen) an den spröden Kristallen hervorgerufen wurde. Auch /Gåh96/ stellte zudem nach einem Schleifweg von 10000 m keine plastischen Mikroverformungen des Diamants unter der Belastung durch ein Schleifrad (Stahl) mit 0,3 N in einer Umgebung aus einem 6 µm-Diamant-Schlamm fest. Unterschiede ergaben sich dabei jedoch bei unterschiedlichen Diamantgüten und verschiedenen Eigenspannungszuständen der Diamantschicht. Bei höherem sp^3-Bindungsanteil in der Diamantschicht wie auch bei Druckeigenspannungen zeigte sich ein geringerer Abrasionsverschleiß als bei höheren Graphitanteilen (sp^2) bzw. bei spannungsfreien Schichten (5-20facher Verschleiß gegenüber den negativ vorgespannten Schichten). Auch hier beschränkte sich der Verschleiß im wesentlichen auf die Glättung von Schichtrauheitsspitzen. In allen Quellen wurde kein gravierender Abrasionsverschleiß der Diamantschicht verzeichnet. Die mangelnde plastische Verformung lässt somit keine für druck- und scherbelastete Oberflächen typische Pitting-Schädigung der Beschichtung - auch kohäsives Versagen oder Chipping genannt - zu /Chen93/. Statt dessen ist mit tiefergehenden Zerüttungserscheinungen, dem sogenannten "spalling" zu rechnen. Hierbei handelt es sich um größerflächige Abplatzungen in der schwächsten Zone des tribologischen Grundkörpers. Im Fall der haftfest diamantbeschichteten Hartmetalle ist dies das Hartmetallsubstrat. Die für übliche Kontaktbedingungen in Lagerungen typischen Schädigungstiefen im zehntel-Millimeter-Bereich müssen dazu entsprechend den kleineren Kontaktzonen an der Werkzeugschneide maßstäblich um etwa eine Größenordnung geringer angenommen werden. Will man die Schädigungstiefe im Bereich der festeren Diamantschicht auffangen, so empfiehlt /Hal89/ die Einhaltung einer minimalen Schichtdicke, die sich aus einer aus der Hertz'schen Theorie abgeleiteten Formel

$$s = R * \frac{H}{E'} \quad \text{mit} \quad \frac{1}{E'} = \frac{1}{E_1} + \frac{1}{E_2} \qquad (G2.1.1)$$

bestimmen lässt. Darin sind s die Schichtdicke und H die Härte der Schicht, R eine Konstante, E_1 der E-Modul der Diamantschicht und E_2 der des Substrates.

2.1.2.2 Adhäsives Schichthaftungsversagen

Ein rein adhäsives Versagen, auch flaking genannt, bei dem sich die Verbundpartner sauber voneinander lösen, ist nur bei sehr schlechter Schichthaftung und daher selten zu erwarten. An dieser Stelle muss jedoch die gleichzeitige Belastung durch harte Partikel und den Werkstückwiderstand in der Zerspanung für den Verschleißwiderstand von Diamantschichten als kritisch angesehen werden. Entstehen bei der Zerspanung am diamantbeschichteten Werkzeug Schichtabplatzungen, so sind diese typischerweise auf Schädigungen an der Grenzzone zwischen Schicht und Substrat zurückzuführen. Für diese Art von Werkzeugen muss demnach beim Versagen der Schichthaftung von Stabilitätsverlusten des Hartmetallgrundkörpers ausgegangen werden, der die stützende Basis für die vergleichsweise dünne Diamantschicht darstellt. Wie /Rei93/ anhand von Drehversuchen in Al-Legierungen zeigte, kann ein Schichtverlust dann über lokale Mikrodefekte wie Mikroausbrüchen bzw. Spaltungen von Diamantkörnern an der Freifläche in der Schicht selbst eingeleitet werden (primäre Risseinleitung, Mechanismus des Mikrobrechens). Als besonders anfällig hierfür gelten Schichten mit Irregularitäten wie Auswüchsen und sogenannten pin-holes, welche durch ein nicht geschlossenes Aufwachsen der Diamantschicht bei einer zu geringen Keimdichte entstehen. Im weiteren Schadensverlauf ziehen die von diesen Mikroausbrüchen ausgehenden Risse Schichtabplatzungen nach sich. Diese sind ihrerseits wieder Ausgangspunkte für eine weitere Rissausbreitung und für Abschieferungen an den neu gebildeten Schichtkanten. Treten aufgrund einer stabilen Schichtanbindung an das Substrat kaum Delaminationen auf, so ist folglich im Zerspanungseinsatz des diamantbeschichteten Werkzeugs mit einem kontinuierlichen Schichtabbau durch diese Abschieferungen zu rechnen - es entsteht kontinuierlicher abrasionsähnlicher Verschleiß.

2.1.2.3 Intrinsische Eigenspannungen

Eigenspannungen sind mechanische Spannungen, die in Abwesenheit von äußeren Kräften und/oder Momenten sowie von Temperaturgradienten in Werkstoffen vorliegen. Aus Gleichgewichtsgründen müssen sich die aus ihnen resultierenden Kräfte und Momente über das Bauteilvolumen aufheben /Eig90/. Im Schicht/Substratverbund entstehen Eigenspannungen einerseits durch eine gefügebestimmte, intrinsische und andererseits durch eine thermisch induzierte Komponente. Die intrinsische Komponente rührt von struktureller Unordnung, d. h. von inkorporierten Fremdatomen, korngrenzendiffusionsgesteuerter Umordnung von Leerstellen während der Abscheidung und anderen Störungen im Kristallgitter her und kann als Druck- wie auch Zugspannungen auftreten /Hae87, Sch93/. Mit der Zunahme der Nichtdiamantbestandteile, insbesondere des Graphits, entstehen nach /Win91/ intrinsische Zugeigenspannungen. Dies hängt mit dem größeren spezifischen Volumen des Graphits gegenüber Diamant zusammen /Hae87/. /Rats95/ untersuchte die Veränderung der intrinsischen Eigenspannungen von polykristallinem Diamant auf Silizium, indem er die Abscheidetemperatur in allen Abscheideversuchen konstant hielt, precursorseitig die Schichtkorngröße und die Schichtgüte variierte und anschließend anhand der Substratdurchbiegung die Gesamteigenspannungen bestimmte (Referenzmessung nach der $\sin^2\psi$-Methode). Unter der Voraussetzung gleicher thermischer Eigenspannungswerte repräsentieren die Kurvenverläufe in **Abb. 2.1.2a und b** die Veränderung der intrinsischen Komponente. Danach liegen Zugspannungen vor, die mit sinkender Kristallitgröße und abnehmender Schichtgüte ansteigen. Berücksichtigt man, dass die Anzahl der Kristallite mit dem Aufwachsen der Schicht sinkt, so ist mit unterschiedlichen Eigenspannungszuständen über der Schichtdicke zu rechnen. Das Vereinnahmen bzw. Überwachsen von kleineren Kristalliten durch dominante größere führt dabei zu einer geringeren Korngrenzendichte und folglich weniger Ansiedlungsstellen für Graphit /Sch00/. Liegt also in Grenzflächennähe eine schlechtere Schichtgüte vor, so sind hier die intrinsischen Eigenspannungen am größten. Überlagern sich diese mit den thermischen Druckeigenspannungen, so ergibt sich hier eine stärkere Kompensation.

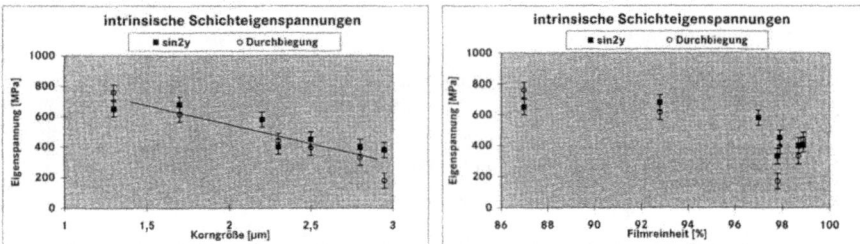

Abb. 2.1.2: Intrinsische Eigenspannungen in Abhängigkeit von der Schichtkorngröße bzw. von der Schichtgüte /Rats95/

2.1.3 Methoden zur Bestimmung der Eigenschaften (mikroanalytisch)

Mikroanalytische Methoden, die indirekt Rückschlüsse auf die mechanischen Schichteigenschaften erlauben, eignen sich vorzugsweise zur Analytik an hochreinen Diamantschichten für optische und elektronische Anwendungen. /Coo92/ berichtet von vergleichenden Untersuchungen an mehreren CVD-Diamantschichten (MPCVD) auf Silizium mittels verschiedener Microbeam-Methoden. **Tab. 2.1.1** gibt einen Überblick über analytisch bestimmbare Schichteigenschaften, die analytischen Größen sowie die Meßmethoden. Diese im atomaren Maßstab arbeitenden Untersuchungsmethoden können

Tab. 2.1.1: Mikroanalytische Methoden zur Bestimmung der Eigenschaften von Diamantschichten /Coo92/

Schichteigenschaft	Meßgröße	Meß methode
C-Hybridisierungen (Oberfl.), qualita-tiv/Verteilung	KLL/KVV Auger-Elektronen	AES/XAES
C-Hybridisierungen (Oberfl.), qualitativ	C-1s Photoelektron	XPS
qual. Elementanalyse (Oberfl.)	Sekundärionen-Masse	SIMS
C-Hybridisierungen im Kern	K-Schalen-Ionisierungsverluste	EELS
C-Hybridisierungen, Gitterstörungen	Elektronenbeugung (Durchstrahlung)	TEM
C-Hybridisierungen (Oberfl.)	Gitterabstände über Elektronenrückstreuung	RED
Oberflächenstrukturen	Rückstrahl-/ Sekundärelektronenstreuung	SEM
Kristallisationsstörungen, Adhäsionsfeh-ler	Induktionsströme (Distanzmessung)	EBIC

jedoch keine praxisrelevante Aussage über die mechanischen Eigenschaften von makroskopisch beanspruchten, diamantbeschichteten Zerspanungswerkzeugen liefern.

2.1.4 Fazit zur Diamantbeschichtung

• Sauerstoff zeigt gegenüber Wasserstoff eine bessere Ätzeigenschaft und sorgt für eine hohe Konzentration an aktiven Wachstumsstellen. Der Einbau von Verunreinigungen in die Diamantschicht wird weitgehend unterdrückt und eine homogenere Diamantschicht erzeugt.

• Das Ausmaß von Nicht-Diamant-Anteilen in der Schicht hängt nur unwesentlich vom Substratwerkstoff ab.

• Mit steigender Kohlenstoffkonzentration in der Umgebung nimmt die Sekundärnukleation von Diamant auf Diamantkörnern zu; folglich sinkt die mittlere Diamantkorngröße, und der erhöhte Grenzflächenanteil bietet Platz für mehr Graphit und amorphen Kohlenstoff.

• Intrinsische Zugspannungen steigen mit sinkender Kristallitgröße und Schichtgüte, da die Grenzflächendichte abnimmt.

• Bei diamantbeschichteten Hartmetallen können tribochemische Prozesse in der Zerspanung von Aluminium-Leichtmetallegierungen vernachlässigt werden.

- Ein Herausreißen von Schichtpartikeln aus der stabilen Diamantschicht durch Adhäsion ist in der Literatur unbekannt. Die mangelnde plastische Verformung verhindert eine Pitting-Schädigung der Beschichtung ("Chipping").

- Verschleiß an der Diamantschicht entsteht durch Mikrospaltungen (Mikrobrechen) an den spröden Kristallen und führt zu deren Verrundung.

- Ein Schichtverlust kann über Mikroausbrüche bzw. Spaltungen von Diamantkörnern an der Freifläche eingeleitet werden (primäre Risseinleitung).

- Bei höherem sp^3-Bindungsanteil in der Diamantschicht wie auch bei wachsenden Druckeigenspannungen (Gesamteigenspannungen) verringert sich der Abrasionsverschleiß.

2.2 Die Interzone

Mit der Funktionentrennung von verschleißfester Oberfläche (Schicht) und tragendem Werkzeuggrundwerkstoff (Substrat) ergibt sich eine neue, verschleißrelevante Schwachstelle im Werkzeug, die Grenzzone (Interzone, Definition s. Kap. 2). Anhand der Festigkeit dieser Zone entscheidet sich, ob die oft empfindlich dünne Verschleißschutzschicht vom Grundkörper unter äußerer Belastung genügend Rückhalt erhält. Verantwortlich dafür ist einerseits die sogenannte Adhäsion beider Materialien als makroskopische Eigenschaft, die durch atomare Bindungskräfte, die inneren Spannungen im Schicht/Substrat-Verbund und die Gefügedichte bestimmt wird /Hae87/. Dabei bestehen die inneren Spannungen bei CVD-diamantbeschichteten Hartmetallen überwiegend aus thermischen Eigenspannungen, die sich wegen der unterschiedlichen thermischen Ausdehnungskoeffizienten und der hohen Abscheidetemperatur von 800°-1000° C ergeben. Andererseits darf der Zähigkeitssprung zwischen den beiden Materialien nicht zu groß sein, damit sich unter einer starken äußeren Belastung stets ein weitgehend homogener Gesamtverformungszustand einstellen kann. Im Fall von harten Werkzeugbeschichtungen spricht man dabei von einer ausreichenden Tragfähigkeit des Substrats. Die Haftung hängt somit von den Werkstoffpartnern des Verbundes, dem Typ der Interzone /Mat65/, den Herstellungsbedingungen der Schicht, den Gefügeeigenschaften des Substrates und der Substratpräparation ab.

2.2.1 Der Materialübergang

Nach /Mat65/ lassen sich die unter dem Begriff Adhäsion gesammelten Mechanismen der Schichthaftung auf fünf unterschiedliche Materialübergangstypen zurückführen bzw. aufteilen. Dies sind

1. die mechanische Verhakung bei rauher Substratoberfläche,

2. die chemische Bindung, die mit höheren Temperaturen oder Gasaktivierungen zunimmt,

3. der Monoschicht/Monoschicht-Übergang, wenn keine chemische Reaktion zwischen den Partnern auftritt oder Verunreinigungen diese Reaktion unterbinden (schwache Haftung),

4. der Diffusionsübergang, der bei gegenseitiger Löslichkeit der Partner und entsprechender Interdiffusion entsteht und

5. die Pseudodiffusion, wenn ohne gegenseitige Löslichkeit, Ionen durch Beschuss auf das Substrat in diesem verankert werden und damit die Haftung der Beschichtung erhöhen.

In der Realität bestehen an Interzonen häufig Kombinationen von mehreren dieser Übergangstypen. Für Diamantschichten auf Hartmetallen bestimmen die zwei ersten, CVD-charakteristischen Typen die Schichthaftung auf dem Substrat. Die mechanische Verhakung wird sowohl durch die makroskopische wie auch die mikroskopische Rauheit des Substrates bestimmt. Nach /DIN 4760/ klassifiziert sich die Rauheit einer technischen Oberfläche in 6 Ordnungen. Die Verhakung von Schicht und Substrat ineinander beginnt mit der Rauheit 4. Ordnung, üblicherweise den Schleifriefen. Die den Riefen untergeordnete Rauheit 5. Ordnung wird bei mit Diamant zu beschichtetenden Hartmetallen häufig durch das Herausätzen der metallischen Binderlegierung verstärkt. Nebenbei wird dadurch aber auch die Stabilität der Oberfläche durch entstehende Porosität (potentielle Risskeime) in Mitleidenschaft gezogen. Andererseits vergrößert sich die effektive beschichtbare Karbidoberfläche. Im Bereich der Rauheit 6. Ordnung, also in der Größenordnung von Nanodefekten, ist das sogenannte Bekeimen anzusiedeln. Dabei wird in den meisten Fällen das Substrat einer diamanthaltigen Suspension im Ultraschallbad ausgesetzt. Neben feinen Kratzer in der Oberfläche der Karbidkörner stellt vor allem die Verankerung von Sekundärkeimen (Verhakung von Diamantkörner aus der Suspension) energetisch günstige Keimorte für das Primärwachstum des Diamants dar. Besteht das Substrat zu einem großen Teil aus karbidbildenden Metallen wie Kobalt, Nickel, Eisen, Molybdän, Tantal, Wolfram oder Titan, so muss bei der Diamantabscheidung mit einer längeren Inkubationszeit gerechnet werden. Während dieser Zeit wird zunächst die Substratoberfläche aufkarburiert. Dabei hängt die Inkubationszeit direkt von der Diffusivität des Kohlenstoffs im Substrat ab /Lux91/. Metalle mit einer vergleichsweise hohen Diffusivität für Kohlenstoff wie Fe, Ni und Co führen daher zu einer größeren Verzögerung der Diamantinkubation bzw. des Diamantwachstums. Bei Verwendung Co-, Ni- oder Fe-haltiger Substrate (z. B. Hartmetalle) muss die Verzögerung der Inkubation folglich durch eine geeignete Steuerung des Abscheideprozesses minimiert werden. Dies kann beispielsweise durch eine ausreichend hohe Abscheidetemperatur und eine möglichst kurze Beschichtungsdauer erreicht werden (hohe Abscheidungsrate), d. h. durch ein hohes Angebot an aktiviertem Kohlenstoff und bei einer gleichzeitig möglichst geringen Zudiffusion der diamantzerstörenden Metalle unter dem bestehenden Temperatur- und Konzentrationsgefälle aus dem Substratinnern in Richtung der Oberfläche. Außerdem lässt sich damit die Keimdichte und wegen der erhöhten Zahl von Ätzradikalen auch die Phasenreinheit der Diamantschicht in der Interzone verbessern, damit sich auf der freien Karbidoberfläche dann die chemischen Verbindungen für das Diamantwachstum ungestört ausbilden können.

2.2.2 Keimbildung und Schichtaufbau

Wenn Atome, geladene Teilchen oder Precursorfragmente auf eine Festkörperoberfläche treffen, werden sie zunächst adsorbiert, kondensieren bzw. reagieren dann zu/ an stabilen Keimen oder desorbieren wieder. Die chemische Bindung wird um so mehr erleichtert, je größer die Beweglichkeit des Adsorbats auf der Oberfläche ist. Diese Beweglichkeit steigt mit der kinetischen Energie der Atome/Teilchen, der Substrattemperatur und der Stärke der Wechselwirkung zum Substrat. Ist diese Wechselwirkung stark bzw. die Dichte der möglichen Keimorte hoch, so erhält man eine hohe Keimdichte. Durch Anlagerung von weiteren Atomen/Teilchen wachsen die stabileren der Keime zu inselförmig verteilten Kristalliten und koalieren schließlich zu einer zusammenhängenden Schicht /Hae87/. Danach hängt die kohäsive Festigkeit dieser Schicht auch von dem Anteil an der Schichtdicke ab, der nach der Koalierung geschlossen gewachsen ist. Dieser Bereich beginnt um so früher, je höher die Keimdichte ist. Gleichzeitig muss davon ausgegangen werden, dass Hohlräume in der Interzone für die Schicht unter Belastung eine Kerbe darstellen und Spannungsüberhöhungen dort die Stabilität der Schicht herabsetzen. Bei der Diamant/WC-Co-Kombination lassen sich Keimdichten von bis zu $10^{11}/cm^2$ erreichen, so dass bereits nach wenigen Zehntel Mikrometer ein Zusammenschluss der Keimkristallite zu einem geschlossenen Film stattfinden kann. Dies setzt ein 3D-Wachstum der Keime voraus /Liu95/. Bei Co-haltigen Substraten wie Hartmetallen tritt zu Beginn der Beschichtung zunächst eine Verzögerung der Inkubation im Bereich zwischen den Karbidkörnern ein. Die Neigung zur Karbidbildung lässt die Kobaltphase bzw. deren Reste nach einer Ätzbehandlung Kohlenstoff bis zu 0,1 at% aufnehmen (900°C). Dadurch verringert sich die Schichtdicke bei gegebener Beschichtungsdauer mit einem wachsenden Co-Restgehalt in der Interzone. /Kub95/ entwickelte einen Nomograph (**Abb. 2.2.1**), der für einen nominellen Co-Gehalt (Strahlen in rechter Darstellungshälfte) des Substrats und für eine gemessene Aufkohlungstiefe (rechte Abszisse) auf den Schichtdickenverlust (linke Abszisse) schließen lässt. Dabei

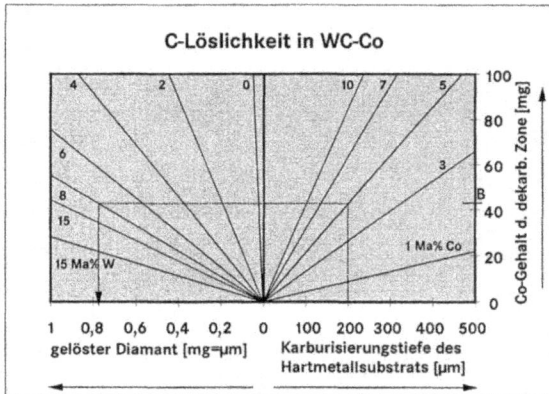

Abb. 2.2.1: Nomograph der C-Löslichkeit und des Schichtdickenverlusts /Kub95/

wird auch der W-Gehalt im Binder berücksichtigt (Strahlen in linker Darstellungshälfte).

2.2.3 Thermische Eigenspannungen

Die thermische Komponente hat ihre Ursache in den unterschiedlichen thermischen Ausdehnungsko-effizienten zwischen Schicht- und Substratmaterial und stellt sich nach der Abkühlung des beschich-teten Substrats von der Beschichtungstemperatur auf Raumtemperatur ein /Hae87/. **Tab. 2.2.1** zeigt die verschiedenen thermischen Ausdehnungskoeffizienten von polykristallinem Diamant und unter-schiedlichen Substraten aus dem Werkzeugspektrum.

Berechnungen der thermischen Eigenspannungen zwischen einer Diamantschicht und verschiedenen Substratmaterialien wurden von /Rat95/ durchgeführt und sind in **Abb. 2.2.2** in Abhängigkeit von der Beschichtungstemperatur dargestellt. Im Gegensatz zum Si_3N_4-Substrat führt WC-Co zu Druckeigen-

Tabelle 2.2.1: Materialkonstanten im Vergleich / Sche88/

Material	therm. Ausdehnungs-koeffizient α_{th} [10^{-6}/K]	E-Modul [MPa]	Härte [HV30]	Druckfestigkeit [N/mm²]
polykr. Diamant	3,0	850-1000	8000	7600
HSS	12,0	210	750-800	3500-4000
WC-Co	4,0	500-650	1700-2000	4000-7000
Si_3N_4	3,3	300	2500	3000

spannungen, die bei einer Abscheide-temperatur von 850°C bei etwa -1,5 GPa liegen.

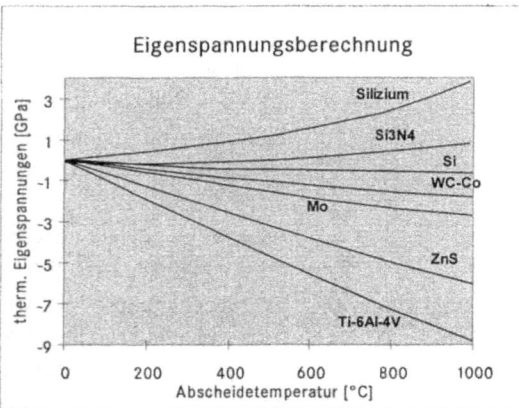

Abb. 2.2.2: Abhängigkeit der thermischen Eigenspannungen von der Beschichtungstemperatur für mehrere Substratwerkstoffe /Rat95/

Durch Eigenspannungen wächst die Belastung der Interzone durch Scherkräfte. Dies kann bis zum Ab-platzen der Beschichtung führen. Häufig kommt die gespeicherte elastische Energie der Eigenspan-nungen dann zum Tragen, wenn zusätzlich eine äußere, gleichgerich-tete Spannung anliegt oder bereits ein Schaden induziert ist. Spricht man von Schichthaftungsversagen, so muss zunächst im Bereich der Interzone nach dem bevorzugten Ort des Rissverlaufs differenziert werden. Dieser kann überwiegend in der Schicht, an der Materialgrenze oder im Bereich der Sub-stratoberfläche erfolgen. Dies hängt im wesentlichen von den zu vergleichenden Festigkeiten der be-teiligten Materialpartner ab. Im Fall der Diamant/Hartmetall-Kombination lässt sich wegen der hohen Festigkeit des Diamants ein Versagen im Bereich der Schicht weitgehend ausschließen. Ob die Mate-rialtrennung zwischen der Schicht und dem Substrat oder überwiegend im Substrat allein geschieht, entscheiden letztlich die Schichtkeimdichte und die Qualität der chemischen Bindungen zum Substrat

(Schichtanbindung). Bei wachsender Schichtanbindung verlagert sich die Rissfront zunehmend in das Substrat hinein.

2.2.4 Die Substratpräparation

Unter der Präparation eines Hartmetallsubstrats versteht man die Behandlung der zu beschichtenden Oberflächenzone auf eine begünstigte Beschichtbarkeit. Dazu zählen die Eigenschaften chemische Verträglichkeit zum Schichtwerkstoff, ausreichende Verfügbarkeit von Keimorten und Keimen (und deren physikalische Zugänglichkeit) sowie die mechanische Stabilität (Bruch- und Tragfähigkeit).

Bei mit Diamant zu beschichtenden WC-Co-Hartmetallen werden diese drei Eigenschaften durch die Abwesenheit des Kobaltbinders wesentlich bestimmt. Die chemische Verträglichkeit bedeutet zum einen die Notwendigkeit der selektiven Beseitigung der Binderphase, wie z. B. das Ätzen oder Verdampfen von Kobalt oder dessen chemische Abbindung, wie in z.B. Siliziden oder Boriden /Lux98/. Dabei gilt es die unerwünschte katalysierende Wirkung des Kobalts zu unterdrücken. Diese wurde vielfach untersucht /Meh93, Deue96, Mur88, Meh92, Par93, Nes95, Van95, Nes94/ und äußert sich in der verzögerten Inkubation (Schichtkeimbildung) durch die Absorption von atomarem Kohlenstoff. In Verbindung mit unterstöchiometrischem Wolframkarbid bilden sich dabei weiße, globulare Co-W-Doppelkarbide. Durch diese Eigenschaft des Kobalt, die für die Herstellung (Sinterung) des Hartmetalls ausgenutzt wird, verringert sich bei der Diamantbeschichtung die Zahl der Schichtkeime. /Meh92, Deu96/ vermuten, dass sogar bestehende Diamantkristallite durch Kobalt angegriffen werden. Wurden die Substratoberflächen geschliffen, befindet sich die Kobaltphase nicht nur an den regulären, intergranularen Stellen des Hartmetalls, sondern überdeckt auch weitgehend - flächig verschmiert - die Karbidkörner /Ole96/. Diese diamantkeimfreien Stellen auf dem Substrat werden während der Beschichtung von den wachsenden Diamantkristalliten nach und nach überdeckt. Mit dem Abkühlen nach der Beschichtung auf Raumtemperatur nimmt die Löslichkeit des Kobalts für Kohlenstoff ab. Dieser wird dann als amorphe Phase bzw. als Graphit ausgeschieden und ist nachteilig für die Schichthaftung. Für die Diamantbeschichtung von Hartmetallen finden sich zur Lösung dieser Problematik in der Literatur vielfältige Methoden der Substratpräparation, von denen an dieser Stelle auf einige wichtige im folgenden hingewiesen sei.

2.2.4.1 Naßchemische Methoden

Zur Vermeidung der Interaktion des Binders mit dem Schichtkohlenstoff wird üblicherweise eine nasschemische Ätzung in einem temperierten, anorganischen HNO_3-3HCL-Ätzbad durchgeführt /Ito91, Hau95, Deue96, Pet92, Meh93, Par93, Nes93, Suz86, Sai91/. Dadurch werden die obersten Substratkörner weitgehend freigelegt. Ist die Ätzung nicht tief genug durchgeführt worden, so erreicht - je nach Beschichtungstemperatur und -dauer - zur Oberfläche nachdiffundierendes Kobalt verzögert die Diamantkeime und schädigt sie. Übersteigt die Ätztiefe den mittleren Korndurchmesser des Substrats, so muss jedoch mit dem Verlust an Substratfestigkeit gerechnet werden, da die das Karbid-Skelett stabilisierende Vorspannung durch den Binder verloren geht.

Als ähnlich destabilisierend ist die Anätzung der Karbidkörner zu verstehen, die zwangsläufig mit einer Schwächung des Kornverbundes einhergeht. Dennoch favorisieren /Ito91, Pet92, Hau95/ die Behandlung des Substrats mit der alkalischen, sogenannten Murakami-Lösung ($K_3[Fe(CN)_6]$:KOH:H2O = 1:1:10) zur Steigerung der Substratrauheit und damit der bekeimbaren Oberfläche. /Lee98/ wertet die gleichzeitige Beseitigung von unterstöchiometrischem Wolframkarbid als die wichtigere Wirkung. Aus dem Kontext dieser Angabe heraus soll dies die Bildung der Co-W-Doppelkarbide reduzieren, die auf WC_{1-x} angewiesen ist. /Wes97/ weist zudem auf die vorrangige Entfernung der besser ätzbaren Mischkarbidanteile hin, deren Anwesenheit von Diamantbeschichtern wegen der keimhemmenden Wirkung nur begrenzt zugelassen wird. /Söd90/ sieht bei feinstkörnigen Hartmetallen die Wirkung der Murakamiätzung auch in der zusätzlichen Schaffung von Poren in der Oberfläche, in die sich bei der nachfolgenden Ultraschallbekeimung in einer Diamantsuspension Diamantpartikel festsetzen und so Keime für die Beschichtung darstellen. Die Größe der Ätzporen im Substrat sollte nach /Joh89/ ebenso mit der Schichtkorngröße korrelieren, um eine optimale Verankerung und ein gutes Aufwachsen der Schicht zu gewährleisten.

2.2.4.2 Thermochemische Methoden

/Sai93/ setzte speziell gesinterte WC-Co-Hartmetalle auf K10-Basis mit einem zusätzlichen Bindermetall ein. Das zusätzliche Metall lag überwiegend in lokalen Nestern vor. Während einer Wärmebehandlung unter Schutzgasatmosphäre diffundierte der (nicht genannte) Karbidbildner an die Oberfläche und bildete eine geschlossene Deckschicht. Da Kobalt an der Oberfläche nicht gefunden wurde, kann von einem bindergradierten Hartmetall ausgegangen werden. Auch wenn eine ausgezeichnete Anbindung und Verklammerung der nachfolgend aufgebrachten Diamantschicht nachgewiesen werden konnte, so muss doch wegen der im Innern des Substrats verbliebenen Bindernester von einer erhöhten Bruchneigung des Substrats ausgegangen werden. /Shi93/ verzichtete ganz auf den Binder und dekarburierte die Oberfläche eines WC-Substrats innerhalb einer halben Stunde in einem H_2-O_2-Plasma zu einer Wolframschicht von 5 µm Dicke und einer Korngröße von 10-100 nm. Dies ist nach /Deu96/ möglich, da die sich bildenden Verbindungen $Co(CO_4)$ und $Co(OH)_2$ flüchtig sind. Der nachfolgende Diamantbeschichtungsprozess begann dann mit einer weitgehenden Wiederaufkarburierung dieser Schicht zu WC und W_2C, wobei sich eine einlagige, 1 µm dicke Schicht aus stark profilierten WC-

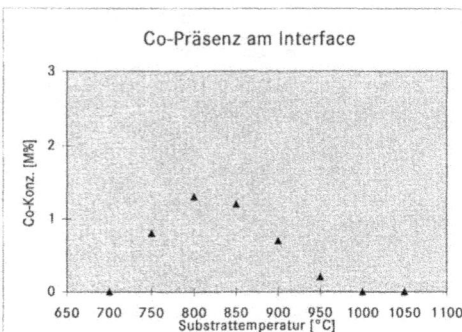

Abb. 2.2.3: Co-Konzentration an diamantbeschichteten WC-Co-Hartmetallen in Abhängigkeit von der Beschichtungstemperatur /Sta97/

Körnern bildete. Die Reste an W_2C sind dabei im Kern der WC-Körner zu finden. Außerdem findet sich ungeachtet des fließenden Übergangs von Substratrekarburation und Diamantnukleation zwischen den Diamantkörnern und den Substratkarbiden eine sehr dünne amorphe Zwischenschicht, die entsprechend haftungsmindernd wirken kann /Tak91/. Bei Schneidwerkzeugen aus diesem Verfahren muss wegen der Binderfreiheit jedoch die Sprödigkeit des Substrats berücksichtigt werden. /Cap96/ berücksichtigte diesen Umstand und setzte ein WC-Co-Hartmetall ein, das er zuvor an der Oberfläche Co-geätzt hatte. /Sta97/ verwendete sogar ein WC-Co-Substrat mit 10% Kobalt. Dies war durch eine besondere Temperaturführung vor und während der Diamantabscheidung möglich. Durch die Erhöhung der Beschichtungstemperatur auf 1000°C wurde der Co-Binder entsprechend **Abb. 2.2.3** verdampft. Bei geringeren Temperaturen kann eine Co-Konzentrationserhöhung erreicht werden /Sch93/. Höhere Beschichtungstemperaturen bedeuten jedoch eine starke Zunahme der thermischen Eigenspannungen in der beschichteten Probe, so dass es zu einer spontanen Delamination der Diamantschicht kommen kann. Deshalb wurde die Temperatur in diesem Fall offensichtlich degressiv mit der Zeit gesteuert. Trotz der Standzeitverbesserung gegenüber herkömmlich ätztechnisch vorbehandelten Werkzeugen konnten die besseren Verschleißwerte von PKD nicht erreicht werden.

Ein ähnliches Verfahren hat auch /Ole96/ entwickelt. Dieses Verfahren soll nicht nur zu einer Verdampfung des Kobalts aus der Oberfläche führen, sondern ohne Poren zu verursachen eine griffig rauhe Oberfläche schaffen (Ra>0,6 µm). Bei einer Schichtdicke von 25-30 µm tritt im Rockwelltest eine Ablösung der Schicht erst ab einer Prüflast von 60 kg auf. Die Voraussetzungen dafür sind nach /Ole96/ ein grundsätzlich reduzierter Co-Gehalt im Hartmetall oder eine Co-Entfernung aus dessen Oberfläche, eine größere Substratrauheit, eine geringere Substrattemperatur während der Beschichtung und eine gesteigerte Beschichtungsrate. Derartige Anforderungen können laut /Ins97/ sowohl mit der üblichen Hot-Filament-, der Mikrowellen-Plasma- und der DC-Plasma-Brennerbeschichtung erreicht werden. Bei moderaten Schnittbedingungen beim Naßdrehen einer übereutektischen AlSi-Legierung (A390, Reynolds) erreichte /Ins97/ vergleichsweise zu PKD eine Standzeit von 45-60% (Standzeitkriterium: Verschleißmarkenbreite VB = 250 µm).

Eine ganz andere Technologie der thermochemischen Behandlung wurde von /Lee98/ eingesetzt. Die Verwendung eines Lasers zur Oberflächenvergröberung des Hartmetallsubstrats bewirkt eine Verdampfung des Co-Anteils in der Oberfläche und eine Verschmelzung der einzelnen Karbidkörner. Die anschließende Murakami-Ätzung profiliert die verschmolzene Oberfläche wieder für eine gute Bekeimung und beseitigt zudem die Anteile an unterstöchiometrischem Wolframkarbid. Außerdem werden in einer Ätzlösung entstandene graphitische und amorphe Kohlenstoffanteile beseitigt. Nach einer Ultraschall-Bekeimung erfolgte dann die Diamantbeschichtung bei 960°C. Mit steigender Laserpulszahl nimmt die Substratrauheit bei /Lee98/ zu und ergibt seines Erachtens nach eine deutlich bessere Schichthaftung im HRD-Test (100kg). Bei genauer Betrachtung der veröffentlichten Photos zeichnet sich auch bei der lasertechnisch behandelten Probe ein hellerer Hof um den Eindruck ab. Hier bleibt offen, ob neben der besseren Verankerung der Schicht bzw. der fehlenden Abplatzung auch das Ablösungsfeld unter der Schicht reduziert werden kann.

2.2.4.3 Zwischenschichten

In der Literatur lassen sich die Zwischenschichten hinsichtlich ihrer Funktion in zwei Kategorien unterscheiden, die metallischen und die C-Schichten. Die metallischen Zwischenschichten mit Dicken zwischen 0,1 und 3 µm haben meist die Aufgabe einer lotartigen Verbindung zwischen der Diamantschicht und dem Substrat. Dabei sollen Hohlräume in der Interzone vermieden und eine dichte Verklammerung der angrenzenden Werkstoffe erzeugt werden. /Deu96/ und /Kla97/ vermitteln einen guten Überblick über die Vielfalt der Literaturquellen und der Techniken von Zwischenschichten. Die Aufbringung dieser (niedrig schmelzenden) Metalle erfolgt verschiedentlich durch Plasmazerstäubung /Kur88/, D.C. Magnetron-Sputtern /Nes93/, Ionen-Plattierung /Iso93/, elektrochemisch /Lux98/ o.ä. Durch eine kurze nachträgliche Temperung oberhalb der "Lotschmelztemperatur" können wegen der metallischen Eigenschaft der Zwischenschicht sogar große Anteile der thermischen Eigenspannungen in der Probe abgebaut werden. Diesen sehr dünnen Zwischenschichten versagt /Sta97/ die Wirkung als Barriere gegen die Zudiffusion von Kobalt, da Kobalt über Korngrenzendiffusion jede Barriereschicht überwindet. Weiterhin besteht die Gefahr einer chemisch-physikalischen Beeinträchtigung der Zwischenschicht durch die Inkorporation von Kobalt und Wasserstoff. Letzteres kann bei Rekombination zu Molekülen zu einer Versprödung führen. Dagegen sind nach /Kaw93/ plasmagespritzte 100 µm Molybdän ausreichend. Zusätzlich bietet die Wahl von karbidbildenden Metallen einen stabilen Übergang zur Diamantschicht. Die Verbindung der Lot- und der Barriere-Eigenschaft sowie die Reaktionsfreudigkeit mit dem Substrat- und dem Schichtwerkstoff können jedoch nur über Gradienten- und Viellagenschichten erreicht werden /Kup94, Mon93, Fre92, Nes93, Kub95/. Dünne amorphe C-Schichten als Zwischenschicht sind unter Diamantabscheidungsbedingungen nicht stabil und dienen allein der Verbesserung der Diamantkeimdichte, da sie eine Art „Speicher" für den in das Substrat hineindiffundierenden Kohlenstoff darstellt. Dadurch kann die sonst längere Inkubation des Diamantwachstums verkürzt werden. /Deu96/ fasst zahlreiche Untersuchungen verschiedener Autoren diesbezüglich zusammen. Daraus ergeben sich positive Erfahrungen hinsichtlich des Materialübergangs zum WC-Co-Substrat wie auch zur Diamantschicht.

Jede der in den angeführten Literaturquellen dargestellten Zwischenschichten muss trotz spezieller Vorteile zwangsläufig zu einer Begrenzung der Gesamtschichthaftung führen, zielt man auf die Verwendung für hochbelastete Schneidwerkzeuge ab. Dies liegt darin begründet, dass nicht mehr der hochharte, polykristalline Diamant die Schichtstabilität und -haftung bestimmt, sondern die geringste Material- oder Haftfestigkeit im Verbund. Die Frage, ob gegenüber der klassischen, zwischenschichtfreien Methode eine Verbesserung der Schichthaftung erzielt wurde, hängt somit davon ab, welches Substratmaterial dort verwendet wurde und wie stark dieses durch Ätzbehandlungen geschwächt wurde. Die Wahl des Substratmaterials ist dabei von direktem Einfluss auf die Keimdichte und die Diamantschichtkorngröße und damit auf die Schichthaftung. /Deu96/ verglich diesen Sachverhalt für eine Reihe verschiedener Metalle und für WC-TiC mit dem klaren Vorteil zugunsten des Karbidsubstrats. Folglich erscheint es sinnvoll, gerade an der Optimierung der Festigkeit von Hartmetallsubstraten zu arbeiten.

2.2.4.4 Mechanische Bekeimungsmethoden

Eine verbreitete, bewährte Methode, gerade bei Werkzeugen aus Hartmetall die Keimdichte der Diamantschicht drastisch zu erhöhen, stellt das mechanische Mikropolieren der Hartmetalloberfläche vor der Beschichtung dar. Dies ist bei den für die Werkzeugbeschichtung üblichen Verfahren, ausgenommen des DC-Plasma-Verfahrens, eine notwendige Voraussetzung für eine ausreichende Keimdichte, da hier ohne BIAS-Spannung gearbeitet wird, und sich somit kaum aus der C-haltigen Gasphase heraus stabile Keime auf der zu beschichtenden Oberfläche bilden können. Die deshalb angewendete Ultraschallbehandlung der Substrate in einer Alkohol-Diamant-Suspension verursacht zum einen Mikrodefekte an den Karbidkörnern, die für die Diamantnukleation geeignete Orte darstellen /Sai90, Kuo90, Shi88/, und zum anderen – und dies ist der Haupteffekt dieser Bekeimungsmethode – eine Besetzung der Substratoberfläche mit Diamantpartikeln, die kritische Keimgröße für das Keimwachstum bei der Abscheidung bereits übersteigen. Dies ergibt sich bei einer ausreichend rauhen Substratoberfläche eine Verankerung von ganzen Diamantpartikeln, die dann als Schichtkeime fungieren /Söd90/. Bei der Herstellung der Suspension empfiehlt sich eine optimale Wahl der Diamantkorngröße von weniger als einem Mikrometer /Hua92, Hua93/. Bei /Ito91/ stieg die Zahl der Keime mit sinkender Korngröße kontinuierlich bis zu einem Diamantkorndurchmesser von kleiner/gleich 0,25 μm und mit der Beschallungsdauer an. /Meh93, Deue96, Pet92, Shi94/ führen die Steigerung der Keimzahl auf einen zunehmenden „Kontaminationseffekt" des karbidischen Substrats mit Kohlenstoff aus den Diamantpartikeln zurück. Mit der Zunahme der Keimzahl ergibt sich zwangsläufig ein früherer Zusammenschluss zu einer geschlossenen Schicht und eine bessere Schichthaftung. Außerdem sinken die Schichtkorngröße und die -rauheit /Ito91/. Diese mechanische Vorbehandlung ist jedoch nur dann möglich, wenn das Substrat nicht vor bzw. zu Beginn des Beschichtungsprozesses de- und rekarburiert wird. In diesem Fall vermuten /Ins97/ und /Deu96/ einen Bekeimungseffekt aufgrund der thermischen bzw. thermochemischen Manipulation der obersten Karbidkörner von Hartmetallsubstraten.

2.2.5 Methoden zur Bestimmung der anwendungsrelevanten Eigenschaften

Wie die vorhergehenden Kapitel gezeigt haben, wird bei den Eigenschaften der Interzone vorrangig Wert auf die innere Stabilität, die adhäsive Haftfestigkeit zur Beschichtung und die Barriere-Eigenschaft gegen die Zu- bzw. Nachdiffusion von Bindermetall an die Substratoberfläche gelegt. Letztlich beeinflussen alle diese Eigenschaften die praktische Schichthaftung und müssen folglich in der Summe betrachtet werden. Da sich die Interzone meist aus einer Behandlung der Substratoberfläche ergibt, die ihre Eigenschaften während der Beschichtung noch weiter verändert, ergibt sich die Tauglichkeit des beschichteten Objekts für die jeweilige Anwendung stets aus der Eigenschaftskombination von Substrat, Interzone und Beschichtung. Daher empfiehlt es sich zwangsläufig, Charakteri-

sierungsmethoden anzuwenden, die sich in ihrer Beanspruchungsart an den Anwendungsfall des beschichteten Bauteils bzw. Werkzeugs anlehnen. Für diamantbeschichtete Hartmetall-
Schneidwerkzeuge in der Trockenzerspanung von Alu-Legierungen wie auch in anderweitigen Anwendungen existieren derzeit in der Literatur keinerlei systematischen Untersuchungen, die diese Korrelation zwischen Eigenschaftsprüfung und Anwendungsverhalten beschreiben und absichern. Die Entwicklung und Überprüfung von geeigneten Charakterisierungsmethoden für den genannten Anwendungsfall ist daher Gegenstand dieser Arbeit (s. a. Kap. 1).

2.2.6 Fazit zur Interzone

- Die Schichthaftung hängt von den Werkstoffpartnern des Verbundes, dem Typ der Interzone, den
  Herstellungsbedingungen der Schicht, den Gefügeeigenschaften des Substrates und der Substratpräparation ab.

- Die Festigkeit der Interzone entscheidet bei äußerer Belastung über die Qualität der Stützwirkung
  des Substrats für dünne Verschleißschutzschichten.

- Die Verankerung von Diamantkörnern aus der Suspension und feine Kratzer in der Substratoberfläche stellen energetisch günstige Keime bzw. Keimorte für die Diamantabscheidung dar. Die
  Zahl der Keime kann durch eine thermochemische Oberflächenmodifikation noch verstärkt werden (s. Experimente Kap. 6.2, Entwicklungsschritte IIb bis III).

- Bindermetalle im Hartmetall mit einer hohen Diffusivität für Kohlenstoff wie Fe, Ni und Co führen
  zu einer starken Verzögerung der Diamantinkubation/ des Diamantwachstums.

- Dieser Effekt kann bei bindergeätzten Hartmetallen durch eine ausreichend hohe Abscheidetemperatur und eine möglichst kurze Beschichtungsdauer minimiert werden (hohe Abscheidungsrate).

- Hohlräume in der Interzone stellen für die Schicht unter Belastung eine Kerbe dar und verursachen Spannungsüberhöhungen.

- Thermische Eigenspannungen haben ihre Ursache in den unterschiedlichen thermischen Ausdehnungskoeffizienten der Verbundpartner.

- Hinsichtlich des Schichthaftungsversagen muss nach dem bevorzugten Ort des Rißverlaufs differenziert (in der Schicht, an der Materialgrenze oder im Bereich der Substratoberfläche) werden.

- Im Fall der Diamant/Hartmetall-Kombination lässt sich wegen der hohen Festigkeit des Diamants
  ein Versagen im Bereich der Schicht weitgehend ausschließen.

- Die Minimierung der Schwächung der Oberflächenfestigkeit von Hartmetallsubstraten durch
  nasschemische Ätzbehandlungen erfordert eine Optimierung der Morphologie des Karbidskeletts
  hinsichtlich des Co-Gehalts und der Korngröße, sowie des Herstellungsverfahrens (s. Kap. 6.2,
  Entwicklungsschritte Ia bis IIa).

2.3   Das Hartmetall-Substrat

2.3.1   Der Sinterprozeß

Bei der Herstellung von Hartmetall wird ein Pulvergemisch aus Karbiden und Bindermetall kalt in Formen verpreßt (Grünlinge) und anschließend weit unterhalb der Schmelztemperatur des Karbids aber
meist im Bereich des Binderschmelzpunktes erhitzt (Flüssigphasensintern). Der schmelzflüssige Binder benetzt die Hartstoffteilchen wie ein Hartlot, bewirkt das Zusammenziehen dieser Hartstoffteilchen auf kleinsten Raum und damit die Verdichtung zu einem festen Körper /Sche88/. Dazu trägt die
mit der Temperatur anwachsende Löslichkeit des Binders für das Karbid und seine Benetzungsfähigkeit bei, so daß die im Ausgangsgefüge bestehenden Kavitäten mit Hilfe der Kapillarwirkung und der
Diffusionsvorgänge durch die Binderphase ausgefüllt werden. Es tritt ein Schrumpfungseffekt ein. Auf
diese Weise bilden sich im Bereich der anfänglichen Berührungszonen zweier Karbidkörner durch
Umkristallisation vollständig neue Körner. Wird das Hartmetall bei einer zu geringen Temperatur
gesintert, stellt sich eine schlechtere Binderverteilung ein. Es entstehen teils sogenannte Bindernester
und teils Binderverarmungszonen. Häufig werden Hartmetalle heißisostatisch nachverdichtet
("geHIPt"). Bei diesem Verfahren erfährt der gesinterte Hartmetallkörper unter Edelgasatmosphäre
und Drücken von rund 100 MPa eine weitere Verdichtung um wenige Prozent. Dabei wird bei Tempe-

raturen um 1200°C der metallische
Binder in noch offene Poren im Gefüge
gepreßt. Der HIP-Prozeß hat sich weiterhin als vorteilhaft bei der Herstellung
von feinstkörnigen Hartmetallen mit
wenig Bindergehalt erwiesen. Diese
Materialien, die normalerweise nur bei
sehr hohen Temperaturen dicht gesintert werden können, brauchen zunächst
nur bei geringeren Temperaturen vor-
gesintert zu werden, um ihre endgültige
Dichte durch HIPen zu erhalten. Besonders gut ist dies beim System Wolfram-

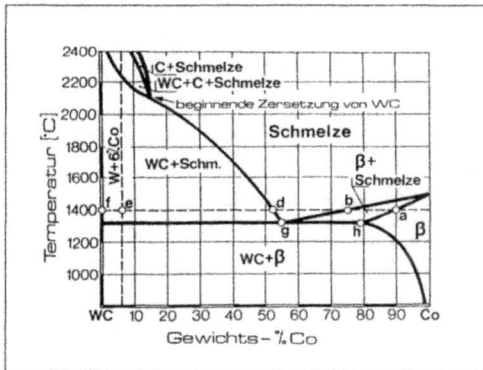

Abb. 2.3.1: Zustandsschaubild W-C-Co, Schnitt WC-Co /Rau52/

karbid-Kobalt gegeben. Kobalt ist in der Lage, im Schmelzzustand (1351°C) Wolframkarbid vollständig
zu benetzen, daß heißt ein WC-Co-Eutektikum (54%CO-46%WC) zu bilden. **Abb. 2.3.1** zeigt das W-C-
Co-Zustandsschaubild.

Wichtig ist, daß der Binder mit sinkender Temperatur den überwiegenden Teil des gelösten Karbids
wieder ausscheidet und damit seine Duktilität erhält. Der Restgehalt an WC im Binder beträgt etwa 1-
2%. Dieser Teil des WC sorgt dafür, daß der Co-Binder nicht wie normalerweise unterhalb 417°C von
der kubisch-flächenzentrierten in die hexagonale Kristallstruktur umklappt. Dies gewährleistet, daß
unter erhöhter Einsatztemperatur das Hartmetall nicht durch Kristallisationsänderungen geschwächt

wird. Wegen seiner starken Kristallisationsneigung scheidet sich stöchiometrisches WC an den bestehenden neuen Kristallen ab. Entscheidend für die Menge von wiederausgeschiedenem WC ist der Kohlenstoffgehalt. Ab einem Anteil von 6,06% C im WC bilden sich aufgrund von Unterkohlung spröde Co_3W_3C-Phasen (η-Phasen), wodurch dem Hartmetall duktile Binderphasen entzogen werden. Bei Überkohlung (>6,2%C) scheidet sich Graphit aus, der - ähnlich wie Graphitlamellen bei Grauguß - zu einer verminderten Festigkeit führt. Der Kohlenstoffgehalt ist somit ein empfindlicher Regulator für die mechanischen Eigenschaften des Hartmetalls.

2.3.2 Eigenschaften des Hartmetalls

Wird das Hartmetall bis auf Raumtemperatur abgekühlt, so entsteht durch den unterschiedlichen Ausdehnungskoeffizienten von Karbid und Bindermetall eine mechanische Druckvorspannung des Karbidskeletts. Druckvorspannungen wirken sich bei spröden Stoffen günstig auf ihre mechanische Stabilität unter äußerer Belastung aus. **Abb. 2.3.2** zeigt die Abhängigkeit der thermischen Eigenspannungen in Hartmetallen von der Ausgangstemperatur vor der Abkühlung und vom Co-Gehalt. Einen entscheidenden Einfluß auf die Festigkeit des Hartmetalls hat auch die Gefügestruktur. Grobkörnigere Gefüge zeigen sich zäher als feinkörnigere, da bei konstant gehaltenem Co-Gehalt die Stegbreite des Bindernetzes steigt und damit auch die Neigung, unter äußerer Belastung zu plastizieren. Diese Stegbreite (als durchschnittlicher Wert) wird auch mittlerer freier Abstand der Karbidkörner zueinander genannt, vorausgesetzt, es handelt sich um einen dichtgesinterten Körper. Dieser Abstand steigt ebenso mit zunehmendem Bindergehalt.

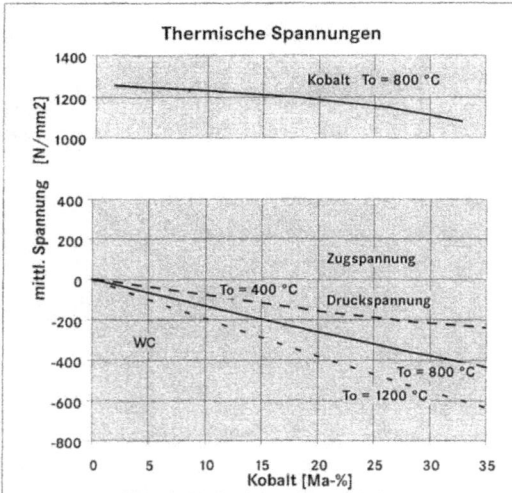

Abb. 2.3.2: Thermische Spannungen in WC-Co-Hartmetallen in Abhängigkeit vom Co-Gehalt. Oben: Zugspannungen im Co, unten: Druckspannungen im WC /Exn79/, (To=Ofentemperatur)

/Gur55/ untersuchte die Biegebruchfestigkeit von WC-Co-Hartmetallen in Abhängigkeit vom Bindergehalt (**Abb. 2.3.3**). Daraus ergab sich eine optimaler mittlerer freier Abstand von 0,4 μm zwischen den in der Regel prismatisch geformten Karbidkörnern. **Abb. 2.3.4** zeigt den Verlauf der Biegebruchfestigkeitskurve für ein feinkörniges /Amm51/ und für ein grobkörniges Material /Kie65/. Die Härte und der Verschleißwiderstand steigen mit abnehmendem Co-Gehalt. Die Druckfestigkeit hingegen erfährt bei 5-6% Co ein Maximum.

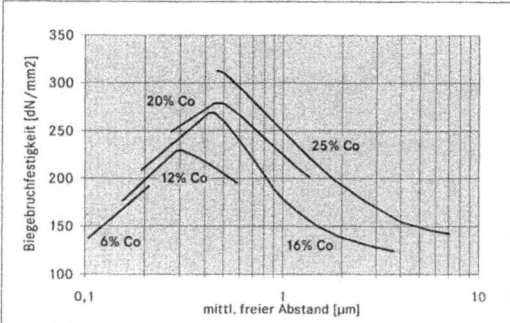

Abb. 2.3.3: Biegebruchfestigkeit von WC-Co-Hartmetallen in Abhängigkeit vom Co-Gehalt und vom mittl. freien Abstand zwischen den WC-Kristallen /Gur55/

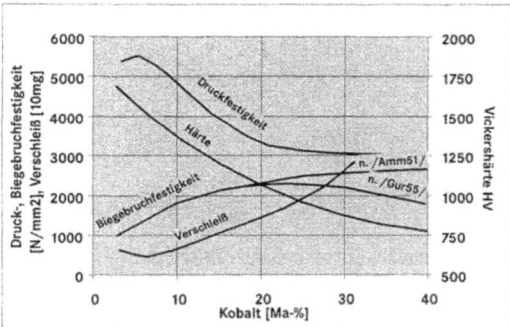

Abb. 2.3.4: Abhängigkeit der Härte, der Biegebruchfestigkeit, der Druckfestigkeit und des Verschleißes von WC-Co-Hartmetallen vom Co-Gehalt /Amm51, Kie65/

Für den Einsatz als Zerspanungswerkzeug ist auch die Warmfestigkeit des Hartmetalls von Bedeutung. Sie steigt mit sinkenden Korndurchmessern und mit abnehmendem Bindergehalt. Beispielsweise zeigen WC-6%Co-Hartmetalle bis 400°C nur einen geringen Festigkeitsverlust von etwa 5% (Abb. 2.3.5 rechts). Darüber hinaus fällt die Festigkeit zunehmend ab und erreicht bei 800°C bereits einen Wert von 80% gegenüber dem Ausgangswert. Dabei wächst die Abfallrate der Festigkeit mit einer sinkenden Korngröße (Abb. 2.3.5 links).

Die Kontrolle des Kornwachstums während des Sinterprozesses wird durch die Legierung mit anderen Karbiden wie Ta(Nb)C, VC oder Cr_3C_2 erreicht. Diese legen sich wie ein Mantel um die vorhandenen WC-Körner und verhindern dort eine zunehmende Abscheidung von WC aus dem abkühlenden Bindermetall, so dass dieses gezwungen ist, neue Körner zu bilden. Einen wesentlichen Einfluss auf die Biegebruchfestigkeit des Hartmetalls haben vor allem Fehlstellen im Gefüge. Diese können aus Poren, Hohlräumen,

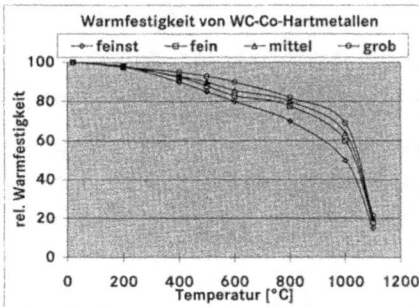

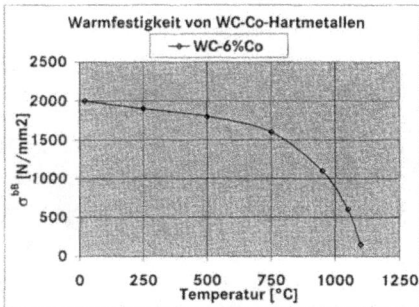

Abb. 2.3.5: Festigkeitsabnahme einer WC-6%Co-Legierung in Abhängigkeit von der Temperatur /Wes97/
rechts: Absolutwert der Biegebruchfestigkeit, links: Rel. Festigkeit für verschiedene Karbidkorngröße

übergroßen Körnern und aus Kohlenstoffausscheidungen bestehen. Insbesondere bei spröden Stoffen wie Karbiden stellen solche Fehlstellen Ausgangspunkte für versagensrelevante Risse dar. Dies betrifft ebenso nachträglich eingebrachte Schädigungen wie durch die Ätzpräparation zur Diamantbeschichtung. Die heterogenen Eigenschaften sowie die hohe Härte bei gleichzeitig günstiger Zähigkeit erhält der mehrphasige Werkstoff durch das Gefüge aus einem harten Karbidskelett, das von einem feinverästelten Netz aus einem duktilen, metallischen Binder durchzogen wird. Beide Stoffe liegen im

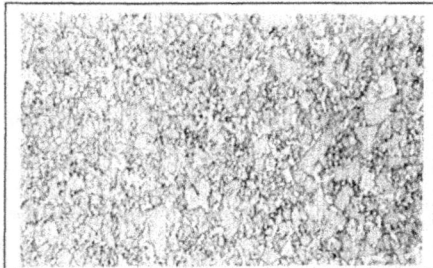

wesentlichen in durch Korngrenzen getrennten Gefügebestandteilen vor. **Abb. 2.3.6** zeigt exemplarisch ein WC-Co-Bruchgefüge. Dies sind wichtige Eigenschaften für hochbelastete Schneidstoffe. Wegen dieser Eigenschaften behalten Hartmetalle auf WC-Co-Basis eine außerordentliche Bedeutung als Schneidstoffsubstrate und sind auch in dieser Arbeit Gegenstand der Betrachtung.

Abb. 2.3.6: Beispiel eines WC-6%Co-Gefüges (lichtmikroskopische Aufnahme)

2.3.3 Methoden zur Bestimmung der Eigenschaften

Zur Beurteilung der Hartmetalleigenschaften haben sich einige Methoden als Standards etabliert.

1. Die Dichte wird nach dem Prinzip der Immersionsmethode /ISO3369/ ermittelt, in der der Probenkörper in Luft und Wasser gewogen wird. Die gemessene Dichte des Hartmetalls wird dann mit der theoretisch ermittelten Dichte nach der Gleichung

$$\sum_i \frac{\%Phase_i}{Dichte_{Phase_i}} = \frac{100}{Dichte_{HM}} \qquad (G2.3.1)$$

verglichen, um auf den Sintergrad (Sinterdichte) zu schließen (i = Phasenindex, Phasen: WC, Co-Binder).

2. Die Druckeigenspannungen lassen sich röntgenographisch nach der $sin^2\psi$-Methode bestimmen. Dies folgt der Gleichung

$$\sigma = C_1 + C_2 x \, sin^2\psi \qquad (G2.3.2),$$

wobei die Konstanten C_1 und C_2 aus den Elastischen Moduli beider Phasen berechnet werden.

3. Die Stegbreite des Binders lässt sich über die Messung der Koerzitivkraft nach ISO 3326 erfassen. **Abb. 2.3.7** veranschaulicht die Koerzitivkraft oder magnetische Feldstärke $_MH_C$ [kA/m], die zur Aufhebung der Remanenz R eines magnetisierten, ferromagnetischen Werkstoffs erforderlich ist. Je feiner verteilt und damit spannungsreicher der Binder ist, desto höher ist die Koerzitivkraft. Daher steigt die Koerzitivkraft auch mit kleinerem Korndurchmesser der Karbidphase und mit sinkendem Kobaltgehalt. Sie verläuft folglich mit der Härte konform und durchläuft in Abhängigkeit von der Sintertemperatur bzw. des Sintergrades gleichermaßen ein Maximum. Leicht untersintertes Mate-

rial führt zu einer höheren Koerzitivkraft und Härte, leicht übersintertes Material zu Werten unter dem Nominalwert bei optimalem Sintergrad. Dies gilt für den vollen Dichtewert. Eine noch nicht erreichte Optimaldichte bewirkt eine zu niedrige Koerzitivkraft. Ebenso muss gleichzeitig der Kohlungsgrad betrachtet werden, da die Koerzitivkraft sich gegenläufig zum Kohlungsgrad verhält.

4. Die Kohlenstoffbilanz kann über die magnetische Sättigung M_s indiziert werden. Die magnetische Sättigung ist der Maximalwert der magnetischen Induktion B_s abzüglich des äußeren Magnetfeldes und stellt sich nach maximalen Blochwandverschiebungen und Barkhausensprüngen der Weiß-Bezirke ein (**Abb. 2.3.7**). Ihr Wert hängt vom Grad der Magnethärte ab. Nach Entfernen des Magnetfeldes geht die magnetische Induktion nichtlinear entsprechend der legierungsspezifischen Permeabilität μ (H) auf den Remanenzwert R zurück und kann nur durch eine entgegengesetzte Magnetisierung mit der Koerzitivkraft $_MH_C$ kompensiert werden. Für WC-Co-Legierungen ist die magnetische Sättigung ein Instrument zur Qualitätskontrolle. Ist das Karbid unterstöchiometrisch mit Kohlenstoff besetzt, so löst sich das überschüssige Wolfram im Binder und M_S wird verringert. Mit dem gemessenen Wert M_S errechnet sich die gelöste Menge Wolfram im Binder. Bei größerer Unterkohlung bildet sich die η-Phase Co_3W_3C und erniedrigt ihrerseits den Wert M_S deutlich, da sie der Bindermenge meßtechnisch verloren geht. Jedoch lässt sich bereits bei geringer Unterkohlung ohne η-Phase eine deutliche Abnahme der magnetischen Sättigung feststellen und sich auf diesem Weg ein Festigkeitsverlust im Gefüge vorhersagen. **Abb. 2.3.8** zeigt den angestrebten Bereich des Kohlungsgrades (Kohlenstoffgehalt, bezogen auf den stöchiometrischen C-Gehalt des Hartmetalls) bzw. der Hartmetall-Zähigkeit.

5. Gefügecharakteristika sind einfach mikroskopisch über Schliffbilder nach /ISO4505/ und /ISO4499/ erhältlich. Ungeätzte Proben lassen sich unter dem Lichtmikroskop bei 100-200-facher Vergrößerung auf Porosität und Kohlenstoffausscheidungen untersuchen. Zur grobquantitativen Bewertung enthält die ISO-Norm Vergleichsbilder A02-A08 (Poren bis 10 µm) und B02-B08 (Poren 10 µm - 25 µm). Die Bilderreihe C02-C08 dient dem Vergleich des Anteils an freiem Kohlenstoff. Durch Anätzen nach ISO 4499 lassen sich schließlich die einzelnen Gefügephasen und die Korngröße bestimmen.

6. Härte und Zähigkeit ergeben sich aus Härtemessungen nach Rockwell A /ISO3738/ oder Vickers /ISO3878/ bzw. nach der Palmqvist-Methode.

7. Für die zahlreichen, jedoch für diese Arbeit weniger relevanten Eigenschaftsuntersuchungen sei auf die Quelle /Sche88/ verwiesen.

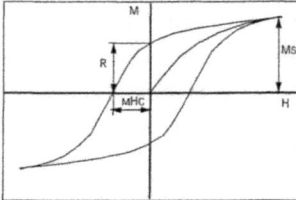

Abb. 2.3.7: Magnetisierung M eines
ferromagnetischen Materials in einem
Magnetfeld der Stärke H /Sche88/.

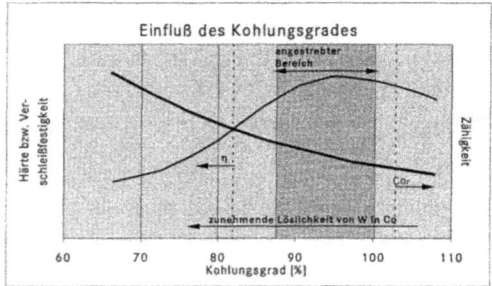

Abb. 2.3.8: Einfluß des Kohlungsgrades (schematisch) /Sche88/

2.3.4   Fazit zum Hartmetallsubstrat

Zusammenfassend lässt sich folgendes festhalten: Die Festigkeit des Hartmetalls steigt mit

• der Dichte des Gefüges,

• mit dem Wert der Druckeigenspannungen,

• der Annäherung der Stegbreite des Binders an den Wert 0,4 µm,

• der Annäherung an die korrekte Stöchiometrie des Kohlenstoffgehalts,

• der Vermeidung von Fehlstellen im Gefüge,

• mit der Benetzungsfähigkeit des Binders, da die Grenzschichtfestigkeit Karbid-Binder anwächst und der Grad der Skelettbildung zunimmt; gleichzeitig sinkt jedoch die Zähigkeit.

Eine Verringerung des Härteunterschiedes zwischen einer Diamantschicht und dem Hartmetallsubstrat lässt sich erreichen durch

• einen geringen Bindergehalt, damit dünnere Binderstege zwischen den Karbidkörnern und ein härteres Gefüge entstehen,

• eine kleinere Karbidkorngröße (desto größer sind die Härte und der E-Modul),

• eine größere Kontiguität, die das Ausmaß der Kornverwachsungen (Skelettbildung) der Karbidphase wiedergibt.

Folgende Meßgrößen eignen sich vorrangig zur Bestimmung der Hartmetalleigenschaften:

• Für WC-Co-Legierungen ist die magnetische Sättigung ein Instrument zur Qualitätskontrolle hinsichtlich des Kohlungsgrades im Binder.

• Die Koerzitivkraft steigt mit kleinerem Korndurchmesser der Karbidphase und mit sinkendem Kobaltgehalt. Sie verläuft folglich mit der Härte konform.

Teil II **Grundlegendes zur Beanspruchung von Schneidwerkzeugen und Ableitung der Methoden zur Schichthaftungsprüfung**

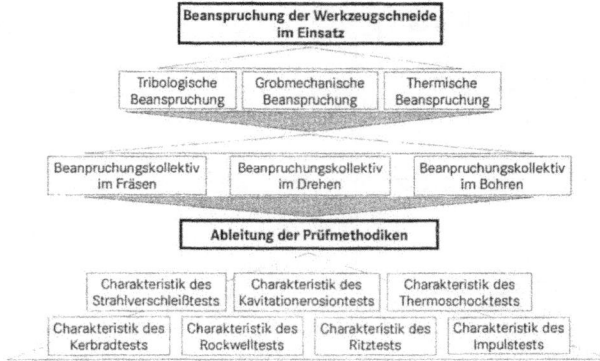

```
┌─────────────────────────────────┐
│ Beanspruchung der Werkzeugschneide │
│           im Einsatz              │
└─────────────────────────────────┘
```

| Tribologische Beanspruchung | Grobmechanische Beanspruchung | Thermische Beanspruchung |

| Beanspruchungskollektiv im Fräsen | Beanspruchungskollektiv im Drehen | Beanspruchungskollektiv im Bohren |

```
┌─────────────────────────────┐
│   Ableitung der Prüfmethodiken │
└─────────────────────────────┘
```

| Charakteristik des Strahlverschleißtests | Charakteristik des Kavitationerosiontests | Charakteristik des Thermoschocktests |

| Charakteristik des Kerbradtests | Charakteristik des Rockwelltests | Charakteristik des Ritztests | Charakteristik des Impulstests |

3 Die Beanspruchung der Werkzeugschneide im Einsatz

3.1 Die tribologische Beanspruchung

Verschleiß ist der fortschreitende Materialverlust aus der Oberfläche eines festen Körpers, hervorgerufen durch mechanische Ursachen, d. h. Kontakt und Relativbewegung eines festen, flüssigen oder gasförmigen Gegenkörpers /DIN 50320/. Es wird darauf hingewiesen, daß das Auftreten von Verschleißpartikeln sowie Stoff- und Formänderungen der tribologisch beanspruchten Oberfläche typisch sind.

Werkzeugverschleiß läßt sich prinzipiell in vier Hauptmechanismen unterteilen: Adhäsiven, abrasiven, tribochemischen Verschleiß und Verschleiß durch Zerrüttung (**Abb. 3.1.1**). Werkzeugverschleiß durch statische oder quasistatische Überlastungen hingegen tritt in der Regel bei unsachgemäßer Behandlung auf und wird in dieser Arbeit nicht berücksichtigt.

Diese Verschleißmechanismen schlüsseln sich entsprechend **Abb. 3.1.2** auf die verschiedenen tribologischen Prozesse und deren nachfolgende Verschleißtypen auf /Wei95/.

Der adhäsive Verschleiß entsteht durch Verschweißungen der Schneide mit dem Spanmaterial, die sich entweder zyklisch aufbauen und mit anhaftenden Schneidstoffpartikeln wieder abreißen oder aus Spanmaterial, das im direkten Vorbeigleiten verschweißt und Partikel aus der Werkzeugoberfläche mitreißt.

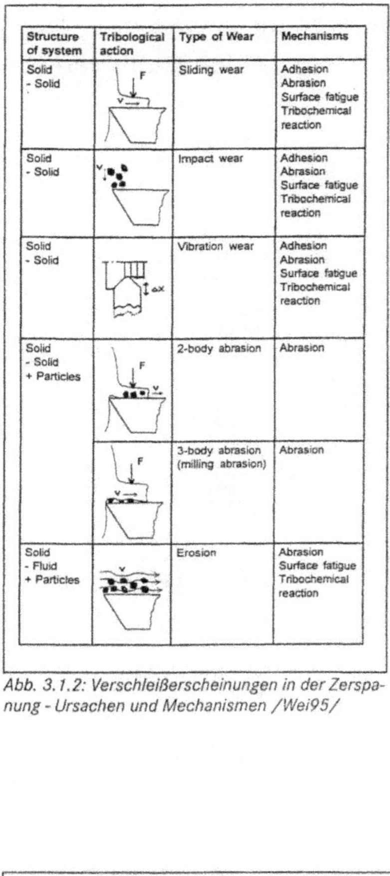

Structure of system	Tribological action	Type of Wear	Mechanisms
Solid - Solid	F	Sliding wear	Adhesion Abrasion Surface fatigue Tribochemical reaction
Solid - Solid		Impact wear	Adhesion Abrasion Surface fatigue Tribochemical reaction
Solid - Solid		Vibration wear	Adhesion Abrasion Surface fatigue Tribochemical reaction
Solid - Solid + Particles	F	2-body abrasion	Abrasion
	F	3-body abrasion (milling abrasion)	Abrasion
Solid - Fluid + Particles		Erosion	Abrasion Surface fatigue Tribochemical reaction

Abb. 3.1.2: Verschleißerscheinungen in der Zerspanung - Ursachen und Mechanismen /Wei95/

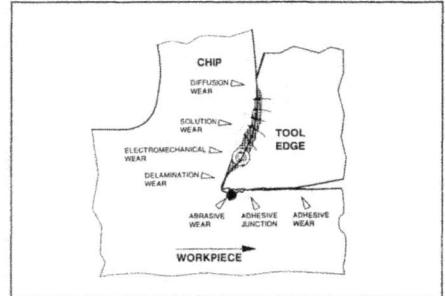

Abb. 3.1.1: Die verschiedenen Mechanismen des Werkzeugverschleißes /Holm94/

Die frisch erzeugten Oberflächen an der Spanunterseite wie auch die in permanenter Reibbelastung von passivierenden Schichten freigehaltene Schneide fördern dabei die Adhäsionsneigung /Tön95/. Das Herausreißen von Schneidstoffpartikeln wird zudem durch zusätzliche tribochemische oder zerrüttende Einwirkungen erleichtert. Sekundär können die herausgelösten Partikel wiederum den abrasiven Verschleiß verstärken und zu gefährlichen lokalen Überbelastungen der Schneide führen /Pek80/. Direkte Erscheinungsbilder des Adhäsionverschleißes sind Fresser, Löcher, Schuppen, Kuppen und Materialübertrag /Czi92/.

Abrasionsverschleiß bedeutet - bezogen auf Zerspanwerkzeuge - im wesentlichen Furchungsverschleiß. Dieser an der Werkzeugoberfläche wirkende Furchungsverschleiß erfolgt durch harte Gegenkörper wie beispielsweise Ausscheidungen im Werkstückmaterial, indem je nach Schneidstoff Mechanismen wie Mikrospanen, -pflügen, -ermüden oder -brechen zur abrasiven Schädigung des Werkzeugs führen (**Abb. 3.1.3**). Bei duktileren metallischen Schneidstoffen ist in erster Linie mit den Mechanismen Mikrospanen und Mikropflügen zu rechnen, bei spröden hingegen vorwiegend mit Mikrobrechen /Zum96/. Der durch den Abrasiv-

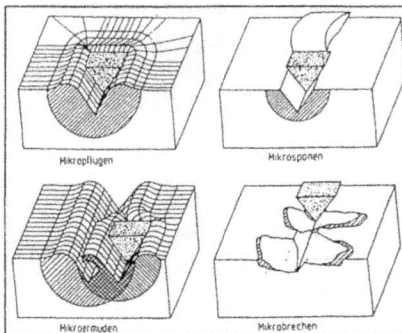

Abb. 3.1.3: Abrasionsmechanismen /Zum96/

stoff induzierte Spannungszustand im spröden Schneidstoff führt infolge mangelnder Verformungsfähigkeit zu Spannungskonzentrationen, die Risse zu erzeugen vermögen. Aufgrund der Neigung spröder Werkstoffe zu instabiler Rißausbreitung können Rißschäden entstehen, deren Ausdehnung wesentlich größer ist als die ursprüngliche Einwirkungszone des Abrasivteilchens /Hab80/. Solche Abrasivteilchen können aus harten Bestandteilen (Karbide, Oxide, Nitride) des zu bearbeitenden Werkstückstoffs bestehen, die in einer vergleichsweise weichen metallischen Matrix eingelagert sind. Typische Erscheinungsbilder des Abrasionsverschleißes sind Kratzer, Riefen, Mulden und Wellen /Czi92/.

Tribochemischer Verschleiß erfolgt im wesentlichen durch die Diffusion von Elementen des Werkzeugs in das Bauteil oder entgegengesetzt bei entsprechender Löslichkeit dieser Elemente im jeweiligen Zielwerkstoff. Zusätzlich können auch Lösungsverschleiß und elektrochemischer Verschleiß auftreten /Holm94/. Bei ausreichend hoher Oberflächentemperatur und Oxidationsneigung des Schneidstoffs können weiterhin Oxidationserscheinungen an den Rändern der Kontaktzonen zwischen Werkzeugschneide und vorbeifließendem Werkstückstoff den Schneidstoffverbund chemisch auflösen, /Tön95/. In der Folge bilden sich Reaktionsprodukte in Form von Partikeln oder Schichten - meist unter Beteiligung von Sauerstoff/Czi92/.

Eine Oberflächenzerrüttung wird durch verschiedene Einflüsse verursacht, wie der makroskopischen mechanischen und thermomechanischen Wechselbelastung, sowie der mikroskopischen Verfestigung des Schneidstoffs /Ern78/. Letztere entsteht unter Druckkontakt an den Rauheitsspitzen. Nachfolgend ermüdet an diesen Stellen die Schneidstoffoberfläche und Partikel können herausgerissen werden. Dieser Effekt kann jedoch weitgehend vermieden werden, läßt man ein gewisses Maß an Werkstoffaufschmierung oder an Aufbauschneidenbildung zu. Dies erscheint um so wichtiger, je mehr harte Ausscheidungen im zu zerspanenden Werkstoff enthalten sind, die die Schneidstoffoberfläche im Vorbeifluß dynamisch beanspruchen und deren verschleißfördernde Wirkung nur wenig durch den schmierenden Einsatz von Kühlschmierstoffen verringert werden kann. /Bie95/ schreibt dem Kühlschmiermitteleinsatz hingegen einen durch Kühlung festigenden Einfluß auf die Metallmatrix zu, die die Ausscheidungen im Kontakt mit der Schneide abstützt und deren Anpreßdruck erhöht. Weiterhin kommen glattere Schneidenoberflächen einer Verschleißminderung entgegen.

Kolkverschleiß entsteht vorrangig durch tribochemische Prozesse, die die Werkzeugoberfläche schwächen, in Verbindung mit Abrasion und/oder Adhäsion. Bei stark adhäsiven Erscheinungen, der sogenannten Aufbauschneide, kommt es häufig zu einer Verminderung der Kolkneigung, da die Spanreibung auf der Spanfläche sich größtenteils in den Bereich der Aufbauschneide verlagert. Die zyklisch sich ablösende Aufbauschneide kann - ähnlich wie harte Partikel im Werkstückmaterial - bei Abfluß über die Freifläche lokale Überlastungen der Schneidkante bewirken. Diese Überlastung begün-

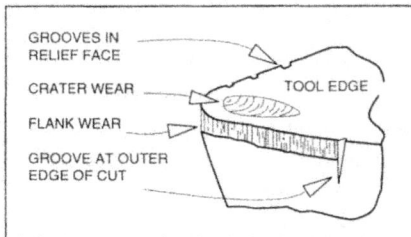

GROOVES IN RELIEF FACE

CRATER WEAR — TOOL EDGE

FLANK WEAR

GROOVE AT OUTER EDGE OF CUT

Abb. 3.1.4: Typische Verschleißerscheinungen an der Werkzeugschneide (schematisch) /Holm94/

stigt ihrerseits eine Werkzeugzerrüttung durch Mikroermüdung. Diese ergibt sich durch Rißbildungen und Rißwachstum in der Schneide. Anschließend treten Delaminationen in der Werkzeugoberfläche oder - bei beschichteten Schneiden - möglicherweise auch in der Grenzzone zwischen Schicht und Grundwerkstoff auf. Der Freiflächenverschleiß wird somit in erster Linie auf eine abrasive, geringfügig jedoch auch auf eine adhäsive Beanspruchung (Scheinspanbildung) zurückgeführt, die die abrasiv vorgeschädigte Beschichtung abtragen hilft. Dabei können auch thermische Belastungen eine Rolle spielen. /Bie96/ beschreibt diesbezüglich den stark temperaturfördernden Einfluß der B_4C- bzw. SiC-Partikel in Aluminium-MMC-Werkstoffen durch ungünstigere Reibverhältnisse an der Schneide. **Abb. 3.1.4** zeigt die typischen Erscheinungen des Werkzeugsverschleißes /Holm94/.

3.2   Die thermische Beanspruchung

Wurden in Kapitel 3.1 lediglich die mechanischen Beanspruchungsformen der Tribologie an der spanenden Schneide diskutiert, so ist darüber hinaus gleichermaßen das Augenmerk auf reibungsinduzierte thermische Spannungen zu richten. Entlang der Kontaktzonen zwischen dem Werkstück und der Werkzeugfreifläche sowie auch zwischen dem ablaufenden Span und der Spanfläche wird die aus dem Werkstückstoff stammende und durch starke Umformprozesse erzeugte Wärme in die Schneide eingeleitet. Arbeitet das Werkzeug im kontinuierlichen Schnitt, so steigt die Zerspanungstemperatur mit Arbeitsbeginn rasch bis auf einen nahezu konstanten Wert /Mül99/. Im unterbrochenen Schnitt hingegen steigt diese Temperatur im Mittel auf einen vergleichsweise geringeren Wert an, erfährt jedoch durch die Materialschnitt/Luftschnitt-Zyklen oberhalb dieses Wertes eine deutliche Temperaturschwellbelastung. /Käs92/ berichtet aus Drehversuchen mit unterbrochenem Schnitt, daß das Verhältnis von Eingriffs- zu Ausgriffsdauer - die sogenannte Eingriffsrate - bei abnehmenden Werten zu größeren Temperaturamplituden führt. Dabei sinkt die Spitzentemperatur unmerklich, die Minimaltemperatur hingegen sinkt deutlich ab. Als Ursache dafür ist - bei gleichbleibender, oberflächlicher, lokaler Maximaltemperatur an der Wirkstelle (Werkstück-Werkzeug-Kontakt) – das Absinken der mittleren Werkzeugtemperatur bzw. der Werkzeugkerntemperatur aufgrund des längeren Ausgriffs. Dieser Effekt verstärkt sich mit der Verwendung von Kühlschmierstoffen.

Dazu lieferten thermomechanische Finite-Elemente-Rechnungen von /Den92/ qualitativ gleichverteilte Spannungen von mechanischer und thermischer Beanspruchung. Daraus ergibt sich eine sich verstärkende Überlagerung beider Spannungen. Die verschleißrelevanten Auswirkungen einer solcher Temperaturbelastung können thermomechanischer wie auch tribochemischer Natur sein. Thermomechanischer Verschleiß zeigt sich in erster Linie im Form von Kammrissen, die durch Zugspannungen in der Werkzeugoberfläche verursacht werden. Während der Schneidenkern kaum Temperaturschwankungen erfährt, unterliegt die Oberfläche nach dem Schneidenaustritt aus dem Werkstück einer thermischen Abkühlung und damit einer Kontraktion. Unterstützend für diesen Vorgang zeigt sich eine mit der Wechselbelastung einhergehende Materialermüdung. Bei der Bearbeitung von Stahlwerkstoffen mißt /Käs92/ der thermisch induzierten Wechselfrequenz eine größere Verschleißrelevanz bei als der mechanischen Schlagfrequenz. Diese ist insbesondere auf Temperaturgradienten zurückzuführen, die bevorzugt an den Randbereichen der Kontaktzone zwischen Span bzw. Werkstück und Werkzeug-schneide auftreten. Die Kühlung durch Kühlschmierstoffe verstärkt diesen Effekt noch deutlich /Den92/. Besonders empfindlich sind dabei exponierte Schneidecken, die - wie im Bohrprozeß - im Schnittpunkt zweier reibungsbelasteter Schneidkanten stehen (Bereich der größten auftretenden Schnittgeschwindigkeit!) und die nur eine vergleichsweise geringe Wärmediffusionszone in Richtung des Schneidkeils besitzen.

Diamant als Schneidstoff weist in dieser Hinsicht durch seinen hohen E-Modul, seine hohe Festigkeit, seinen geringen thermischen Ausdehnungskoeffizienten und durch seinen geringen thermischen Aus-dehnungskoeffizient günstige Eigenschaften auf.

Tribochemische Beanspruchungen beschränken sich für Diamantwerkzeuge im wesentlichen auf die Schichtoxidation. Dabei wird die vergleichsweise höhere und quasistationäre Temperatur im kontinu-ierlichen Schnitt allgemein als kritisch betrachtet, wenn sie unter der oxidierenden Atmosphärenum-gebung einen Wert oberhalb 500°C erreicht, da hier eine zunehmende Oxidation des metastabil hy-bridisierten Diamants beginnt /Tan91/. Verschiedene Autoren lassen sogar Temperaturen bis 800°C zu /Plan89/. Dabei kann die Oxidationsrate des Diamants von 0,1 µm/h bei 600°C auf 4 µm/h bei 700°C steigen, wie die gravimetrischen Untersuchungen von /Joh89/ zeigten. Diese Rate hängt zu-dem deutlich von der Diamantgüte ab. Generell zeigen Diamantschichten mit höherem Nichtdiaman-tanteil eine verstärkte Oxidationsneigung an graphitischen und amorphen Anteilen/ Phasen /Kaw87, Muc89, Ins89, Plan89/.

3.3   Die mechanische Beanspruchung

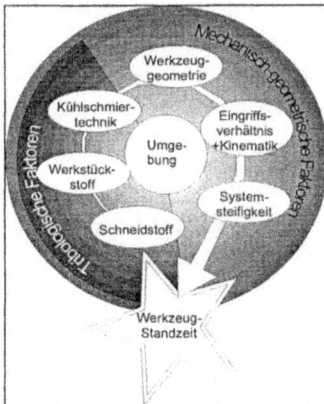

Abb. 3.3.1: Einflußgrößen auf das Werk-zeug-Verschleißverhalten

Im Vergleich zur Beanspruchung des Grundkörpers im tribo-logischen System (siehe Kap. 3.1) treten bei Zerspanungs-operationen noch weitere wesentliche Belastungen im ma-kroskopischen Maßstab an der Werkzeugschneide hinzu. Insbesondere bei der Bearbeitung von Leichtmetallegierun-gen führt die besondere geometrische Exponiertheit der Werkzeugschnittkanten unweigerlich zu deren verminderter Stabilität bzw. vergleichsweise zum übrigen Schneidplatten-körper zu deutlichen Spannungsüberhöhungen. Diese bedingen ihrerseits Verformungen, denen nicht nur der Substratwerkstoff elastisch widerstehen muß, sondern auch die vergleichsweise wesentlich dünnere Verschleißschutz-beschichtung. Diese Spannungsüberhöhungen und Verfor-mungen werden in ihrem Betrag demnach nicht nur durch die Eigenschaften der aufeinandertreffenden Werkstoffe bestimmt, sondern primär durch die Schnittkinematik, die Werkzeuggeometrie und durch die Steifigkeit von Maschine und Werkstück. **Abb. 3.3.1** veranschaulicht die Einflußgrößen auf das Werkzeug-Verschleißverhalten.

Die Schnittkinematik erfaßt dabei die Relativbewegungen von Werkzeugschneide und Werkstückstoff zueinander. Die sich daraus ergebende Art der Spanbildung entscheidet über Charakter und Betrag der auftretenden Schnittkräfte und Verformungen. So muß in erster Linie zwischen den weitgehend konstanten Lasten im kontinuierlich ausgeführten Schnitt (beispielsweise Dreh- und Bohrprozesse) und der pulsierenden Schlagbeanspruchung bei Schnittunterbrechung (beispielsweise Fräsen) unterschieden werden. Beim Fräsen verändert sich die Schlagbeanspruchung mit der Spanungsdicke zu Schnittbeginn. Je nach Frässtrategie erfährt die Schneide einen hohen Eintrittsimpuls der Schnittkraft und eine lokale Spannungsüberhöhung unter dem sich ausbildenden Span (Gleichlauf), oder einen minimalen Eintrittsstoß in Kombimation mit einem maximalen Austrittsstoß (Entlastung, Gegenlauf). In letzterem Fall erfährt die Schneidkante starke Zugspannungen und kann ausbrechen. Wie gut eine Werkzeugschneide derartige Beanspruchungen ohne Bruch erträgt, hängt vor allem von ihrer Geometrie ab. Große Keilwinkel und große Kantenradien geben schon dem Substrat beschichteter Schneiden eine größere Stabilität gegen Verformungen und Ausbrüche. Allerdings hat es sich insbesondere bei der Bearbeitung von duktilen Leichtmetallegierungen als

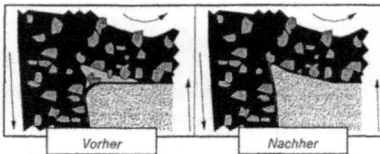

Abb. 3.3.2: Notwendige Geometrieanpassung der Schneide zur Vermeidung von Adhäsionserscheinungen bei der Bearbeitung von Leichtmetall-Legierungen (schematisch).

notwendig erwiesen, der Schneide deutlich positive Span- und Freiwinkel, sowie eine scharfe Kante zu verleihen, um einen scharfen Schnitt und eine minimale Verklebungsneigung der Schneide zu erreichen. Man paßt die Schneidenform also der Materialfluß-Kinematik an (siehe **Abb. 3.3.2**), muß in diesem Fall aber eine Destabilisierung des Schneidkeils in Kauf nehmen. Für Werkzeugbeschichtungen bedeutet dies, daß unter der Schneidenverformung im Werkstückeingriff die maximalen Zugspannungen in der Schicht (respektive der möglichen Druckeigenspannungen) nicht zum Überschreiten der Bruchspannung führen dürfen.

Für polykristallinen Diamant (mit typischerweise Sprödbruchverhalten) liegt die berechnete Bruchspannung nach /Win91, Sus94, Fen92, Car92/ bei 2,5-7,5 GPa, die experimentell für polykristallinen Diamant im Biegeversuch bestimmte wegen der Defekte bei etwa 0,3-5 GPa (je nach Probendicke). Dies liegt um bis zu 6 Größenordnungen über den zu erwartenden Maximal-Zugspannungen in der Schneide, bezieht man sich auf die FEM-Berechnungen aus der Stahlzerspanung mit positiven Werkzeugwinkeln /Was94/. Da wegen der Fe-C-Affinität Diamantwerkzeuge im wesentlichen zur Zerspanung von Leichtmetallegierungen eingesetzt werden, kann folglich von noch geringeren Belastungen ausgegangen werden. Hingegen besitzen Hartmetalle der K-Sorten mit bis zu 6% Binderanteil lediglich eine Biegebruchfestigkeit von 1400-2000 MPa. Dies bedeutet, daß das Hartmetallsubstrat im Zweifelsfall den begrenzenden Faktor für die Belastung im Werkzeugeinsatz darstellt. Insbesondere bei der

Zerspanung inhomogener Werkstoffe wie AlSi-Gußlegierungen können auch bei durchschnittlich unkritischen Belastungen statistisch auftretende Überbelastungen durch harte Ausscheidungen in der Metallmatrix des Werkstücks auftreten. Die Größe solcher Ausscheidungen ist dabei häufig gleich bis größer als die Diamantschichtdicke, so daß beim Aufprall dieser Teilchen von einer weitgehend elastischen Substratverformung im Oberflächenbereich ausgegangen werden muß. Die Schneide wird also einer Zerrüttung im wesentlichen der hochbelasteten Interzone zwischen Diamantschicht und Hartmetallsubstrat ausgesetzt. Wird das Substrat zerrüttet und gibt unter Belastung nach, so vermag die vergleichsweise dünne Diamantschicht dem Angriff des Werkstückstoffs nicht lange standhalten und platzt ab. Der Schadensverlauf ist der Richtung nach vom Substrat ausgehend zur Diamantschicht hin anzunehmen, wo er sich an Schichtschwachstellen fortsetzt. Dies erfordert insbesondere die detaillierte Betrachtung der Substratwahl wie auch der chemischen Vorpräparation vor der Beschichtung. Eine Schutzfunktion der Diamantschicht muß also wesentlich in ihrer inneren Tragfähigkeit liegen, die stark mit der Schichtdicke wächst.

Befindet sich die Schneide bei kleinem Vorschub und geringer Schnittiefe im Eingriff, so sind die Randbereiche der Kontaktzone zwischen der Werkzeugfreifläche und dem Werkstück dessen messerscharfen Kantenkontakten ausgesetzt. Sowohl die abzutragende, alte Werkstückoberfläche, die auf der Hauptschneide reibt, wie auch die erzeugten Oberflächenrillen, die über die Nebenfreifläche der Schneide laufen, sorgen für deutliche lokale Zugüberspannungen am Werkzeug /Nak80/. Dabei entsteht u.U. ein sogenannter Kerbverschleiß, der sich durch eine örtliche stark überdimensionierte Verschleißmarkenbreite ausdrückt. Im Fräsen tritt dieser Kerbverschleiß der Nebenschneide in den Hintergrund, da häufig das gerillte Oberflächenprofil des Werkstücks durch den Nachschnitt des Fräsers deutlich aufgelöst wird und zudem durch den unterbrochenen Schnitt geringere Schneidentemperaturen auftreten. Solch ein Kerbverschleiß tritt um so stärker in Erscheinung, je mehr ein Werkstoff zur Kaltverfestigung neigt und je größer der Temperaturgradient an der Grenze zwischen der heißen Kontaktzone und dem möglicherweise gekühlten, freien Bereich der Schneide ist /Pek59,Sol58/. Möglicherweise führen Schwingungen des Werkzeugs zu einer besseren Verteilung der Kerbbelastungen auf der Schneide, so daß sich die von /Tön92,Scha97/ beschriebene Standzeitverlängerung ergibt.

Die Laufruhe der Schneide im Werkstück hängt davon ab, wie stark die oben beschriebenen Belastungen noch von Schwingungen überlagert werden. Angeregt werden derartige Schwingungen im

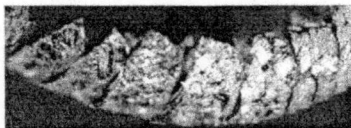

unterbrochenen Schnitt in erster Linie durch die Spindeldrehzahl mal der Schneidenzahl, die vergleichsweise höhere Spanbruchfrequenz, die hochfrequente Spanlamellierung (s. **Abb. 3.3.3**) sowie durch die Eigenschwingungen des Werkstücks und der gesamten Maschine.

Abb. 3.3.3: Lamellierung eines AlSi10Mg wa - Frässpanes

Bis auf die dominanten Schwingungen, die durch Ein- und Austrittsstöße hervorgerufen werden, können diese Schwingungen auch in anderen Bearbeitungsverfahren mit kontinuierlichem Schnitt wie zum Beispiel dem Drehen und dem Bohren auftreten. Verschleißbedingt ist im kontinuierlichen Schnitt zudem mit zusätzlichen Werkzeugschwingungen zu rechnen, die sich in einem zyklischen Ausweichen des Drehmeißels bzw. in Torsionschwingungen des Bohrers im Frequenzbereich von 1 kHz bis 5 kHz ausdrücken. Diese kommen aufgrund von Stick-Slip-Effekten zustande /Sche91/. In **Tab 3.3.1** sind

Tab. 3.3.1: Lebensdauereinfluß von Schwingungen bei diamantbeschichteten Werkzeugen am Beispiel Fräsen (o = unkritisch, +/- = unbestimmt, + = von Bedeutung, ++ kritisch für den Werkzeugverschleiß)

Schwingungserregung durch	Frequenzbereich	Verschleißrelevanz (Diamant auf HM)	Quelle
Werkzeugreaktion auf Verschleiß	1 kHz - 5 kHz	++ (bei beschichteten Spiralbohrern)	/Sche91/
Drehzahl x Zähnezahl	bis 2 kHz	+ (Werkzeugeigenfrequenz)	DaimlerChrysler
Spanbruch	bis 20 kHz	++ (Schneidplatten-	DaimlerChrysler
Werkzeugverschleiß	20 kHz - 60 kHz	eigenfrequenzen)	DaimlerChrysler
Spanlamellierung	bis zu mehreren 100 kHz	++ (HM-Bruchfrequenz)	/Ina80, War96/
Eigenschwingungen Maschine	überwiegend niederfrequent	o (Starrkörperbewegung)	DaimlerChrysler
Eigenschwingungen Werkstück	nieder- bis hochfrequent	+/-	DaimlerChrysler

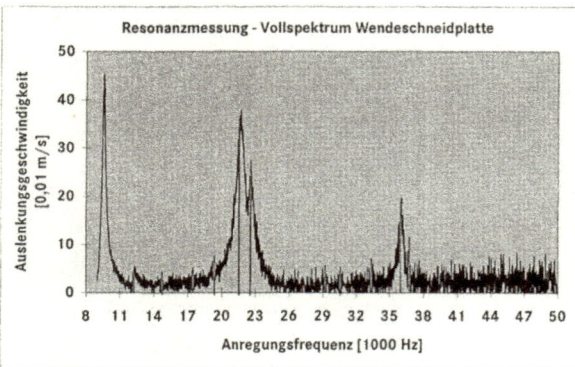

Resonanzmessung - Vollspektrum Wendeschneidplatte

Auslenkungsgeschwindigkeit [0,01 m/s]

Anregungsfrequenz [1000 Hz]

Abb. 3.3.4: Eigenfrequenzspektrum des Messerkopffräsers

die Schwingungsursachen, deren Frequenzbereich und deren mögliche verschleißrelevante Auswirkung auf diamantbeschichtete Werkzeuge zusammengestellt. **Abb. 3.3.4** zeigt das Eigenfrequenzspektrum des für diese Arbeit verwendeten Messerkopffräsers an der geklemmten Schneidplatte (Schneidecke).

Wie ein Überblick von /Bon94/ beweist, haben sich in der Vergangenheit zahlreiche Autoren mit den Auswirkungen von Schwingungen auf das Werkzeug-Verschleißverhalten befaßt. Für das Drehen kristallisierten sich bei /Ina80/ zwei dominant verschleißrelevante Frequenzbereiche heraus, ein niederfrequenter nahe bei 0 Hz wie auch ein durch die Haupt-Werkzeugeigenfrequenz bestimmter im Kilohertzbereich, der in jedem Fall aber unter 8000 Hz blieb. Eigene Messungen ergaben deutliche Resonanzen symmetrischer Schneidplatten (in der Werkzeugklemmung) bis zu einer Höhe von 36 kHz (s. **Abb. 3.3.4**). Diese Schwingungen sind Symmetrie-bestimmten Teilflächen der Schneidplatte zuzuschreiben, die sich auch durch eine halbseitige Klemmung im Werkzeuggrundkörper nicht vermeiden lassen /May95/. Im Frequenzbereich von mehreren hundert Kilohertz, in dem Werkzeugbruchfrequenzen liegen, werden die Anregungen wegen des starken Dämpfungsverhaltens des Werkzeugs oft als unkritisch für dessen Verschleiß angesehen. Dies bedeutet jedoch, daß auch die Anregung durch die Spanlamellierung stark absorbiert wird. Ungeklärt bleibt, ob das Dämpfungsverhalten, also das unharmonische Schwingen des (beschichteten) Werkzeugs angesichts der unterschiedlichen E-Moduli von Schicht und Grundkörper nicht schon in der Interzone entsteht und so dort für eine oszillierende Scherbelastung sorgt, deren Frequenz zudem im Bereich der HM-Bruchfrequenz liegt. Dies ist um so mehr zu bedenken, wenn beispielsweise eine Hartmetalloberfläche für die Diamantbeschichtung vorbehandelt und damit das Karbidskelett geschwächt wird. /Bec69, Dom74/ bestätigen für unbeschichtete Werkzeuge die Möglichkeit der Querrißbildung parallel zur Schneidkante nach ausreichender Lastspielzahl in diesem Frequenzband. Eine Gewichtung des Verschleißfaktors Schwingung für den Verschleiß von beschichteten oder unbeschichteten Werkzeugen anhand der Literatur ist jedoch nicht möglich. Untersuchungen von /Kus95/ ergaben auch im Bereich von 30-300 MHz eine wachsende Absorption von induzierten Schwingungen mit wachsender Frequenz. Dies wird auf die hohe Materialsteifigkeit bzw. Schallgeschwindigkeit im Diamant zurückgeführt, die mit wachsender Frequenz eine stärkere Dispersion der Schallwellen bedingt. Die trotz schneller Zerstreuung und folglich schnellem Abklingen der Schwingungen damit steigende Wechselwirkung zwischen Schwingung und Diamantschicht im mehrfachen 100 MHz-Bereich bis zum Gigahertzbereich wird von /Kus95/ als kritisch angesehen, da hier die Wellenlänge in den Bereich der Schichtdicke (300 MHz $\cong \lambda_{dia}$ = 15 µm) und weiterhin auch der Diamantkorngröße gelangt und Resonanzwirkungen erzeugt werden könnten. Diese Frequenzbereiche sind im Zerspanungsprozeß jedoch allenfalls in vernachlässigbar geringer Intensität existent. Auch die unter Zweikörperreibung auftretenden elastischen Relaxationseigenschwingungen der Diamantkristalle im Bereich von 10^4 GHz /Fie96/ dürften im Realfall kaum kritisch verstärkt werden. Allein aus diesem Grund ist eine Anpassung der Diamantschichtdicke bzw. der Diamantkorngröße für Schneidwerkzeuge nicht erforderlich, wohl aber im Rahmen der allgemeinen mechanischen Stabilität zu beachten (s. Kap. 9).

4 Die Zerspanungsverfahren

4.1 Das Beanspruchungskollektiv im Fräsen

Fräsen ist ein Verfahren der spanenden Formgebung mit ein- oder mehrschneidigen Werkzeugen /Bro88/. Es zählt zu den spanenden Verfahren mit unterbrochenem Schnitt, so daß sich über einer Fräserumdrehung die Phasen Schneideneintritt, kontinuierlicher Schnitt, Schneidenaustritt und Luftschnitt ergeben. Je nach Kinematik, Werkzeugform und erzeugter Oberfläche unterscheidet man verschiedene Fräsverfahren wie Stirnplan-, Walz-, Profil- und Formfräsen /DIN8589, Kön84/. Dabei wird die Schaffung planarer Oberflächen als der zerspanungstechnisch einfachere Fall hauptsächlich mit den Verfahren Stirnplanfräsen und Walzfräsen (Umfangsfräsen) erreicht. Durch die geometrischen und kinematischen Zusammenhänge zwischen Werkzeugdurchmesser, Schnittbreite, sowie Schnitt- und Vorschubrichtung können diese Verfahren wiederum aufgeteilt werden in das Gleichlauffräsen, das Gegenlauffräsen und das Querlauffräsen.

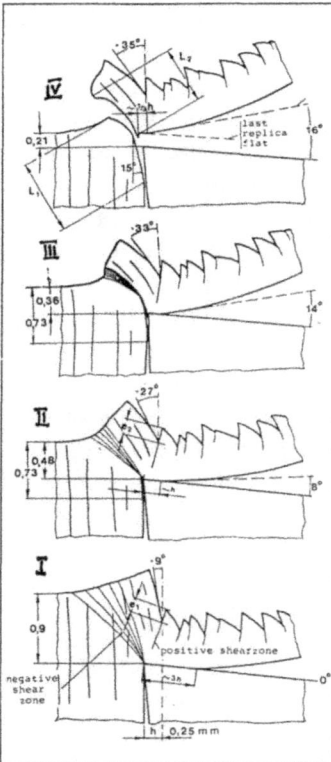

Beim Gleichlauffräsen sind die Vorschubrichtung und die Schnittbewegung im Eingriff gleichgerichtet. Dies bedeutet für die Spanungsdicke h eine Änderung vom maximalen Wert hin zur Spanungsdicke Null. Daher liegt die höchste mechanische Schneidenbeanspruchung in der Stoßbelastung bei Schneideneintritt in das Werkstück. So liefert die Spanungsdicke zu Schnittbeginn einen hohen Eintrittsimpuls der Schnittkraft und eine lokale Spannungsüberhöhung unter dem sich neu ausbildenden Span, da sich die kraftübertragene Kontaktzone zwischen Span und Schneide in ihrer ganzen Größe erst nach einem gewissen Schnittweg ausbildet /Pek80/. Mit dem auslaufenden Schnitt und abnehmender Spanungsdicke fällt die Belastung danach erheblich ab.

Im Gegensatz dazu ergibt sich im Gegenlauffräsen mit einer von Null an auf ein Maximum anwachsenden Spanungsdicke ein minimaler Eintrittsstoß, jedoch auch ein maximaler Austrittsstoß (Entlastung). Dabei kann eine starke Klebneigung des Spans Ausbrüche der Schneide begünstigen /Kön84/. Pekelharing /Pek78/ interpretiert diese Erscheinung als "gross fracture" und "edge chipping", verursacht durch den Mechanismus der Spanabtrennung bei Ausschnitt der Schneide aus dem Werkstück. Dabei rotiert die Scherebene des Spanes mit dem Schneidenaustritt von

Abb. 4.1.1: Span- und Scherebenenwinkeländerung mit Schneidenaustritt (schematisch, nach einem Hochgeschwindigkeitsfilm) /Pek80/

positiven zu negativen Winkeln und die Spankrümmung gegenüber der Werkzeugspanfläche wächst (**Abb. 4.1.1**). Dadurch erfährt die Schneidkante starke Zugspannungen und kann ausbrechen - insbe-

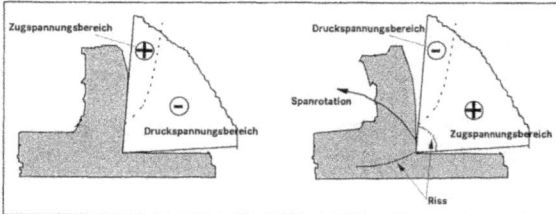

sondere bei spröden Schneidstoffen wie Oxidkeramiken, Titankarbid und kobaltarmen Hartmetallen. Dazu wechselt die typische Spannungsverteilung in der Schneide das Vorzeichen wie **Abb. 4.1.2** zeigt. Die Bruchgefahr steigt dabei mit der Schnittgeschwindigkeit und der Schneidentemperatur an. Darüber hinaus zeigt die Lage des Erstkontaktpunktes bzw. der Erstkontaktlinie der Schneide mit dem Werkstück (d. h. der erste kontaktierende Ort des im Schnitt eingreifenden Spanflächenbereichs) einen erheblichen Einfluß auf die Werkzeugstandzeit. **Abb. 4.1.3** verdeutlicht die Bezeichnungen dieses Spanflächenbereichs S-T-U-V.

Abb. 4.1.2: Vorzeichenumkehr der Spannungsfelder vor und bei Schneidenaustritt /Pek78/; links: Spannungen im Schnitt, rechts: Spannungen bei Schneidenaustritt

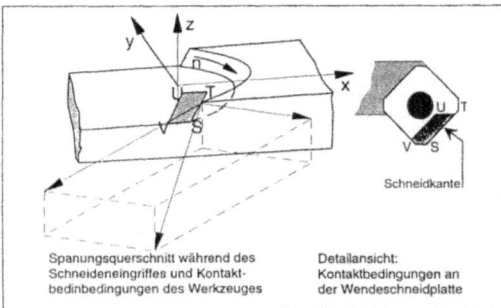

Abb. 4.1.3: Kontaktbedingungen am Werkzeug im Frässchnitt /Scha97/

Üblicherweise schlägt die Schneide nicht mit der kompletten Fläche auf das Werkstück auf. Die Auswahl der Eintrittskontaktbedingung hängt sowohl vom Werkstückmaterial wie auch vom Schneidstoff ab. Beispielsweise wirkt sich ein sogenannter U-Kontakt bei der Stahlzerspanung günstig auf die Standzeit eines Hartmetallwerkzeuges aus, jedoch negativ auf die eines Keramikwerkzeuges /Wie84, Lud89/. In der Zerspanung von Leichtmetallegierungen hat sich hingegen generell wegen der Spanbildungseigenschaften des Werkstückmaterials der S-Kontakt durchgesetzt und damit ein direkter Aufschlag der äußersten Schneidecke.

Das Querlauffräsen kombiniert die Verhältnisse von Gleich- und Gegenlauffräsen, so daß die maximale Spanungsdicke weder im Schneidenein- noch im -austritt erfolgt /Scha97/.

In dem allen Verfahren gemeinsamen Luftschnitt kühlt das Werkzeug aus und verursacht die typische thermische Wechselbelastung des unterbrochenen Schnitts, die wie die mechanische Belastung eine Hauptquelle für den Verschleiß und das Versagen des Werkzeugs sein kann. Diese Wechselbelastung ist um so gravierender, je kürzer die Eingriffsrate, d. h. das Verhältnis von Eingriffs- zu Luftschnittdauer ist, da sich dadurch die Temperaturamplitude erhöht /Käs92/.

4.2 Das Beanspruchungskollektiv im Drehen

Das Drehen ist ein einschneidiger Zerspanungsprozeß, der durch seinen konstanten Spanungsquerschnitt gekennzeichnet ist. Sieht man von der Möglichkeit ab, den Schnitt durch Bohrungen, Nuten oder die Unrundheit des Werkstücks zu unterbrechen, so erhält man gegenüber dem Fräsen und dem Bohren das Verfahren mit den wohl konstantesten Schnittbedingungen. Dementsprechend ruhig verläuft der lediglich durch Eigenschwingungen des Gesamtsystems angeregte Schnitt. Durch den langzeitigen Eingriff der Schneide steigt die Temperatur an der Wirkstelle - verglichen mit dem unterbrochenen Schnitt im Fräsen - bereits nach wenigen Umdrehungen bzw. nach 0,1 s auf ein höheres Niveau /Mül99, Mül96/ und kann so aktivierend auf die verschleißfördernden Mechanismen der Adhäsion, des tribochemischen Angriffs, und der Oxidation wirken.

Neben dem im wesentlichen abrasiv erzeugten Freiflächenverschleiß zeigt sich die Schneide des Drehwerkzeugs prädestiniert für die Ausbildung von Kolkverschleiß. Dieser Kolkverschleiß ist in der Regel ein durch Diffusion verstärkter Abrasionverschleiß. Dabei wird die Schneidstoffoberfläche kontinuierlich durch die Diffusion von Elementen aus und in den Schneidstoff aufgelöst und dann in geschwächtem Zustand mechanisch abgetragen. Die Verschleißcharakteristik eines Drehwerkzeugs zeigt **Abb. 4.2.1**. Der durch den Freiflächenverschleiß bedingte Schneidkantenversatz, d. h. die Schwächung der Kolklippe kann schließlich zum Ausbruch der Schneidkante führen.

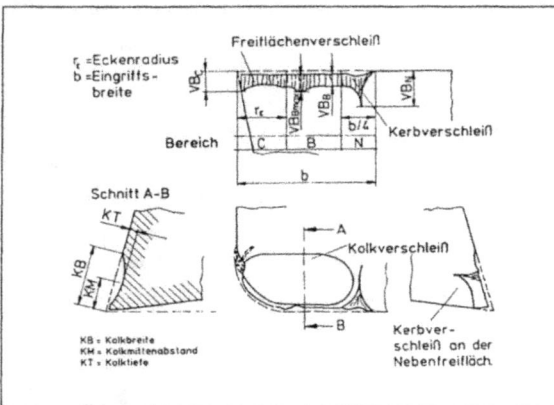

Eine Eindämmung des Kolkverschleißes ergibt sich meist durch die Existenz einer instabilen Aufbauschneide. Als kaltverschweißter Überzug schützt sie die Schneide vor dem auf ihr ablaufenden Span. Dadurch kann der stetige Abtrag der schützenden Passivierungsschicht verhindert werden, und mit ihr die stetige Diffusion.

Abb. 4.2.1: Typische Verschleißerscheinungen an der Werkzeugschneide beim Drehen /ISO3685/

Jedoch steigt der Verschleiß bei zunehmender Schnittgeschwindigkeit zunächst auf ein Maximum an, da sich die Aufbauscheide vergrößert während sie sich in einem periodischen Auf- und Abbau befindet und über die Frei- und die Spanfläche mit abläuft. Dabei wird die Schneide einerseits zusätzlich mechanisch-abrasiv angegriffen. Andererseits reißt die sich lösende Kaltverschweißung häufig

Schneidstoffpartikel mit sich. Bei ausreichend hoher Schnittgeschwindigkeit wird die Aufbauschneide thermisch destabilisiert und läuft mit dem Span über die Spanfläche ab. Zurück bleibt eine dünne Adhäsionsschicht mit einem sogenannten negativ-Keilprofil, auf welcher der auf der Unterseite aufgeweichte Span

Schneidkeiltyp	positiv	rechtwinklig	negativ	Schicht
v_c-Bereich	5 - 30	30 - 50	50 - 100	100 - 150

abfließt /Hab80/. **Abb. 4.2.2** zeigt schematisch die Formen der Aufbauschneidenbildung bei wachsender Schnittgeschwindigkeit.

Abb. 4.2.2: Aufbauschneidenbildung beim Drehen von Stahl in Abhängigkeit von der Schnittgeschwindigkeit v_c /Hab80/

Grundlegend wird das Ausmaß der Aufbauschneidenbildung durch die Affinität der Kontaktmaterialien bestimmt. Unter den Blitztemperaturen der gegeneinander reibenden Materialien entscheidet sich, wie stabil die Kaltverschweißung zwischen Schneidstoff und Werkstückstoff wird. Bei der Paarung Diamant-Aluminiumlegierung handelt es sich um eine vergleichsweise wenig reaktionsfreudige Kombination, da sich der Diamant weitgehend inert verhält.

4.3 Das Beanspruchungskollektiv im Bohren

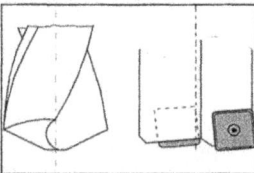

Abb. 4.3.1: Schematische Darstellung eines Spiral- und eines Wendeschneidplatten-bestückten Bohrers

Bohren gehört - ebenso wie das Fräsen - im wesentlichen zu den mehrschneidigen Zerspanungsverfahren. Jedoch tritt wie beim Drehen keine Änderung des Spanquerschnitts über den Schnittweg ein, und der Frei- und der Spanwinkel sind über der Schneidenlänge nicht konstant. Sie nehmen an der Schneidecke ihren kleinsten bzw. größten Wert an /Wit80/. Die Bohrerschneide wird oft als eine Kombination zweier Drehmeißel verstanden. Häufig werden mit Wendeschneidplatten (WSP) bestückte Bohrer, die für das Bohren ins Volle geeignet sind, so konstruiert, daß sich die asymmetrisch angeordneten Schneiden im Bohrbild zu einer Schneide ergänzen (**Abb. 4.3.1**). Dabei greifen bei einem beispielsweise zweischneidigen Werkzeug alle vier am Schnitt beteiligen Schneidecken und Teile der benachbarten Schneidkanten gleichzeitig in die Spanbildung ein. Dadurch wird der erzeugte Span in radialer Richtung segmentiert und fließt leichter ab. Eine Schneidecke greift über die Bohrermitte hinaus ein und sorgt - wie die Querschneide beim Spiralbohrer - für das Abquetschen des von der Hauptschneide geschnittenen Spans. Im Gegensatz zum Spiralbohrer entsteht kein gesonderter Mittelspan, da die Querschneide nicht mehr gegenüber der Hauptschneide verdreht angeordnet ist, sondern mit ihr fluchtet. Führt die im Spanwinkel stark negative Querschneide beim Spiralbohrer zu einem um 400% höheren Vorschubkraftniveau bzw. einem um 80% größeren Schnittkraftwert gegenüber dem Drehen /Wit80/, so dürfte dieser

Kraftfaktor beim WSP-bestückten Bohrer deutlich geringer ins Gewicht fallen. Außerdem fällt die für die Bohrungsqualität maßgebliche Wandglättung durch

spiralbohrertypische Führungsphasen weg; und mit ihr das Verschleißproblem und die Reibung entlang der eintauchenden Bohrerlänge, sowie weitgehend das mögliche Einklemmen von Spänen. Die dem Bohren charakteristischen Extrema in der Schneidenbelastung an der Hauptschneide am Bohrgrund bleiben davon allerdings unberührt. Dazu zählen die (wenn auch geringere) Quetschbelastung am Bohrungsmittelpunkt (Querschneide), wo die Schnittgeschwindigkeit gegen Null geht, sowie die maximale Schnittkraft und die thermische Belastung der exponierten äußeren Schneidecken. Insgesamt erlaubt der vergleichsweise geringe Werkstückkontakt niedrigere Werkzeugtemperaturen und eine geringere Werkzeugtorsion. Bei Wendeschneidplatten-Bohrern reduziert sich also der dem Spiralbohrer typische, komplexe Zerspanungsprozeß auf die Funktion der Hauptschneiden. Vom Drehen unterscheidet sich der Bohrschneidprozess demnach nur noch durch die bis zum Quetschvorgang abnehmende Schnittgeschwindigkeit. Hier muß mit einem sehr starken Druck auf die Schneidkante gerechnet werden, der im wesentlichen die Vorschubkraft bedingt. Mit zunehmendem Radius von der Bohrermitte ergibt sich dann ein kontinuierlicher Schnittprozeß mit den ihm typischen Verschleißerscheinungen (s. Kap 4.2). Mit zunehmendem Radius steigt auch der Verschleißangriff an der Hauptschneide bzw. an der Hauptfreifläche. Ein Kolkverschleiß auf der Spanfläche tritt beim Bohren im allgemeinen erst nach sehr langen Schnittwegen auf /Ern78/. Dies hängt teilweise mit einer kaum zu vermeidenden Aufbauschneidenbildung zusammen, die durch die kleinen Schnittgeschwindigkeiten im Bohrungskern begünstigt wird.

4.4   Fazit zur Schneidenbelastung

- Hinsichtlich der Schneidenbelastung ist zwischen den weitgehend konstanten Lasten im kontinuierlich ausgeführten Schnitt (beispielsweise Dreh- und Bohrprozesse) und der pulsierenden Schlagbeanspruchung bei Schnittunterbrechung (beispielsweise Fräsen) zu unterscheiden.

- Die geometrische Exponiertheit der Werkzeugschneidkanten führt zu deren verminderter Stabilität und zu deutlichen Spannungsüberhöhungen.

- Bei der Zerspanung inhomogener Werkstoffe wie AlSi-Gußlegierungen können statistisch auftretende Überbelastungen der Schneidkante durch harte Ausscheidungen in der Metallmatrix des Werkstücks auftreten.

- Die abzutragende, alte Werkstückoberfläche und die erzeugten Oberflächenrillen sorgen für deutliche lokale Zugüberspannungen am Werkzeug.

- Schwingungen des Werkzeugs werden im Kilohertzbereich als verschleißrelevant angesehen; höhere Frequenzen wegen des starken Dämpfungsverhaltens des Werkzeugs hingegen nicht.

- Beim Fräsen erfährt die Schneide im Extremfall entweder einen hohen Eintrittsimpuls der Schnittkraft und eine lokale Spannungsüberhöhung unter dem sich ausbildenden Span, oder einen minimalen Eintrittsstoß in Kombination mit einem maximalen Austrittsstoß.

- Beim Austrittsstoß rotiert die Scherebene des Spanes mit dem Schneidenaustritt von positiven zu negativen Winkeln. Dadurch erfährt die Schneidkante starke Zugspannungen und kann ausbrechen.

- Die Temperaturamplitude im Werkzeug ist unter Wechselbelastung um so gravierender, je kleiner die Eingriffsrate ist.

- Im kontinuierlichen Schnitt steigt die Zerspanungstemperatur mit Arbeitsbeginn rasch bis auf einen nahezu konstanten Wert. Im unterbrochenen Schnitt steigt diese Temperatur im Mittel auf einen vergleichsweise geringeren Wert an, erfährt jedoch durch die Materialschnitt/Luftschnitt-Zyklen oberhalb dieses Wertes eine deutliche Temperaturschwellbelastung.

- Spannungen von mechanischer und thermischer Beanspruchung sind qualitativ gleichverteilt.

- Neben dem Freiflächenverschleiß zeigt sich die Schneide des Drehwerkzeugs prädestiniert für die Ausbildung von Kolkverschleiß.

- Das Ausmaß der Aufbauschneidenbildung wird durch die Affinität der Kontaktmaterialien bestimmt. Der mechanisch-abrasive Verschleiß steigt mit dem periodischen Auf- und Abbau der Aufbauscheide.

- Die charakteristischen Schneidenbelastungen beim Bohren sind die Quetschbelastung am Bohrungsmittelpunkt, sowie die maximale Schnittkraft und die thermische Belastung der äußeren Schneidecken.

- Durch das Fehlen der Querschneide beim Schneidplattenbohrer reduzieren sich die Quetschbelastung und die Vorschubkraft in der Bohrermitte erheblich.

- Die Bruchspannung einer CVD-Diamantschicht liegt um wenigstens 6 Größenordnungen über den zu erwartenden Maximal-Zugspannungen in der Schneide.

- Die Schutzfunktion der Diamantschicht wird wesentlich durch ihre innere Tragfähigkeit bestimmt, die stark mit der Schichtdicke wächst.

- Tribochemische Beanspruchungen durch Nichteisenmaterialien beschränken sich für Diamantwerkzeuge im wesentlichen auf die Schichtoxidation oberhalb 500°C.

5 Die Charakteristiken der Haftfestigkeitsprüfmethoden

5.1 Die Verfahren nach Rockwell

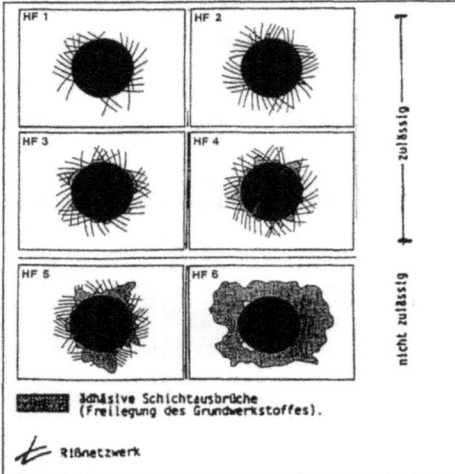

Abb. 5.1.1: Klassifizierung der Schichthaftung bei der HRC-Methode /VDI3198/

Der Rockwelltest als Methode zur Prüfung der Haftfestigkeit von Beschichtungen basiert geräteseitig wie prozeßbezogen auf dem in /DIN50103/ festgelegten Härteprüfverfahren. Bei der Schichthaftfestigkeitsprüfung dringt der kegelförmige Diamantprüfkörper (mit einem Spitzenradius von 200 µm) unter definierter Last senkrecht in die beschichtete Oberfläche ein. Für PVD-Beschichtungen, insbesondere für TiN-Beschichtungen ist das in /VDI3198/ und /DIN39/ beschriebene HRC-Schichthaftfestigkeitsprüfverfahren vereinheitlicht. Die in Abb. 5.1.1 dargestellte 6-fache Klassifizierung bietet einen einfachen visuellen Vergleichsmaßstab für den erzeugten Schichtschaden in der Kraterperipherie des Eindrucks. In 100-facher Vergrößerung wird dabei das entstandene Rißnetzwerk bzw. die überlagerten Schichtabplatzungen bewertet. Die angeführte Richtreihe gilt für PVD-Schichten auf Werkzeug- oder Schnellarbeitsstahl mit einer Grundhärte von mindestens 54 HRC bzw. einer Mindestzugfestigkeit von 770 N/mm² und einer maximalen Schichtdicke von 5 µm. Dabei muß die Schicht härter sein als das Substrat. Dieser Test ist wegen seiner einfachen Handhabung und der schnellen Durchführbarkeit gut geeignet, Schwankungen in der Schichthaftung werkstattgerecht, qualitätssicherungsgerecht und zuverlässig aufzuzeigen.

Grundlage der Haftfestigkeitsprüfung nach Rockwell D und C für diamantbeschichtete Hartmetalle ist das Verformungs- und Rißverhalten (Rißfläche in der Interzone) im belastenden wie auch im entlastenden Halbzyklus. Genaue Untersuchungen bzw. Simulationen von Eindringzyklen bei solch hohen Lasten sind in der Literatur bislang nicht zu finden. Dies zu beschreiben, wurde eine numerische Simulation des Prüfzyklus mit der FE-Methode im System ABAQUS durchgeführt und - verbunden mit versuchsbegleitende Beobachtungen - in Kap. 7.1.1 dargestellt.

Für die Kombination aus Hartmetallsubstrat und metallischer Verschleißschutzschicht gibt es in der Literatur einige Ansätze, die Prüflast mit der Rißausbreitung zwischen Substrat und Schicht funktional in Verbindung zu bringen. /Jin87/ untersuchte mit einer Reihe von Eindrücken bei unterschiedlichen Prüflasten (15 bis 200 kg) in TiN- und in TiC-beschichteten WC-Co-Hartmetallen die Last-

Prüflast - Rißdurchmesser

o 880°C,o.V. □ 880°C,10min

Δ 880°C,1h o 980°C,1h

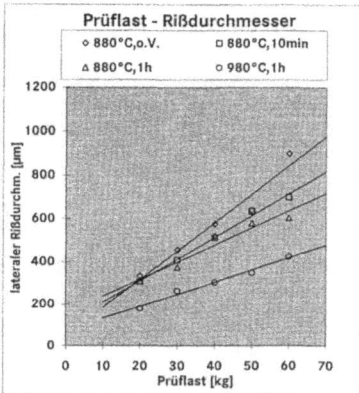

Abb. 5.1.2: Ablösungsdurchmesser in Abhängigkeit von der Prüflast /Kuo90/ ◇: Besch.-Temp. 880°C, poliert; □: 880°C, 10 min. US-bekeimt; Δ: 880°C, 1h US-bekeimt; o: 980°C, 1h US-bekeimt

Rißlängenabhängigkeit. Für die Anwendbarkeit dieses Verfahrens auf CVD-diamantbeschichtete Hartmetalle analysierten /Kuo90, Cun92/ das Rißbildungsverhalten an der Grenzfläche beider Materialien. Dazu führten sie den Rockwelltest an 94,3%WC-5,7%Co Hartmetallen bei verschiedenen Laststufen von 10 kg bis 150 kg durch und ermittelten jeweils den Rißdurchmesser, den sie mit Hilfe der kraterförmigen Schichtaufwölbung bestimmten. Trotz der insgesamt schlechten Schichthaftung und der damit verbundenen minimal notwendigen Prüflast konnte eine grundlegende Aussage zur Eignung dieser Anwendung gemacht werden. Abb. 5.1.2 zeigt die Ergebnisse der Versuche von /Kuo90/. Darin zeigt sich eine steigende Tendenz der Schichthaftung mit einer keimdichtesteigernden Vorpräparation und mit der Beschichtungstemperatur. /Qui87/ ergänzte diese Versuche auch für Mehrschichtsyteme aus TiC/Ti(C,N)/TiN und TiC/Al₂O₃. Aus dem Prüfbereich höherer Lasten, wo die Spannungsverhältnisse im Prüfling im Umfeld des Prüfkörpers nicht mehr durch dessen stumpfe Spitzenform verfälscht werden, leitete er mit Hilfe des nahezu linear ansteigenden Kurvenverlaufes den Rißzähigkeitsfaktor K_{li} der Grenzfläche her:

$$K_{li} = \sqrt{\frac{G_{li} \cdot E_c}{1 - v_c^2}} \quad (G5.1.1)$$

G_{li} = Schubmodul der Grenzfläche, E_c = Elastizitätsmodul der Schicht, v_c = Querkontraktion der Schicht

Abhängig vom Schichtmaterial kann die Beurteilung der Haftfestigkeit zum einen anhand der Steigung der Kurven erfolgen, zum anderen durch die Ermittlung des Rißzähigkeitsparameters K_{li}. Bestehen die untersuchten Proben aus verschiedenen Substraten, jedoch aus der gleichen Beschichtungscharge, so lassen

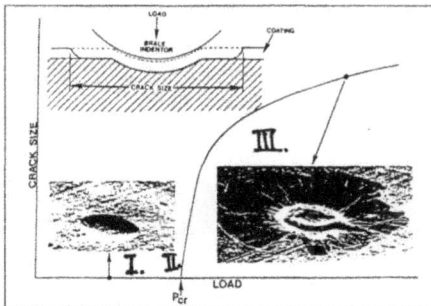

Abb. 5.1.3: Rißausbreitungsphasen in Abhängigkeit von der Prüflast /Lav93/

sich durch den Vergleich der Kurvensteigungen qualitativ Haftfestigkeitsunterschiede ermitteln. Je kürzer die Rißlänge und je besser die Schichthaftung ist, desto flacher verläuft die Kurve, deren Steigung sich durch den Term (A x G_{li}) beschreiben läßt. Darin ist A eine Konstante, die empirisch bestimmt werden muß. Experimentelle Untersuchungen zeigten, daß die Steigung besonders empfindlich auf die Beschaffenheit der Übergangszone aber auch auf die Dicke der Schicht, sowie die Substrathärte reagiert. Weiterhin lassen sich mit K_{li} verschiedene Schichtwerkstoffe oder unter verschiedenen Prozeßbedingungen abgeschiedene gleichartige Schichten vergleichen.

/Meh85/ stellt in analogen Versuchen fest, daß die kritische Last mit wachsender Schichtdicke sinkt. Dies führte er auf zunehmende thermische Eigenspannungen im System zurück. Auch tendiere das Rißmodell zu einer Unterschätzung der Rißlänge, da der Beginn der Rißausbreitung nicht exakt bestimmbar sei. /Lav93/ beschreibt daher den lastabhängigen Schädigungsverlauf in drei Phasen:

Phase I:	ohne Risse,
Phase II:	Anrisse in der Grenzfläche, jedoch an Oberfläche unsichtbar,
Phase III:	Riß erscheint meßbar.

Abb. 5.1.3 zeigt die Phasen der Rißausbreitung in Abhängigkeit von der Prüflast. Keiner der Autoren gibt jedoch Auskunft darüber, wie und wie genau die Rißschäden bestimmt wurden, wie groß die Streuung der Ergebnisse ist, noch wie die Materialkennwerte für die Berechnung ermittelt werden.

Hingegen zeigt /Tah96/ eine interessante Analogie der Ablösungsfläche zu den intrinsischen Schichteigenspannungen und den Gesamteigenspannungen auf. Durch eine Variation des Methangehalts während der Abscheidung von Diamant auf Silizium ergaben sich die in **Abb. 5.1.4** dargestellten Druckeigenspannungen. Wegen der konstanten Beschichtungstemperatur bestehen diese überwiegend aus Differenzen der intrinsischen Spannungskomponente (für Diamant auf Hartmetall besitzen die die Eigenspannungskomponenten unterschiedliche Vorzeichen, so daß die Gesamteigenspannungskurve anders verlaufen muß). Dabei ist zu beachten, daß Änderungen der intrinsischen Eigenspannungen gleichzeitig Eigenschaftsänderungen der Schichtmorphologie wie der Phasenzusammensetzung, der Korngröße und der Schichtdicke bedeuten. Hieraus kann sich zudem eine veränderte Schichtanbindung an das Substrat ergeben. Ungeachtet der aus der Variation des Methangehalts resultierenden Morphologieänderungen der Proben zeigt sich eine Analogie der intrinsischen Schichteigenspannungen zum Schichthaftungsversagen im HRD-Test (100 kg, **Abb. 5.1.5**).

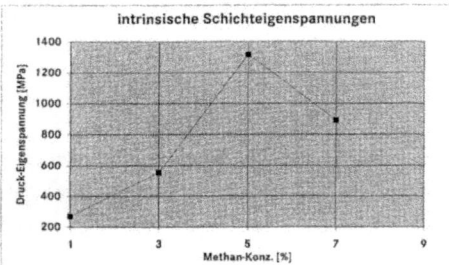

Abb. 5.1.4: Druckeigenspannungen in der diamantbeschichteten Hartmetallprobe in Abhängigkeit von der Methankonzentration in der Beschichtung /Tah96/

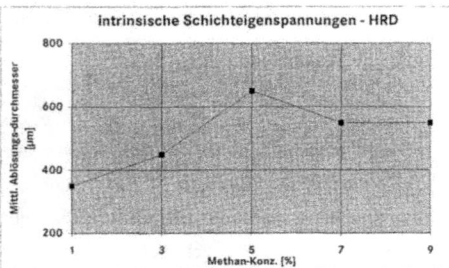

Abb. 5.1.5: Mittlerer Ablösungsdurchmesser unter der Diamantschicht in Abhängigkeit von der Methankonzentration in der Beschichtung (Schichtdicke: 15 ±3 µm) /Tah96/

Betrachtet man die vergleichenden Ergebnisse von /Sai93/ im HRC-Test an diamantbeschichteten Hartmetallproben mit unterschiedlichen Bindermetallen, so ergibt sich ein neuer Aspekt für die Bewertung der Ausdehnung der Schadensfläche. In dieser Untersuchung wurde an einer WC-Co und einer WC-Co-M-Probe (M=Metall) eine der

Beschichtung vorangehende Wärmebehandlung durchgeführt. Dabei bildete sich bei der WC-Co-Probe offensichtlich ein Co-Film auf der Oberfläche, der eine großflächige Schichtabplatzung im HRC-Test verursachte. Bei der WC-Co-M-Probe wurde die Zudiffusion des Kobalts durch das Fremdmetall verhindert, das seinerseits eine geschlossene "Zwischenschicht" ausbildete. Zwar platzte die Schicht hier nicht mehr ab, doch der diamantschichtfreie Krater zeugt vom vollständigen Verlust der Zwischenschicht. Offensichtlich stellt die Sprödigkeit der Zwischenschicht hier den haftungsbegrenzenden Faktor dar.

Fazit zu den Rockwellverfahren

- Grundlage der Haftfestigkeitsprüfung nach Rockwell D und C für diamantbeschichtete Hartmetalle ist das Verformungs- und Rißverhalten (Rißfläche in der Interzone) im belastenden wie auch im entlastenden Halbzyklus.

- Trägt man die laterale Ausdehnung der Schichtablösung um den Rockwelleindruck herum über der jeweiligen Prüflast auf, kann die Beurteilung der Haftfestigkeit anhand der Steigung der Kurven erfolgen. Bestehen die untersuchten Proben aus verschiedenen Substraten, jedoch aus der gleichen Beschichtungscharge, so lassen sich durch den Vergleich der Kurvensteigungen qualitativ Haftfestigkeitsunterschiede ermitteln.

- Bei CVD-diamantbeschichteten Hartmetallen kann mit dem Rockwellverfahren eine grundlegende Aussage zur Haftfestigkeit gemacht werden. Obwohl in der angeführten Literatur nicht darauf hingewiesen wird, muß bei der Anwendung des Rockwell-Verfahrens auf diamantbeschichtete Proben von einer geringen Lebensdauer (Unversehrtheit) des Prüfkörpers ausgegangen werden.

- Zwischen dem Ausmaß der Ablösungsfläche und den intrinsischen Schichteigenspannungen bzw. den Gesamteigenspannungen besteht eine gewisse Analogie. Dabei ist jedoch zu beachten, daß eine Änderung der intrinsischen Eigenspannungen auch morpholgische Änderungen der Schicht bedeuten.

- Die Festigkeit einer Zwischenschicht stellt im Schicht/Substrat-Verbund einen haftungsbegrenzenden Faktor dar.

5.2 Der Ritztest

Der Ritztest birgt in Anbetracht einer mechanisch-tribologisch beanspruchten Werkzeugschneide günstige Ansätze für eine Verschleiß- und Haftfestigkeitsprüfung von Schutzschichten. Zwischen Werkstück und Werkzeugfreifläche oder aber unter dem sich in Flußrichtung mit zunehmender Kraft abstützenden Span auf der Spanfläche tritt eine starke Reibbelastung auf, die um so kritischer ist, je mehr und je härter möglicherweise Ausscheidungen oder Partikel im Werkstückstoff sind. Beim Ritztest (**Abb. 5.2.1**) wird ein Stift mit einer Diamantspitze (Rockwell C-Geometrie, Spitzenradius 200 µm) mit gleichbleibender Geschwindigkeit über die zu untersuchende Oberfläche gezogen.

Im Standardverfahren erhöht sich dabei die Last kontinuierlich bis zum Schichtversagen. Die Last, unter der es zum Reißen oder sogar Abplatzen der Schicht kommt, wird als kritische Last L_c bezeichnet. Diese kritische Last L_c läßt sich durch folgende Methoden ermitteln /Sek88/:

- mikroskopische Untersuchung der Ritzspur

- Aufzeichnung des akustischen Signals während des Ritzvorgangs

- Messung der Reibkraft/ -schwankungen zwischen Prüfkörper und Schicht

Dabei gibt es im allgemeinen eine gute Übereinstimmung zwischen ersten akustischen Signalspitzen, einem sprunghaften Anstieg der Reibkraft und den nachträglich lichtmikroskopisch lokalisierbaren ersten Abplatzungen. Die mikroskopische Auswertung gilt jedoch als die sicherste Methode, da hier genaue Aussagen über den Ort und die

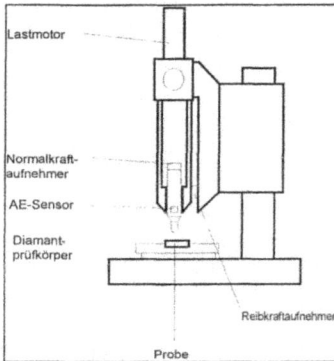

Abb. 5.2.1: schematische Darstellung eines Ritztesters

(Labels in figure: Lastmotor, Normalkraftaufnehmer, AE-Sensor, Diamantprüfkörper, Reibkraftaufnehmer, Probe)

Tab. 5.2.1: Änderung der kritischen Last L_c und ihre Ursachen bei steigenden inneren und äußeren Parametern/Ste87/

wachsender innerer Parameter	krit. Last L_c	Ursache
zeitliche Belastungsrate dL/dt oder wegbezogene Belastungsrate dL/dx	steigt statistisch	die Wahrscheinlichkeit sinkt, schlecht haftende Schichtbereiche zu überstreichen (kürzerer Ritzweg)
Ritzgeschwindigkeit dx/dt	sinkt statistisch	die Wahrscheinlichkeit steigt, schlecht haftende Schichtbereiche zu überstreichen (längerer Ritzweg)
Prüfkörperradius r	steigt	mittlerer Druck $p_m = 2L_c/\pi b^2$ mit b~r $\Rightarrow L_c \sim r^2$
wachsender äußere Parameter		
Substrathärte	steigt	Tragfähigkeit des Substrates steigt, Eindringtiefe sinkt $\Rightarrow$ Scherspannungen in der Grenzschicht sinken
Schichtdicke	steigt	dickere Schichten benötigen größere Kräfte, um gleiche Verformungen zu erhalten (bei weicheren Substraten stärker als bei harten)
Reibungskoeffizient μ bzw. Oberflächenrauheit	sinkt	mit steigender Reibung steigt auch die Scherspannung in der Grenzschicht
Schichteigenspannungen	sinkt	hohe Restspannungen benötigen weniger zusätzliche Spannungen, um je nach Vorzeichen zu verschiedenem Schichtversagen zu führen (bei Druckeigenspannungen Schichtversagen vor dem Prüfkörper; bei Zugeigenspannungen Schichtversagen unter bzw. hinter dem Prüfkörper)

Art des Schichtversagens (kohäsiv/ adhäsiv) gemacht werden können.

Die ermittelte kritische Last L_c wird von zahlreichen inneren und äußeren Faktoren beeinflußt. In **Tab. 5.2.1** sind die Auswirkungen bei einer Steigerung der wichtigsten Parameter auf die kritische Last dargestellt. Um quantitative Werte für L_C zu erhalten, wurden zahlreiche theoretische Modelle des Ritztests entwickelt. Die Theorie von Benjamin und Weaver /Ben60/ beruht auf der Annahme eines

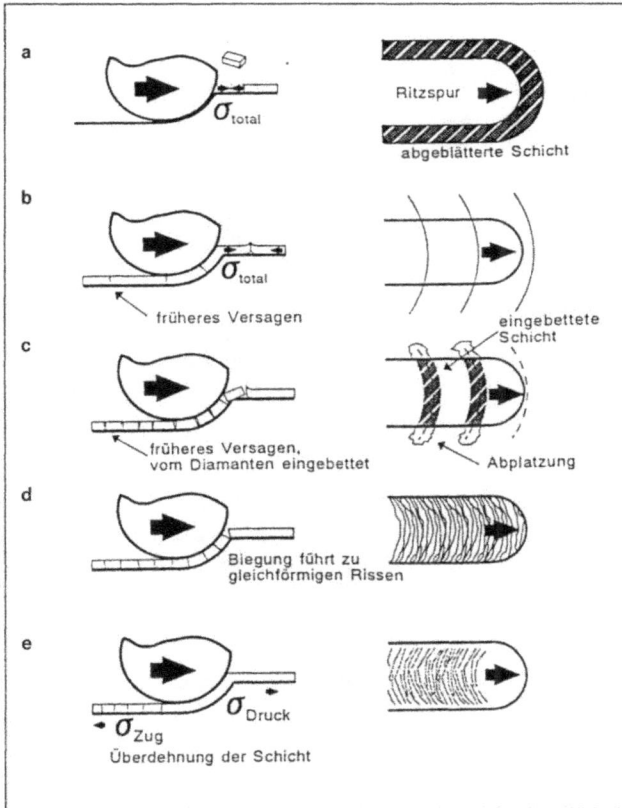

völlig plastischen Eindruckes. Dabei wird in Abhängigkeit der Rißgeometrie, der Substrateigenschaften und der Reibkraft die kritische Scherkraft ermittelt, die zur Schichtablösung führt. Das Modell wurde allerdings für Metallschichten aufgestellt, die auf Glas aufgedampft wurden, und hat sich deshalb für Hartstoffschichten auf Metallen als nur bedingt anwendbar erwiesen, zumal wichtige Größen, wie z.B. die Schichtdicke, nicht in das Modell einfließen. Auch die Annahme eines völlig plastischen Eindrucks ist Hartstoffschichten unangebracht. In anderen Modellen wurde die

Abb. 5.2.2: Schadensbilder beim Ritztest /Bur87/; a- c: Formen adhäsiven Versagens, d-e: Formen kohäsiven Versagens

Arbeit berechnet, die zur Entfernung der Hartstoffschichten von den Substraten notwendig ist. Mit dem Elastizitätsmodul E, der Poisson-Zahl µ, dem Reibungskoeffizienten ν der Schicht, der Schichtdicke s und dem Querschnitt A der Ritzspur ergibt sich die Ablösearbeit W zu:

$$W = \frac{(L_c \nu)\mu^2 s}{2A^2 E} \quad \text{in } [J] \quad /Lau84/ \quad (G5.2.1)$$

Bull /BUL88/ wiederum teilt die beim Ritztest auftretende Spannung in der Grenzschicht in die folgenden drei Anteile auf :

* durch den Eindruck verursachte statische Verformungsspannung

* Scherspannungen, verursacht durch tangentiale Reibung zwischen Prüfkörper und Schicht

* Eigenspannungen

Diese Analyse führte zur Gleichung

$$L_c = \frac{\pi d_c^2}{8}\left[\frac{2EW}{s}\right]^2 \quad \text{in [N]} \quad (G5.2.2)$$

mit s=Schichtdicke, d_c=Ritzspurbreite, W=Ablösearbeit, E=E-Modul der Schicht,

die ebenfalls eine Beziehung zwischen der kritischen Last L_c und der Ablösearbeit W herstellt. Derzeit sind diese theoretischen Modelle allerdings noch nicht universell einsetzbar, da die Abhängigkeit der Last von der realen Schadensentwicklung noch nicht voll verstanden wird und deshalb nicht vollständig in die Modelle einfließen kann.

Bei der praktischen Beurteilung von verschiedenen Schicht/Substrat-Verbindungen ist allerdings eine genaue Kenntnis der Versagensart unverzichtbar. Praktische Untersuchungen von Burnett und Rickerby /Bur87/ an PVD-TiN-Schichten zeigten, daß beim Ritztest sowohl kohäsives wie auch adhäsives Schichtversagen auftritt. Im folgenden sind einige Erscheinungsbilder der wichtigsten Versagensarten dargestellt.

Die **Abb. 5.2.2a bis 5.2.2c** zeigen adhäsives Schichtversagen. Die Ursache dafür sind Druckspannungsfelder vor dem Prüfkörper, die sich durch dessen Verdrängungsbewegung in der Schicht aufbauen. Dadurch kann es bei einem leichten Aufwölben der Schicht zu Rissen und bei einer ausgeprägten "Bugwelle" zur völligen Abplatzung der Schicht vor der "Bugwelle" kommen.

Wenn der Prüfkörper die abgelöste oder aufgewölbte Schicht erreicht und in die Ritzspur drückt, entstehen seitliche Risse und die Schicht platzt links und rechts der Ritzspur ab (**Abb. 5.2.2c**).

Die **Abb. 5.2.2d** und **5.2.2e** stellen kohäsives Versagen dar. Eine Voraussetzung hierfür ist eine gute Haftung der Schicht auf dem Substrat. Hierbei treten in der TiN-Schicht lediglich Risse auf, die entweder durch Biegespannungen der Schicht vor dem Prüfkörper oder durch hohe Zugspannungen hinter dem Prüfkörper verursacht werden. Die Zugspannungen sind auf die Reibung zwischen der Schicht und dem Prüfkörper zurückzuführen.

Diese Ergebnisse konnten durch Untersuchungen von Bull /Bul91/ im wesentlichen bestätigt werden. Bull verwendete bei seinen Untersuchungen Substrate mit unterschiedlicher Zähigkeit und teilte das Schichtversagen in "zähes Versagen" und "brüchiges Versagen" ein. Bei "zähem Versagen" löst sich die Schicht nur in kleinen Teilen und innerhalb der Ritzspur vom Substrat, bei "brüchigem Versagen" großflächig und beidseitig des Prüfkörpers vom Substrat. Dabei korreliert "zähes Versagen" mit der Prüfung zäher Substrate und "brüchiges Versagen" mit dem Einsatz spröder Substrate. In **Tabelle**

5.2.2 sind die typischen Versagensarten und die dabei auftretenden Spannungen bei spröden Schichten aufgeführt.

Da das Schichtversagen nicht unbedingt mit einem gleichzeitigen adhäsiven Haftungsversagen zusammenhängt, sollte zur besseren Interpretation des Versuchsergebnisses die Ritzspur mittels Mikroskop untersucht werden /Bull88/. In einer weiteren Arbeit unterscheidet /Bul97/ bei weiteren Schadenscharakteristika nach der Abhängigkeit von der Tragfähigkeit des Substrats bzw. der adhäsiven Schichthaftung. Auch in dieser Quelle beziehen sich die Untersuchungen auf TiN- und Al_2O_3-beschichtete Stähle. Dennoch besteht in der Relation "harte Schicht-duktiles Substrat" eine Übertragbarkeit auf diamantbeschichtete Hartmetalle. **Abb. 5.2.3** zeigt die verschiedenen Schadensmerkmale für diese Unterscheidung.

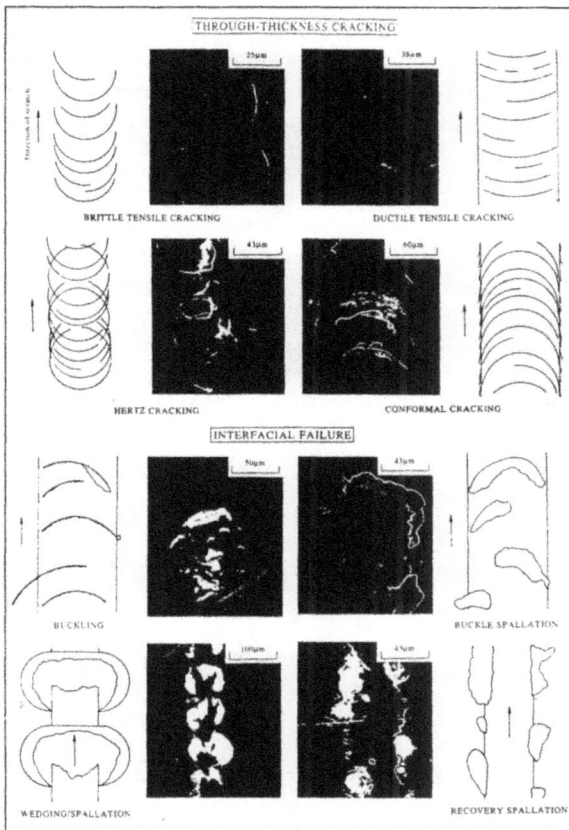

Abb. 5.2.3: Schadensmerkmale bei o: Schichtdurchbruchschäden und u: Adhäsionsversagen

Wie in **Tab. 5.2.2** dargestellt, hängen das Schadensbild und die Schadensart wesentlich von den Substrateigenschaften ab. Bei diamantbeschichteten Hartmetallplatten ist so von Fall 1 und 2, bei zäheren Substraten, z.B. Stahl, von Fall 3 und 4 auszugehen.

Ein großes Problem bei der Anwendung des Standard-Ritztests bei Diamantschichten kann ein zu hoher Verschleiß des Prüfkörpers sein, da dies bereits bei Untersuchungen von harten TiN-Schichten zu beobachten war /Per88/. In diesen Untersuchungen konnte festgestellt werden, daß die Prüfkörper, die während des Versuchs mit Lasten unterhalb der kritischen Last beansprucht wurden, eine längere Lebensdauer aufwiesen, als solche, an denen Lasten gleich oder größer der kritischen Last aufgebracht wurden.

Tab. 5.2.2: Einfluß der Eigenschaften von Spannung und Substrat auf das Schadensbild bei spröden und bei zähen Schichten /Bul91/

Fall	Spannungsart	Substrat	Schichtbindung	Schadensbild
1	Zug	zäh	gut	Schichtrisse (keine Ablösung)
			schlecht	Schichtrisse und Ablösungen an der Grenzfläche
2	Druck	zäh	gut	Aufwölbung der Schicht
			schlecht	Aufwölbung und Ablösung an der Grenzfläche
3	Zug	spröde	gut	Schichtrisse und Ablösung an der Grenzfläche
			schlecht	Ablösung an der Kante in der Verbindungsschicht
4	Druck	spröde	gut	Substratabsplitterung
			schlecht	Aufwölbung an der Grenzfläche

Die Durchführung als Multi-Pass-Ritztest bei unterkritischen Lasten kann deshalb eine sinnvolle Alternative darstellen. Beim Multi-Pass-Ritztest wird die Schicht immer wieder in der gleichen Spur und in einer Richtung überfahren, bis es zum Schichtversagen kommt. Die Belastung liegt im allgemeinen bei etwa 2/3 der kritischen Last. Dies bedeutet eine deutliche Reduzierung des Prüfkörperverschleißes, da durch die niedrigere Last die Reibkräfte zwischen Prüfkörperspitze und Schicht ebenfalls reduziert werden. Bei Versuchen von Bull /Bul94/ an diamantbeschichteten Si-Wafern zeigte sich ein relativ hoher Verschleiß während der ersten Durchgänge, was auf einen erhöhten Reibungskoeffizient zurückgeführt wurde. Nach einigen Durchgängen blieb der Reibungskoeffizient bis zum Versuchsende nahezu konstant, was durch eine zunehmende Glättung der Diamantschicht zu erklären ist.

Dieses Verfahren bietet sich auch aufgrund der ähnlichen Belastungsart im Vergleich zur realen Anwendung besonders für beschichtete Werkzeuge an, da in der Praxis solche Schichten meist nicht durch frühzeitige Überlastung des Werkzeugs, sondern durch kontinuierlichen Verschleiß und durch langsames Ermüden der Schicht zerstört werden.

Fazit zum Ritztest

- Die Ursache für das Schichtversagen im Ritztest sind Druckspannungs- bzw. Biegespannungsfelder vor dem Prüfkörper oder Zugspannungen dahinter.

- Bei der praktischen Beurteilung von verschiedenen Schicht/Substrat-Verbindungen mit dem Ritztest ist eine genaue Kenntnis der Versagensart unverzichtbar.

- Bei "zähem Versagen" löst sich die Schicht nur in kleinen Teilen und innerhalb der Ritzspur vom Substrat, bei "brüchigem Versagen" großflächig und beidseitig des Prüfkörpers vom Substrat. Dabei korreliert "zähes Versagen" mit der Prüfung zäher Substrate und "brüchiges Versagen" mit dem Einsatz spröder Substrate.

- Außerdem sind Schadenscharakteristika in Abhängigkeit von der Tragfähigkeit des Substrats und von der adhäsiven Schichthaftung zu betrachten.

- Bei der Anwendung des Standard-Ritztests bei Diamantschichten ist der Prüfkörperverschleiß problematisch. Hier ist allenfalls ein Multi-Pass-Ritztest bei unterkritischen Lasten denkbar.

5.3 Der Kerbradtest

Das Prinzip des Kerbradtests wurde während der Anfertigung dieser Arbeit entwickelt und ist in der Literatur bislang nicht bekannt. Dem Kerbradtest liegen Überlegungen zugrunde, die die Stärken des Ritztests und des Rockwell-Tests vereinen, deren Schwächen jedoch weitgehend vermeiden sollen. Die Unzulänglichkeiten des Ritztests bei der Prüfung der Haftfestigkeit von Beschichtungen sind umfassend beschrieben (s. Kap 5.2) und bestehen maßgeblich in der nicht normierbaren Reibung zwischen Prüfkörper und Prüfling sowie der hohen Verschleißanfälligkeit des Prüfkörpers, zieht man ihn über harte oder superharte Materialien wie z. B. Diamant. Oft reicht nicht einmal die erzielbare Prüflast der Ritztestgeräte aus, den Prüfkörper die Diamantschicht durchbrechen zu lassen. Die Reibung wird entscheidend durch die Feuchtigkeit der umgebenden Luft und die schwer zu vereinheitlichbare Rauheit der zu prüfenden Oberfläche bestimmt. Dadurch variieren die in die Schicht eingeleiteten und oft versagenskritischen Scherspannungen stark. Folglich ist es schwierig, gut vergleichbare Ergebnisse bzgl. der Schichthaftung zu erzielen. Der Nachteil des Rockwelltests besteht vor allem in der nur sehr punktuellen, nicht immer repräsentativen Prüfung der Haftfestigkeit und in den lokalen, großen Überspannungen, die häufig auch das Substrat mitversagen lassen.

Wählt man nun statt des bei beiden genannten Tests typischen Diamantkegels ein keilförmiges Prüfrad (Kerbrad), das unter einer definierten Last bzw. Lastrate linienförmig über die zu prüfende Beschichtung gezogen wird, so gewinnt man die folgenden Vorteile:

- eine gestreckte, weniger punktuelle Prüfkontaktfläche und einen ausgedehnten, überrollten Prüfbereich auf der Probe,

- die Einleitung von verstärkten Scherspannungen in der Schicht vor dem Prüfkörper ("Bugwelle") und dadurch dem Ritztest ähnliche Schichtversagensbilder,

- ein weitgehend unterdrückter Einfluß der Reibungsschwankungen auf das Prüfergebnis, da die Gleitreibungskraft durch eine um 97% geringere Rollreibungskraft ersetzt wird,

- und einen entsprechend geringeren Prüfkörperverschleiß.

Abb. 5.3.1 gibt das Prinzip des Kerbradtests schematisch wieder.

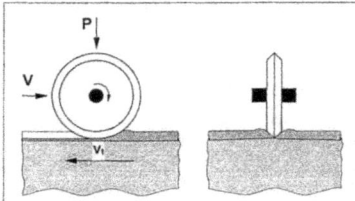

Abb. 5.3.1: Prinzip des Kerbradtests (schematisch); P = Prüflast, V = Vorschubkraft, v_t = Vorschubgeschwindigkeit

Entscheidend für die Begrenzung des Kerbradverschleißes ist die Wahl des Prüfkörpermaterials. Da es sich bei den Prüflingen häufig um hartstoffbeschichtete Hartmetalle handelt, scheiden Werkzeugstähle prinzipiell für diese Anwendung aus. Hingegen bieten hochfeste Hartmetalle, Nitrid- und Oxidkeramiken sowie keramisch gebundenes kubisches Bornitrid ein ausreichend festes Spektrum mit in entsprechender Reihenfolge zunehmender Härte. Sie liegen in vielfältiger Qualität in Form von Schneideinsätzen vor, die dann als Rohling für die Herstellung von Kerbrädern mit einem Durchmesser von 9 mm fungieren können. In Anlehnung an den Ritztest wurden die Räder mit einem Laufkantenwinkel von 120° versehen. Aus schleiftechnischen Gründen mußte dabei jedoch auf eine Verrundung von R=200 μm verzichtet werden. Der Einsatz eines kraftgeregelten Rockwell-Härteprüfers als Basisgerät für den Kerbradtest gewährleistet neben einem Betrieb unter konstanter Last die Möglichkeit, den Versuch mit einer festen Lastrate zu fahren.

Fazit zum Kerbradtest

- Der Kerbradtest vereint die Vorteile von Ritz- und Rockwelltest und minimiert den Einfluß von deren Störfaktoren auf das Prüfergebnis.

- Die Ursache für das Schichtversagen im Kerbradtest sind Druckspannungs- bzw. Biegespannungsfelder vor und neben dem Prüfkörper. Dadurch entstehen dem Ritztest ähnliche Schichtversagensbilder.

- Der weitgehend unterdrückte Einfluß der Reibungskraft auf 3% gegenüber dem Ritztest ermöglicht eine starke Verminderung des Prüfkörperverschleißes bei harten Schichten wie z. B. Diamant.

5.4   Der Strahlverschleißtest

Mit Strahlverschleiß wird die Verschleißart bezeichnet, bei der Werkstoffabtrag durch freifliegende, stoßende und/oder furchende Teilchen entsteht /Uet86/. Strahlverschleiß wird je nach dem Anstrahlwinkel α zwischen der Strahlrichtung und der Werkstückoberfläche wie folgt eingeteilt:

- Gleitstrahlverschleiß ($\alpha \approx 0°$)
- Prallstrahlverschleiß ($\alpha \approx 90°$)
- Schrägstrahlverschleiß ($0° < \alpha < 90°$).

Beim Gleitstrahlverschleiß gleichen die Beanspruchung und der Verschleißmechanismus denen der Teilchenfurchung. Diese abrasiven Erscheinungen entstehen durch die Mechanismen Mikropflügen, -spanen, und -brechen. Prallstrahlverschleiß geht einher mit wiederholt auf die Werkstückoberfläche auftreffenden Partikeln und ist durch Oberflächenzerrüttung gekennzeichnet. Im Schrägstrahlververschleiß tritt somit eine Kombination von Prall- und Gleitstrahlverschleiß auf, die in ihrer Zusammensetzung geometrisch vom Anstrahlwinkel α abhängt. Mit abnehmendem Anstrahlwinkel zeigen sich härtere, abrasionsfestere Probenmaterialien vorteilhaft (Verschleißmaximum bei 90°), bei zunehmendem Winkel eher weichere und zähere Stoffe (Verschleißmaximum zwischen 15° und 45°).

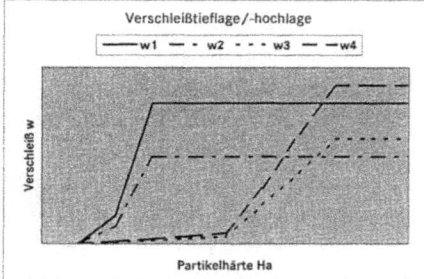

Verschleißtieflage/-hochlage

—— w1 — · w2 - - · w3 — —w4

Partikelhärte Ha

Abb. 5.4.1: Verschleißtief- und -hochlage /Uet88/, duktiler Prüfling: w1 (Gleitstrahl) und w2 (Prallstrahl), harter Prüfling: w3 (Gleitstrahl) und w4 (Prallstrahl)

Abb. 5.4.1 zeigt die Verschleißausmaße in Abhängigkeit von der Partikelhärte für duktile und für spröde Materialien unter Gleit- bzw. Prallstrahlbeanspruchung. Dabei führt eine Partikelhärte größer als die des Gegenkörpers zu einem massiven Verschleißanstieg, zur sogenannten Verschleißhochlage. Im umgekehrten Härteverhältnis bleibt das Verschleißausmaß auf einem sehr geringen Niveau. Es handelt sich also um die Tieflage-Hochlage-Gesetzmäßigkeit /Gro88, Czi92/.

In /Gro88/ wurde hingegen erwähnt, daß bei spröden Werkstoffen wie Keramik, die auf die eingebrachte Stoßenergie mit Mikrobrechen reagieren, sich nach einem bestimmten Tieflagenniveau jede Härtezunahme des Korns in erhöhtem Verschleiß äußert. Solche Werkstoffe zeigen daher kein Hochlagenniveau. Bei heterogenen Werkstoffen wie Hartmetallen erfolgt ein weiterer Anstieg der Verschleißhochlage mit zunehmender Kornhärte.

Für die Größe des Verschleißbetrags sind der Strahlimpuls p, der Anstrahlwinkel α und die Strahlgeschwindigkeit v von Bedeutung. Gleichermaßen groß ist auch der Einfluß der beteiligten Materialien in ihrer Härte und der Partikelform. Die Strahlgeschwindigkeit geht bei duktilen Werkstoffen im Quadrat, bei harten Materialien mit noch höheren Potenzen ein, kann allerdings bei zu großen Werten zu einer Zersplitterung des Korns führen und damit zu geringerem Verschleiß /Uet86/. Wählt man als Partikelform das scharfkantige Korn anstatt der Kugel, so kann der Verschleiß um ein vielfaches höher ausfallen. Mit steigendem Partikelstrom und wachsender Rauheit der Düseninnenwand nimmt die Divergenz des Strömungsquerschnitts zu. Dies wird auf die zunehmenden Wechselstöße der Partikel untereinander bzw. mit der Düsenwand zurückgeführt /Shi94, Ste95/. Dabei kann ein zu großer Massestrom in Verbindung mit zurückprallenden Partikeln sogar eine Abschirmung des Zielwerkstoffs und die Verringerung der Erosionsrate bewirken. Die Erosionsrate ist als Masseverlust des Zielwerkstoffes bezogen auf die Masse der auftreffenden Partikel. Da bei gegebenem Düsendurchmesser der Massestrom der Partikel durch den beaufschlagten Transportgasdruck bzw. die Strömungsgeschwindigkeit bestimmt wird, entwickelte /Sun90/ den Effizienz-Parameter η mit

$$\eta = \frac{2EH}{\rho V^2} \quad \text{(G5.4.1)}$$

und E = Erosionsrate, H = Härte, ρ = Dichte des Zielwerkstoffs, V = Partikelgeschwindigkeit.

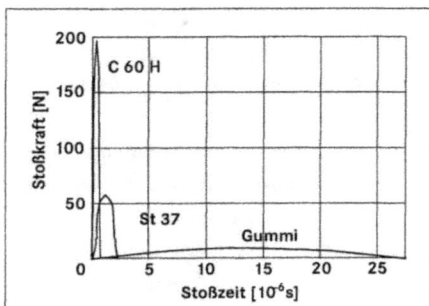

Abb. 5.4.2: Kontaktzeiten zwischen Probe und Strahlkorn in Abhängigkeit von der Probenhärte /Uet86/

Dieser Parameter hilft die spröde oder duktile Erosionsreaktion zahlreicher Materialien zu unterscheiden, sofern der Masseverlust meßbar groß ist. Insbesondere der für duktiles Werkstoffverhalten typische Mechanismus des Mikropflügens, welcher nicht zu einem Materialabtrag führt, geht nicht in den Effizienzparameter ein. Die Auswirkungen eines statisch und eines dynamisch erzeugten Partikeleindrucks in vergleichsweise weichen Werkstoffen wie Stahl sind unterschiedlich. Während im statischen Fall der Werkstoff dem Eindringkörper stärker ausweicht und einen breiten Wall am Rande des Eindrucks formt, wird im dynamischen Fall ein größerer Anteil der Stoßenergie elastisch aufgenommen. Die stärkere Rückfederung sorgt dabei für einen bleibenden Eindruck etwa in Größe des Kontaktradius zwischen Korn und Bauteil. Die beim Stoß auftretenden Drücke werden auf bis zu einige tausend MPa, die Verformungsgeschwindigkeit auf bis zu 10^6 s^{-1} geschätzt /Uet86/. Je nach Grundkörperwerkstoff ergeben sich deutlich unterschiedliche Kontaktzeiten zwischen den beiden Materialien (**Abb. 5.4.2**).

Die beim Stoß abgegebene Energie heizt den Grundkörperwerkstoff an der Oberfläche stark auf. **Abb. 5.4.3** demonstriert die Stoßenergiebilanz für einen duktilen, metallischen Werkstoff und ein hartes, nicht splitterndes Korn. Weitere, in **Abb. 5.4.3** nicht dargestellte Energien, werden in die Rißbildung, eine mögliche Materialsublimation, Entladungs- und Tribolumineszenserscheinungen umgesetzt /Uet86/.

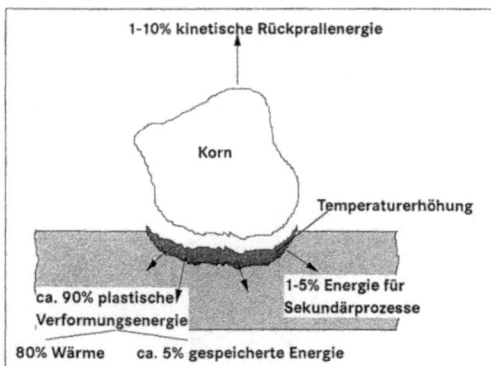

Abb. 5.4.3: Bilanz der Stoßenergie /Uet86/

Für Schädigungsmechanismen und Schadensbilder an beschichteten Bauteilen gibt /Pic95/ einen prinzipiellen Überblick. **Abb. 5.4.4** zeigt die grundlegenden Schadensausprägungen für plastisches, elasto-plastisches und für elastisches Versagen. Bei rein elastischem Versagen - wie es für spröde Materialien typisch ist - bilden sich unter Impulseinwirkung Risse in Form des Hertz'schen Kegels (**Abb. 5.4.4c, d**). Sie gehen mit Zugspannungen einher, die die Bruchfestigkeit des Werkstoffes überschreiten /Row92/. Der Rißdurchmesser hängt dabei von der Kontaktzeit des Stoßes ab, so daß bei harten Materialien und kurzen Zeiten mit vergleichsweise kleinen Durchmessern zu rechnen ist. Die Härte des auftreffenden Teilchen relativ zum Werkstück bestimmt das Ausmaß und die Anzahl dieser Risse. Treten zusätzlich zum elastischen Versagen des Werkstückstoffes auch plasti-

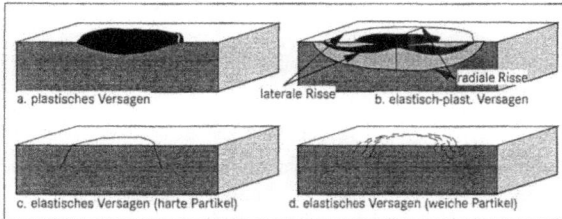

a. plastisches Versagen   laterale Risse   radiale Risse   b. elastisch-plast. Versagen

c. elastisches Versagen (harte Partikel)   d. elastisches Versagen (weiche Partikel)

Abb. 5.4.4: Grundlegende Schadensausprägungen an beschichteten Bauteilen nach Fest- und Flüssigpartikeleinschlag /Pic95/

sche Anteile auf, so bildet sich unter dem Einschlag ein Krater heraus. Von dessen Grund laufen laterale Risse radial wieder an die Oberfläche zurück (**Abb. 5.4.4b**). Nähert sich das Verhalten einem rein plastischen Fall an, so bleiben die offenen Risse nahezu völlig aus (**Abb. 5.4.4a**). Der vollständige Ablauf eines Schadensverlaufs unter einem Partikeleinschlag an einem elastisch-plastisch reagierenden Werkstoff zeigt **Abb. 5.4.5** von /Rit92/.

Betrachtet man die Belastungsprofile unter einem einschlagenden Körper, so lassen sich nach /Woo68/ zwei Halbkugelwellenfronten ausmachen, die sich kurz nacheinander in das Werkstück ausbreiten. Vorweg läuft die schnellere Druckwelle, gefolgt von der etwa 10% langsameren Scherspannungswelle. In **Abb. 5.4.6** sind zudem auch die horizontale und die vertikale Komponente der Rayleigh'schen Oberflächenwelle dargestellt.

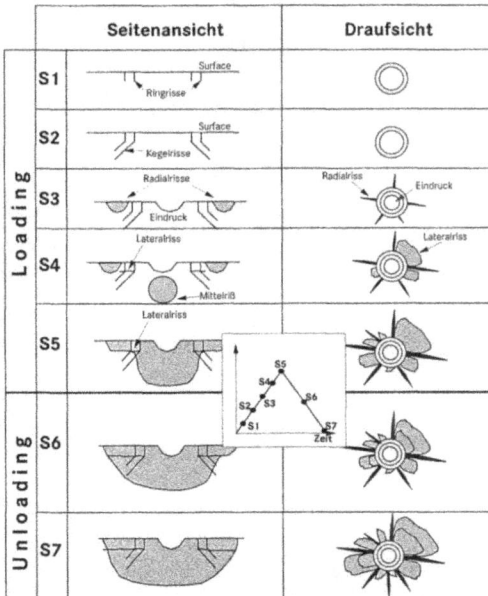

Abb. 5.4.5: Schadensverlauf unter Partikeleinschlag auf einem el.-plast. reagierenden Werkstoff /Rit92/

Hinsichtlich der Prüfung von Hartstoffschichten mittels der Partikelerosion sei auf /Jön86, Ols89, Ric87/ verwiesen. Strahlverschleißuntersuchungen an diamantbeschichteten Si_3N_4-Bauteilen beschreiben /Pic95, Fie95, Fen92/. Die außerordentlich hohe Bruchfestigkeit von CVD-Diamant läßt unter Sandstrahlung (Korngröße 300-600 µm) Ring- und Kegelrisse entstehen, die nur sehr langsam zu größeren Schäden kumulieren. Sie treten vermutlich verstärkt dann auf, wenn das Substrat keine ausreichende Tragfähigkeit aufweist und die Schicht gewissermaßen unter den Partikelimpulsen einbricht. Die benachbarten Ringrisse bilden im Verlauf der erosiven Beanspruchung ein zunehmend dichteres Rißnetz aus. Diamant als Werkstoff erträgt die Strahlbelastung nahezu rein elastisch. Dabei hat sich gezeigt, daß er in einkristalliner Form 10-30 mal bruchfester reagiert als polykristalliner CVD Diamant. Dies beruht auf einem grundsätzlich unterschiedlichen Schädigungsverlauf. Während einkristalliner Diamant im Umfeld der Belastung entlang seiner bevorzugten Gleitebene {111} gespalten wird /Fie95/, zeigen sich bei polykristalliner Struktur die Korngrenzen verantwortlich für das Versagen. Dies bezieht sich ebenfalls auf andere keramische Schichten. Zudem besitzt die feiner kristalline Schichtunterseite des Diamants, d. h. die sogenannte Keimseite eine höhere Erosionsfestigkeit als die gröbere Wachstumsseite. Unter diesem Gesichtspunkt erscheint es /Ols89/ sinnvoll, feinkristalline und möglichst reine Schichten abzuscheiden. Die Effektivität einer größeren Schichtdicke wird durch zwei gegenläufige Auswirkungen bestimmt. Durch den größeren

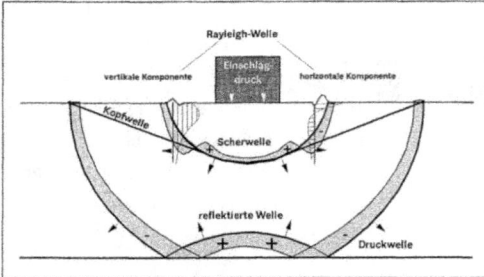

Abb. 5.4.6: Komponenten der Rayleigh'schen Oberflächenwellen /Woo68/

Abstand der Aufschlagfläche der Partikel zum empfindlichen Substrat fängt die Diamantschicht die Impulse auf. Gleichzeitig können größere Schichteigenspannungen - insbesondere im Druckbereich - das Substrat ungünstig vorspannen und somit schwächen /Coa96/.

Ein kontinuierlicher Verschleiß der Diamantschicht geht nach /Ala94/ mit Spaltungen und Splitterungen der Kristallite einher. Dies führt zunächst - auch bei anderen keramischen Schichten - zu einer Glättung der Schichtoberfläche. Bezüglich Rißbildungen berichten /Zho95/ von konträren Erfahrungen verschiedener Autoren. In den meisten Fällen wurden bei dünnen Filmen jedoch - ähnlich wie bei Kompaktmaterialien - Radialrisse beobachtet, die unter Impulseinwirkungen häufig von der Schichtunterseite ausgehen. Gleichzeitig kann Substratversagen zur Schichtablösung (Lateralrissen) und zum Schichtverlust führen. In aller erster Linie aber ermöglichen Pin-holes, Zwillingsgrenzen und andere, punktförmige Defekte in der Schicht Rißwachstum und Schichtversagen /Ala94/. Da es sich bei Diamant um ein extrem sprödes Material handelt, muß in Abhängigkeit von der Defektdichte also mit starken Schwankungen in der Schichtfestigkeit gerechnet werden. Zusätzlich zu den Schichteigenschaften als Einflußgröße für die Schichthaftung muß auch die Interzonen-Festigkeit betrachtet werden. Als typische Meßgrößen des Erosionsverschleißes werden in der Literatur die Erosionsrate und die Zeit bis zum ersten Durchbruch der Schicht herangezogen /Shi95/. Dabei ist die Aussagekraft der Erosionsrate bei Diamantschichten als fraglich zu bewerten, da die Gewichtsverluste der Probe meist in Milligramm angegeben werden, was auf die Mitwägung des erosionsstarken Hartmetallsubstrats schließen läßt.

Schrägstrahlverschleißuntersuchungen an Hartmetallen zeigten Unterschiede im Erosionswiderstand in Abhängigkeit von der WC-Korngröße und dem Co-Gehalt. Danach stieg der Verschleißbetrag mit der

Korngröße, so daß Proben mit der geringsten, untersuchten mittleren Korngröße von 1 μm die besten Ergebnisse erzielten. Gleichzeitig stellte sich wegen der Kombination aus Prall- und Gleitstrahlanteil ein Verschleißmaximum bei etwa 10% Co ein. Bei geringerem Co-Gehalt wirkte sich die hohe Abrasionsfestigkeit und Härte, bei höherem Co-Gehalt die Zerrüttungsfestigkeit des zäheren Materials günstig auf den Verschleißwiderstand aus /Ball86/.

Andere Untersuchungen von /Ana89/ belegen, daß je nach Größe der durch Stoßprozesse geschädigten Zone duktile oder spröde Bruchvorgänge vorherrschen. Beträgt die Schädigungszone weniger als etwa 25 Karbidkörner, so zeigte sich ein transkristallines, hingegen bei mehr als 100 Körnern ein interkristallines (durch die Binderphase bestimmtes) Bruchverhalten. Dabei erwies sich die Verschleißrate bei interkristallinem, d. h. duktilem Bruchverhalten als geringer gegenüber dem transkristallinen, spröden Bruchverhalten. Jedoch nimmt bei duktilem Verschleißverhalten die Verschleißrate mit der Quadratwurzel der mittleren freien Weglänge l des Kobaltbinders zu, mit einer Karbidkorngröße unter 1 μm aber stark ab. Bezogen auf den Anstrahlwinkel stellte sich bei /Wen95/ unter 75° der größte Verschleiß ein.

Fazit zum Strahlverschleißtest

- Gleitstrahlverschleiß bedeutet Teilchenfurchung, d. h. Mikropflügen, -spanen, und -brechen, Prallstrahlverschleiß hingegen Oberflächenzerrüttung.

- Spröde Werkstoffe zeigen nach einem bestimmten Tieflageniveau mit einer Strahlkornhärtezunahme ein stetig wachsendes Verschleißausmaß, keine Hochlage.

- Bei heterogenen Werkstoffen wie Hartmetallen erfolgt ein weiterer Anstieg der Verschleißhochlage mit zunehmender Kornhärte.

- Gegenüber dem statischen Belastungsfall weicht der Probenwerkstoff einem einfallenden Partikel weniger plastisch und stärker elastisch aus. Diamant als Werkstoff erträgt die Strahlbelastung nahezu rein elastisch. Dabei hat sich gezeigt, daß er in einkristalliner Form wegen des grundsätzlich unterschiedlichen Rißverlaufs 10-30 mal bruchfester reagiert als polykristalliner CVD-Diamant. Bei polykristallinem CVD-Diamant ist die Verschleißrate umso geringer, je feiner und reiner der CVD-Diamant ist.

- Kontinuierlicher Verschleiß einer Diamantschicht heißt Spaltungen und Splitterungen der Kristallite und folglich zunächst eine Glättung der Schichtoberfläche.

- Je dicker die Schicht ist, desto besser fängt sie den Impulseintrag in die Interzone ab. Negative Schichteigenspannungen spannen das Substrat unter Zug ungünstig vor.

- Der Verschleißbetrag eines Hartmetalls steigt mit der Korngröße. Das Optimum liegt bei einer mittleren Korngröße von 1 μm. Ein geringerer Co-Gehalt erhöht die Abrasionsfestigkeit und führt zu interkristallinem Bruchverhalten.

5.5   Der Kavitationserosiontest

Kavitationserosion ist eine Verschleißart (DIN 50320), die in hydrodynamischen Systemen (Turbinen, Rohrleitungen etc.) aus der Bildung instabiler Blasen und deren Implosion hervorgeht. Eine lokale Absenkung des hydrostatischen Druckes unter den Sättigungsdampfdruck des Fluidsystems läßt diese Blasen abrupt entstehen. Sie kollabieren dann beim nächsten hydrostatischen Druckanstieg. Findet diese Implosion in der Nähe einer Festkörperoberfläche statt, so kommt es neben der entstehenden Druckwelle /Ple66, Lau74/ auch zur Ausbildung eines hochenergetischen Flüssigkeitsstrahls (Mikrojet) auf die Festkörperoberfläche /Lau76/. Die Form des Blasenkollapses und der Mikrojet-Entwicklung hängen dabei vom Abstand zum Festkörper ab (**Abb. 5.5.1**). Bei einem zu großen Blasenabstand bzw. einem zu großen Verhältnis von Blasenabstand zum Blasendurchmesser γ dissipiert nach dem Blasenkollaps die Energie des Mikrojets zum großen Teil, bevor dieser die Festkörperoberfläche erreicht (z. B. bei γ=2,5). Das Optimum von γ liegt dabei laut /Fey94/ bei 1,2<γ<1,4. Die Intensität des Mikrojets wird im wesentlichen von der Viskosität der Flüssigkeit, von ihrem freien und gelösten Gasgehalt (zusätzliche Blasenbildung zu Dampfblasen) /Til90, Gre74/ sowie von der Kavitationsart bestimmt. Die Größe der Mikrojets beträgt etwa 10% des Blasendurchmessers, seine Geschwindigkeit wird mit 200 - 100 m/s angegeben, während /Rie77/ hingegen von 500-1000 m/s ausgeht. Dabei werden auf die beanspruchte Festkörperoberfläche Drücke von 750 - 1500 N/mm^2 ausgeübt.

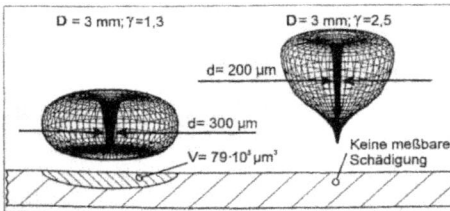

Abb. 5.5.1: Abhängigkeit der Form des Blasenkollapses vom Abstand zur Probe /Fey94/

Als Kavitationserosion bezeichnet man die aus der Kavitation resultierenden Werkstoffschäden. Diese Schäden basieren auf den Mechanismen Oberflächenzerrüttung und tribochemische Reaktion. Wird ein passivierender Werkstoff einer Kavitationsbelastung ausgesetzt, dann führt die fortwährende mechanische Beanspruchung der Oberfläche zum Abtrag der sich stetig neu bildenden Passivierungsschicht. In diesem Fall spricht man von Kavitationskorrosion. In der Regel zeigen alle massiven Werkstoffe bei der Kavitationserosion einen ähnlichen Schadensverlauf. Nach einer sogenannten Inkubationszeit stellt sich ein kontinuierlicher Materialabtrag ein. Je nach Zähigkeit des Werkstoffes läßt sich zunächst ein Plastizieren der Oberfläche feststellen, die Zahl der Versetzungen und der nachfolgenden Risse nimmt zu. Das sich in der Oberfläche ausbildende Rißnetzwerk kumuliert und gibt Werkstoffteilchen frei /Fey94/. **Tab. 5.5.1** gibt die Art der probenabhängigen Oberflächenveränderungen in der Inkubationsphase wieder.

Die Schädigung keramischer Werkstoffe vollzieht sich wegen der starken kovalenten oder ionischen Bindungen nicht über eine zunehmende Versetzungsbildung, sondern über zerrüttungsbedingte Mikrorisse. Bei diesen Werkstoffen kommt der Härte, der Bruchzähigkeit und der Grenzflächenfestigkeit eine besondere Bedeutung zu /Wal91/. Als günstig haben sich in diesem Zusammenhang eine feine

Tab. 5.5.1: Oberflächenveränderungen in der Inkubationsphase für verschiedene Werkstoffklassen bei Kavitation und bei Tropfenschlag /Rie77/

Oberflächenveränderung	Metalle		Kunststoffe	Gläser	Keramik
	duktile	harte			?
Durch plast. Fließen hervorgerufene, makroskopisch erkennbare Deformationsstrukturen	X		X		
Gleitlinien	X	X			
Verformungszwillinge	X	X			
Extrusionen und Intrusionen	X	kaum			
Risse und Ausbrüche	X	X	X	X	X
Schäden durch Aufschmelzen oder Verkohlen			X		

Korngröße, eine geringe Porosität, eine hohe Rißzähigkeit und eine geringe Oberflächenrauheit erwiesen /Tom94/. Rauheitsspitzen der Festkörperoberfläche zeigen sich als bevorzugte Keimorte für die schädigungsrelevante Blasenbildung. Auf den Materialabtrag wirken sich Zugeigenspannungen förderlich, Druckeigenspannungen hingegen mindernd aus /Ber83/. Einen Überblick über die Einflüsse verschiedener Eigenschaften auf die Werkstoffanfälligkeit gegen Kavitationserosion ergibt sich aus **Abb. 5.5.2.**

In der Prüfung von beschichteten Oberflächen hat sich die Verwendung eines PIEZO-elektrischen Schwinggerätes etabliert, dessen hochfrequent oszillierende Spitze in ein Flüssigkeitsbecken taucht und dort ein Kavitationsblasenfeld erzeugt bzw. implodieren läßt (**Abb. 5.5.3**). Dabei lehnen sich die Versuchsparameter an die /ASTMG32/ an. Systemseitig wird das Versuchsergebnis durch die Wahl

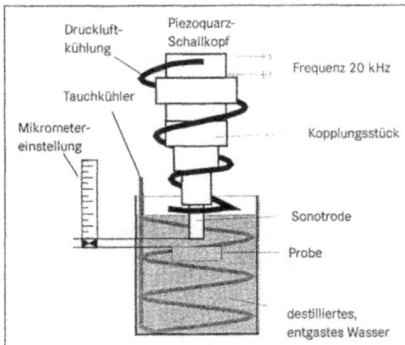

der Flüssigkeit (Viskosität, Siedetemperatur), von der Schwingungsamplitude, der Schwingungsfrequenz, dem Probenabstand zum Prüfkörper und der Größe des schwingenden Fläche beeinflußt. Probenseitig ist die an der Beschichtung auftretende Flächenschädigung interessant, die adhäsiv und/oder kohäsiv sein kann. Aufgrund seiner geringen Größe besitzen die Mikrojets einen Sondencharakter, der strukturelle Schwachstellen eines Schichtsystems aufdeckt.

Abb. 5.5.3: Aufbau des Kavitationserosiontests (schematisch)

Flächenschädigung

grundsätzlicher Einfluß
der Festigkeit

geringer Kavitationswiderstand

Heterogenität
Sprödigkeit
hohe Fehlstellendichte
Zugeigenspannungen
geringes Verformungsvermögen
geringe Korrosionsbeständigkeit/
chemische Best.
heterogene Werkst.: Grobkörnigkeit,
harter Einschlüsse,
homogene Werkstoffe: grobes Korn,
großer Anteil weicher Bestandteile
Zone 1-Struktur
rauhe Substrate

Homogenität
Duktilität
niedrige Fehlstellendichte
Druckeigenspannungen
hohes Verformungsvermögen
hohe Koorosions u. chem.
Beständigkeit
heterogene
Werkstoffe:Feinkörnigkeit harter
Einschlüsse, großer Anteil harter
Bestandteile
homogene Werkstoffe: feines Korn,
Zone T-Strukturen
glatte Substrate

großer Kavitationswiderstand

grundsätzlicher Einfluß
der Schichtdicke

Substratrauhigkeit > Schichtdicke

abnehmende Schichtdicke / zunehmende Festigkeit bzw. Härte

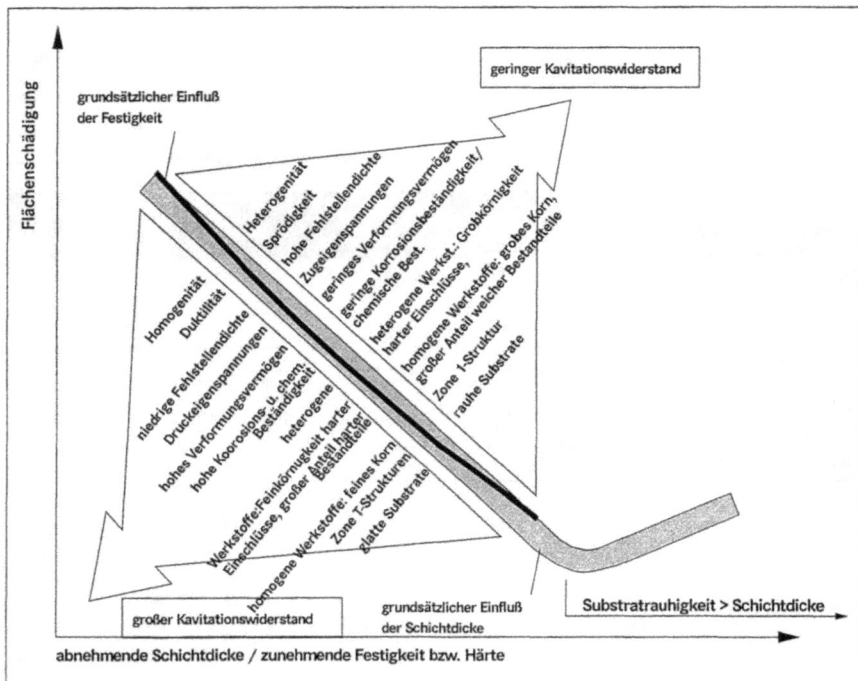

Abb. 5.5.2: Werkstoffliche Einflußfaktoren auf die Verschleißanfälligkeit gegen Kavitationserosion, in Anlehnung an /Uet86, Fey94/

Erwiesenermaßen lassen sich insbesondere dünne Hartstoffschichten gut prüfen. Eine qualitative Schadensbegutachtung ergibt sich aus der Dauer der Inkubation, dem Rißverhalten und der Verteilung des Materialabtrags. Platzt die Schicht vorwiegend am Substrat ab, unterliegt die adhäsive der kohäsiven Schichthaftung, entsteht hingegen eine schichtinterne Schädigung, dominiert die adhäsive Schichthaftung oder die Schichtdicke ist groß genug, die Grenzfläche zum Grundkörper gegen Schäden zu schützen. Eine quantitative Erfassung kann mit Hilfe einer optischen Bilderfassung realisiert werden, bei der die Schädigungstiefe im Farbkontrast differenziert und vermessen werden kann. Eine Mikrowägemethode ist häufig nicht geeignet, den nur minimalen Abtrag einer wenige Mikrometer dünnen Beschichtung genau genug zu erfassen. Außerdem läßt sich hiermit keine Aussage zur Rißbildung während der Inkubationszeit machen /Fey94/.

Von Einfluß auf das Schadensergebnis zeigen sich nebst der adhäsiven Schichthaftung auf dem Substrat die Schichthärte bzw. der E-Modul, die Schichtdicke, die Schichtmorphologie und die Schichtrauheit. Die Oberflächenrauheit des Substrats sollte vorzugsweise geringer als die Schichtdicke sein. Während die Schichtmorphologie, insbesondere die Phasenreinheit und die Korngröße Rißbildung und Materialabtrag bedingen, entscheidet die Schichtdicke darüber, ob das Überlagerungsfeld der in der Schicht induzierten Druckwellen sein Maximum im Bereich der Schicht/Substrat-Grenzfläche besitzt oder innerhalb der Schicht selbst /Fey94/.

Bei keramischen Werkstoffen wie auch bei Glas entstehen bereits in der Inkubationsphase Mikrorisse ohne eine vorangegangene plastische Deformation. Die Erosionsbeständigkeit von WC-Co-Hartmetallen steigt mit abnehmender Korngröße und findet bei 1-3 µm ihr Maximum bei einem Co-Gehalts bei 9% Co /Rie77/.

Fazit zum Kavitationserosiontest

- Die Form des Blasenkollapses und der Mikrojet-Entwicklung, sowie die auf die Probe übertragene Impulsstärke hängen vom Abstand der Blase zur Probe ab.

- Die erzeugten Schäden basieren auf den Mechanismen Oberflächenzerrüttung und tribochemische Reaktion. Die Schädigung keramischer Werkstoffe durchläuft dabei nicht das Stadium einer zunehmenden Versetzungsbildung. Nach einer sogenannten Inkubationszeit stellt sich ein kontinuierlicher Materialabtrag ein.

- Rauheitsspitzen der Festkörperoberfläche sind bevorzugte Keimorte für die schädigungsrelevante Blasenbildung.

- Auf den Materialabtrag wirken sich Zugeigenspannungen förderlich, Druckeigenspannungen mindernd aus.

- Eine qualitative Schadensbegutachtung ergibt sich aus der Dauer der Inkubation, dem Rißverhalten und der Verteilung des Materialabtrags.

- Die Erosionsbeständigkeit von WC-Co-Hartmetallen steigt mit abnehmender Korngröße.

5.6 Der Impulstest

Das Prinzip des Impulstests basiert auf der Idee, die Wechselbelastung von Werkzeugschneiden im unterbrochenen Schnitt zu simulieren. Dazu wird eine Hartmetallkugel (∅ 2,5 mm) magnetostriktiv bei einer Schwingfrequenz von bis zu 50 Hz zu Stößen von bis zu 1500 N Schlagkraft angeregt. Nach diskreten Zeitintervallen wird der Prüfling bzgl. seines Ermüdungsverhaltens bei einer Vergrößerung von 40:1 optisch untersucht. Bei beschichteten Prüflingen ist hierbei das Abplatzungsverhalten im Bereich der Kontaktstelle in Abhängigkeit von der Lastspielzahl von Bedeutung. Damit das Versuchsergebnis nicht durch adhäsiven Verschleiß verfälscht wird, benetzt man die Probe vorab mit Öl. **Abb. 5.6.1** verdeutlicht den Prinzipaufbau des Testgerätes.

Die Spannungsverteilung in der Proben ähnelt der Hertz'schen Pressung (Kugel-Platte) mit einem Schubspannungsmaximum in der Tiefe von 0,47 mal dem Kontaktradius. Nach /Her95, Pag89/ wird dabei weder die bei dynamischer Belastung typische, laterale Einengung des Kontaktradius unter dem Prüfkörper berücksichtigt, noch die größere Tiefenwirkung des Impulses. Im beschichteten Zustand wird der größte Teil der Verformungsspannungen direkt durch die Beschichtung in das Substrat eingeleitet. Für homogene Werkstoffe besteht dabei im Kontaktzentrum des Eindrucks ein hydrostatischer Druckspannungszustand, unter dem sich eine kontinuierliche Zertrümmerung der zu prüfenden Oberfläche einstellt. Hier können sich dichte Rißnetzwerke ausbilden, die nach außen hin in eine Zone größerer Scherbelastung übergehen. Neben Materialaufwürfen können dort nach einigen Lastwechseln Bereiche teils adhäsiven, teils kohäsiven Schichtverlusts entstehen. Die Scherbelastung ist um so stärker, wenn es sich um eine beschichtete Probe handelt, deren zwei Materialien unterschiedliche E-Moduli besitzen. Mit Hilfe des Hook'schen Gesetzes ergibt aus der gemeinsamen Dehnung an der Grenzschicht

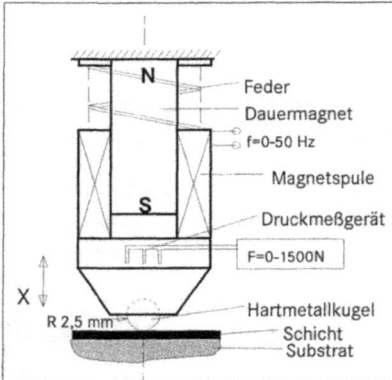

Abb. 5.6.1: Aufbau des Impulstests (schematisch) /Ban95/

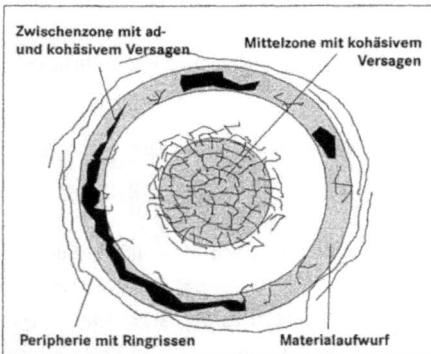

Abb. 5.6.2: Schadenscharakteristika beim Impulstest /Ban95/

$$\frac{\sigma_{sub}}{\sigma_{film}} = \frac{E_{sub}}{E_{film}} \quad /Kno94/ \qquad (G5.6.1).$$

Desweiteren überlagern sich darauf die thermisch induzierten Eigenspannungen. Diese Scherzone wird ihrerseits vom Randbereich der Kontaktzone eingeschlossen, in dem die Spannungswerte ihren Nulldurchgang bzw. einen Vorzeichenwechsel erfahren. Dies ist mit erheblichen Zugspannungen verbunden, die die Beschichtung konzentrisch zur Kontaktfläche reißen lassen können. Handelt es sich um einen metallischen Prüfling, so können große Lastspielzahlen eine plastische Substratverformung nach sich ziehen, die die Versuchsbedingungen verfälscht. In diesem Fall verringert sich die Kontaktspannung unter der Kugel mit zunehmender Eindrucktiefe. Dementsprechend empfehlen sich Prüflinge, deren Beschichtung in der Lage ist, die Verformungen unter dem Prüfkörper weitestgehend elastisch zu ertragen und gleichzeitig aufgrund der Dicke und/oder eines hohen E-Moduls die Verformung des möglicherweise weicheren Substrates von vorn herein zu verhindern. Demnach dürften sich ebenfalls diamantbeschichtete Hartmetalle für diese

Prüfmethode geeignet erweisen. **Abb. 5.6.2** beschreibt schematisch diese Schadenscharakteristika /Ban95/.

Der Last-Zeit-Verlauf unter der Kontaktzone der Prüfkugel wird im wesentlichen durch die Schlagmasse, die Schlaggeschwindigkeit sowie durch das elastisch-plastische Deformationsverhalten des Prüfkörper/Probe-Systems bestimmt. Dies entspricht im makroskopischen Sinne denselben Grundsätzen wie die in Kap. 5.4 beschriebenen Verhältnisse im Strahlverschleißtest. Der funktionale Zusammenhang von Bruchlastspielzahl zu Schlagkraft verhält sich bis hin zu einer bestimmten Höhe der Schlagkraft ähnlich den Wöhlerkurven herkömmlicher Wechselfestigkeitsversuche (**Abb. 5.6.3**). Bei zu großen Kräften muß von einer nichtlinearen Zunahme der Belastung am Kontaktradius ausgegangen werden, da hier die Biegebelastung gegenüber der Ermüdung maßgeblich zum Versagen beitragen kann.

Fazit zum Impulstest

• Die Spannungsverteilung in der Proben ähnelt der Hertz'schen Pressung (Kugel-Platte) mit einem Schubspannungsmaximum in der Tiefe von 0,47 mal dem Kontaktradius.

• Für homogene Werkstoffe besteht im Kontaktzentrum des Eindrucks ein hydrostatischer Druckspannungszustand. Die Scherbelastung im Umfeld ist um so stärker, wenn die Materialien von Schicht und Substrat unterschiedliche E-Moduli besitzen.

• Besonders geeignet für den Impulstest sind Prüflinge, deren Beschichtung die Verformungen unter dem Prüfkörper weitestgehend elastisch zu erträgt und die plastische Verformung des Substrates verhindert. Unter diesem Aspekt eignen sich diamantbeschichtete Hartmetalle für diese Prüfmethode.

5.7 Der Thermoschocktest

Neben mechanischen und chemischen Beanspruchungen des Schneidkeils tritt während der Zerspanung ein nicht zu vernachlässigender, verschleißbedingender Faktor auf, die Temperaturbelastung. Diese kann im Fall eines kontinuierlichen Schnittes, z. B. beim Drehen, nach bereits wenigen Umdrehungen auf ein konstantes Maximum ansteigen /Mül99/. In der Schneide bildet sich dann ein kontinuierliches Temperaturgefälle und damit ein Dehnungsgefälle in das Volumen hinein aus, Druckspannungen in der Schneide treten auf. Wird die Schneide im unterbrochenen Schnitt eingesetzt, so ergibt sich auch hier eine Wärmediffusion in das Werkzeug hinein. Die zyklische Abkühlung der Schneide von außen kann dabei für äußere Temperaturen unterhalb der

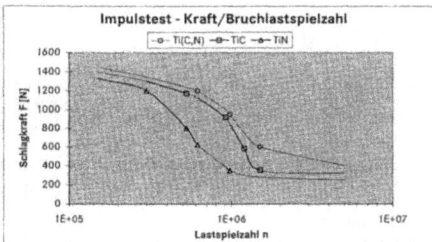

Abb. 5.6.3: Funktionaler Zusammenhang von Bruchlastspielzahl und Schlagkraft /Kno94/

des Schneideninnern sorgen. Durch dieses Phänomen bilden sich an der Oberfläche thermisch bedingte Zugspannungen aus, auf die insbesondere keramische Schneidstoffe sensibel reagieren. Als sprödharter Werkstoff sind sie nicht in der Lage, auf diese Weise induzierte Spannungsüberhöhungen an Rißspitzen durch Fließ- oder Kriechprozesse abzubauen. Entscheidende Bedeutung für die Ausbildung von Verschleiß aufgrund von thermisch induzierter Ermüdung kommt hier zum einen dem Elastizitätsmodul E, dem thermischen Ausdehnungskoeffizienten α_{th} und der Wärmeleitfähigkeit λ zu. Die Wärmeleitfähigkeit bestimmt das sich ausbildende Temperaturgefälle in der Schneide, der E-Modul und der Ausdehnungskoeffizient das sich daraus einstellende Spannungsniveau. Soll eine Rißbildung bzw. ein Rißwachstum in einem Körper unter Temperaturwechselbeanspruchungen vermieden werden, darf dieses Spannungsniveau signifikante Werkstoffparameter wie die Biege- oder die Zugfestigkeit nicht überschreiten. Dabei ist sowohl die Aufheizphase eines Körpers als auch die Abkühlphase schädigungsrelevant. Um die thermische Grenzbelastung eines Materials beschreiben zu können, wurden die in **Tab. 5.7.1** angegebenen Thermoschockgütewerte R bis R'''' entwickelt /Has69, Kin55, Bue60/.

Berechnet man die maximal zulässige Abkühltemperaturdifferenz ΔT aus der Grundgleichung für die Thermospannung σ_{th}

$$\sigma_{th} = \frac{E\alpha\Delta T}{1-v}\left[\frac{1}{1,5 + \dfrac{3,25}{\beta} - 0,5e^{-16/\beta}}\right] \quad /Bue60/ \quad (G5.7.1)$$

E = Elastizitätsmodul, α_{th} = thermischer Ausdehnungskoeffizient, ΔT = beaufschlagte Temperaturdifferenz, v = Poissonzahl, β = Biot-Zahl (β = l*h/λ, λ = probencharakteristische Länge, h = Wärmeübergangskoeffizient, λ = Wärmeleitfähigkeit)

Tab. 5.7.1: Thermoschockgütewerte R bis R''''

Thermoschockgütewert		Anwendungsfall
$R = \dfrac{\sigma_B(1-v)}{E\alpha_{th}} \approx \Delta T$	1. Ordnung	harter Thermoschock
$R' = \dfrac{\sigma_B(1-v)\lambda}{E\alpha_{th}} \approx \Delta T$	2. Ordnung	weicher Thermoschock
$R'' = \dfrac{\sigma_B(1-v)\lambda}{E\alpha_{th}\rho c_p} \approx \Delta T$	3. Ordnung	maximal zulässige Aufheizgeschwindigkeit
$R''' = \dfrac{E}{\sigma_c^{2}(1-v)}$	4. Ordnung	erzeugte Bruchflächenenergie während der instabilen Rißausbreitung
$R'''' = \dfrac{E\gamma}{\sigma_c^{2}(1-v)}$	5. Ordnung	erzeugte Bruchfläche während der instabilen Rißausbreitung

indem man die thermische Spannung durch den maximal zulässigen Wert der Biegebruchspannung ersetzt, so stellt diese den Thermoschockgütewert 1. Ordnung R dar und gilt für starke Abschreckraten eines warmen Körpers (z. B. Abschreckung von hoher Temperatur in Wasser). Bei kleineren Abkühlraten kommt der Wärmeleitfähigkeit λ des warmen Körpers eine große Bedeutung zu. Daher wird diese Größe in der Bestimmung des Gütewertes 2. Ordnung R' berücksichtigt. Die maximal tolerierbare Aufheizrate wird durch den Gütewert 3. Ordnung R'' ausgedrückt und berücksichtigt zusätzlich die Materialdichte ρ und die spezifische Wärmekapazität c_p des Körpers, die den Temperaturanstieg des Körpers beeinflussen. Aus den Gleichungen der Gütewerte R bis R'' gehen die Anforderungen an einen wenig thermoschockempfindlichen Werkstoff hervor:

• hohe Biegebruchfestigkeit σ_B

• hohe Wärme- bzw. Temperaturleitfähigkeit λ

• niedriger E-Modul

• kleine Poisson-Zahl ν

• geringer therm. Ausdehnungskoeffizient αth

Am Vergleich von Aluminiumoxid und Siliziumnitrid bewies /Mey89/ rechnerisch den grundlegenden Vorteil der weicheren und besser wärmeleitenden Nitridkeramik und unterstrich damit die Ergebnisse seiner Zerspanungsversuche. Darin zeigte die Oxidkeramik neben Anzeichen kontinuierlichen Verschleißes charakteristischerweise Risse, die bei der Nitridkeramik nicht zu finden waren. Davon abstrahierte Untersuchungen mit Hilfe eines CO_2-Lasers zur diskontinuierlichen Wärmeeinleitung in die Schneidecke im Bereich der typischen Spankontaktzone verdeutlichten die unterschiedliche Reaktion der Schneidstoffe auf die Thermoschockbelastung. Sieht man darüber hinweg, daß hier offenbar mit einer zu hohen Laserstrahlenergie gearbeitet wurde, die zum lokalen Aufschmelzen der Oxidkeramik führte, so bildeten sich unterhalb der durch Aufschmelzung beeinträchtigten Zone Risse aus, die sich zu Abplatzungen ausweiteten und unversehrtes Grundgefüge freilegten. Bei der Nitridkeramik zeigten sich derartige Erscheinungen erst bei höheren Pulsleistungen. Auch dann wuchsen tropfenförmige Ausscheidungen an der Oberfläche heran und ließen ein poröses aber rißfreies Umfeld zurück. Der Grund für dieses vergleichsweise günstige Verhalten ist neben der besseren Wärmeleitfähigkeit in dem geringeren E-Modul und der kleineren thermischen Ausdehnung zu suchen /Mey89/.

Interessant wird diese Betrachtung im Fall von beschichteten und insbesondere bei diamantbeschichteten Werkzeugen. Diamant als superhartes, idealerweise rein kovalent gebundenes Material mit einem deshalb maximalen E-Modul weist einen geringen thermischen Ausdehnungskoeffizienten auf. Da er seine Wärmeleitfähigkeit nicht über freie Elektronen gewährleistet, sondern über die wirksameren Gitterschwingungen, besitzt er trotz hoher mechanischer Stabilität einen hervorragend geringen Wärmeleitungswiderstand. Als Beschichtung steht dem Diamant jedoch ein geringes Volumen zur Wärmeleitung zur Verfügung, so daß dem Substratmaterial sowie der Qualität von dessen Anbindung (Schichthaftung) die größere Bedeutung in der Wärmeabfuhr zukommt. Generell gilt: Wird der Verbund beider Materialien erwärmt, so ist es von entscheidender Bedeutung für den Spannungszustand in der Probe, ob die Wärmeeinleitung überwiegend in der Schicht stattfindet, oder die Schicht durchstrahlt wird, so daß das Substrat die zugeführte Energie absorbiert. Unter Berücksichtigung des üblichen Eigenspannungszustands von diamantbeschichteten Hartmetallen bei Raumtemperatur erhöhen sich im ersten Fall die Druckspannungen in der Schicht bzw. die Zugspannungen im Substrat. Im zweiten Fall ergibt sich allgemeine Entspannung im Schicht/Substrat-Verbund. Aus diesem Sachverhalt wird deutlich, daß die in **Tab. 5.7.**1 aufgelisteten Thermoschockwerte für beschichtete Bauteile nicht allein aus der Thermospannung, sondern aus der Gesamtspannung nach der Formel $\sigma_{ges} = \sigma_{th} + \sigma^{ES}$ herzuleiten sind (σ^{ES} = Eigenspannung). Somit reduzieren sich die zur Schadensvermeidung im ersten Fall die zulässigen Thermoschockgütewerte bzw. das zulässige Schock-Temperaturintervall, während es sich im zweiten Fall erhöhen kann. Dabei sind bei der entsprechenden Berechnung zunächst die Materialkennwerte des betrachteten Werkstoffs (Schicht oder Substrat) zu verwenden. Jedoch bestimmt am Materialübergang von Schicht und Substrat das schwächere Material die ertragbare Temperaturdifferenz. Dies ergibt sich aus der Tatsache, daß im Fall der Wärmeeinleitung in die sehr dünne Diamantschicht ein Wärmestrom in das Substrat erfolgen muß, während im Fall der Wärmeeinleitung in die Substratoberfläche die Schicht sofort im direkten Kontakt mit dem Substrat steht. Für die Strahlung des in den Versuche in Kap. 7 verwendeten Festkörperlaser (λ = 1,06 µm) ist reiner Diamant transparent. Jedoch weisen polykristalline Diamantschichten Anteile an strahlungsabsorbierenden Nichtdiamantphasen auf. Von der Diamantgüte hängt außerdem noch der Wert der Wärmeleitfähigkeit ab.

Die Thermoschockgütewerte 4. und 5. Ordnung gelten für Körper, die bereits (kreisförmige) Anrisse enthalten und dienen der Bewertung des Werkstoffverhaltens bei instabiler Rißausbreitung. Sie sind ein Maß für die erzeugte Bruchfläche bzw. Bruchflächenenergie /Mag94/ und leiten sich aus der Energiebilanz für thermisch belastete Grundkörper ab:

$$W = W_0 - \Delta W_{el} + \Delta W_\gamma \qquad \text{(G5.7.2)}$$

W = Gesamtenergie, W_0 = Verformungsenergie im rißfreien Körper, ΔW_{el} = Änderung der elastischen Energie infolge von Rißausbreitung, ΔW_γ = Zunahme der Oberflächenenergie bei Rißausbreitung

Ein großer Wert R'''' steht für eine kleine Bruchfläche bzw. für eine kurze Rißsprunglänge während der instabilen Rißausbreitung. Dividiert man den Thermoschockparameter R'''' durch die Bruchflächenenergie γ, so erhält man den Parameter R'''. Diese Größe ist ein Maß für die erzeugte Bruchflächenenergie während der instabilen Rißausbreitung. Um das Ausmaß der Schädigung bei instabiler Rißausbreitung zu minimieren, sollten Werkstoffe das folgende Eigenschaftsprofil aufweisen:

- hohe Bruchflächenenergie γ

- hohe Rißdichte

- hoher E-Modul

- niedrige Ausgangsfestigkeit σ_c (Bruchspannung)

Für polykristallinen Diamant ist hinsichtlich dieser Anforderungen auch für diese Thermoschockparameter eine Abhängigkeit von der Korngröße und der Schichtgüte zu erwarten. Eine hohe Rißdichte
wird dabei durch die Neigung zu einer starken Rißverzweigung begünstigt, was bei einer entsprechenden Feinkörnigkeit des Diamants und durch interkristallines Bruchverhalten ermöglicht wird. Die damit verbundene erhöhte Dichte von Korngrenzen (Nichtdiamantphasenanteil) trägt gegenüber dem
sehr bruchfesten Einkristall zudem zu einer Erniedrigung der Bruchspannung bei. Für den Fall des
diamantbeschichteten Hartmetalls entscheidet die örtliche Verteilung der Thermospannung und der
Bruchspannung im Schicht/Substrat-Verbund über die Größe des Thermoschockparameter R''' und
R''''. Nähere Erkenntnisse für diesen Fall bestehen bislang jedoch nicht.

Fazit zum Thermoschocktest

- Der hohe E-Modul von Diamant stellt ein Risiko für den Rißwiderstand (Rißeinleitung) unter thermischer Wechselbeanspruchung dar.

- Polykristalliner Diamant mit einer ausreichend geringen Korngröße zeigt sich zäher bei instabiler
  Rißausbreitung.

- Für den Verbund von polykristallinem Diamant und Hartmetall ist der Ort der Wärmeeinkopplung
  entscheidend für die Thermoschockwerte des Verbundes, dieser kann u. U. von der Schichtgüte
  abhängen. Insbesondere für die Rißausbreitung (Rißwachstum) kommt auch der Bruchspannungs-
  verteilung im Verbund eine große Bedeutung zu.

- Eine Aufheizung des Schneidenkerns im Zerspanungseinsatz kann zur Entspannung des Eigenspannungszustand beitragen und das Versagensrisiko verringern. Hinsichtlich der Thermoschockbeständigkeit ist dabei ein starker Einfluß vom Hartmetallsubstrat bzw. der Interzone auf das Verschleißverhalten der Diamantschicht zu erwarten.

5.8 Die theoretische Zuordnung zu den Zerspanungsverfahren

Aus den oben beschriebenen Beanspruchungscharakteristika in der Zerspanung wie auch bei den
einzelnen Haftfestigkeitsprüfverfahren läßt sich die nachfolgende Aufstellung über die theoretischen
Zuordnungen der Laborverfahren zu den Zerspanungsverfahren machen (**Tab. 5.8.1**).

Diese theoretische Zuordnung wird nach der Beschreibung der Versuchsergebnisse die Basis für die
Diskussion in Kap. 9.2 darstellen und auf diesem Weg auf ihre Gültigkeit hin überprüft werden.

Tab. 5.8.1: Theoretische Zuordnung der Haftfestigkeitsprüfverfahren zu Zerspanungsverfahren

Prüfverfahren	Beanspruchungs-charakteristik	Beanspruchungs-maßstab	theoret. zugeordnetes Zerspanungsverfahren
Ritztest	quasistatisch,		
Rockwelltest	Druck	makro	Drehen, Bohren
Kerbradtest	+pl. Deformation		
Strahlverschleißtest	dynamisch,		
Kavitationserosiontest	mechan. Stoßeinleitung	mikro	Fräsen (Drehen und Bohren nur hinsichtlich Abrasion)
Impulstest	Zerrüttung		
Thermoschocktest	dynamisch	makro	Fräsen
	Thermo-Eigenspannungen		

Teil III: Experimente, Ergebnisse und Diskussion zur Charakterisierung und zum Anwendungsverhalten

In diesem Teil werden die aus Teil I abgeleiteten Versuche und deren experimentelle Randbedingungen dargestellt und anschließend diskutiert. Dabei liegt der Fokus auf der Untersuchung einer möglichen Korrelierbarkeit der Ergebnisse aus den verschiedenen Tests, insbesondere zwischen den Charakterisierungsmethoden und der Zerspanung. In den Kapiteln 6-8 konzentriert sich die Darstellung der Ergebnisse wegen der Probenvielfalt auf grundlegende Zusammenhänge. Eine ausführliche Erläuterung und Diskussion der probeneigenen Besonderheiten als Grundlage zur Erklärung der o.g. Zusammenhänge erfolgt in Kap. 9.

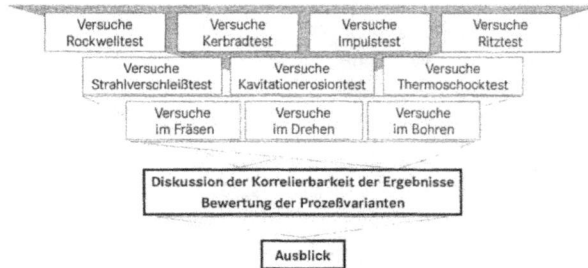

| Versuche Rockwelltest | Versuche Kerbradtest | Versuche Impulstest | Versuche Ritztest |

| Versuche Strahlverschleißtest | Versuche Kavitationerosiontest | Versuche Thermoschocktest |

| Versuche im Fräsen | Versuche im Drehen | Versuche im Bohren |

Diskussion der Korrelierbarkeit der Ergebnisse
Bewertung der Prozeßvarianten

Ausblick

6 Die Entwicklung der diamantbeschichteten Versuchswerkzeuge

Die in **Abb. III.**1 dargestellten Versuche umfassen eine Reihe von Prüfverfahren mit teilweise grundsätzlich unterschiedlichen Verschleißmechanismen. Zur Beurteilung der Tauglichkeit dieser Verfahren zur Bewertung der Schichthaftung von diamantbeschichteten Hartmetallwerkzeugen bedurfte es einer gezielten Variation der Probeneigenschaften. Die dazu modifizierten Faktoren sind **Abb. 6.1** zu entnehmen.

Für eine minimale statistische Absicherung der Versuchsergebnisse der umfangreichen, nachfolgend beschriebenen Versuche zur Haftfestigkeitsprüfung und zum Standvermögen wurden generell wenigstens 3 Versuchsreihen durchgeführt, lediglich beim Fräsen im Entwicklungsschritt III (Def. s. Kap. 6.1) waren nur zwei Versuchsreihen möglich.

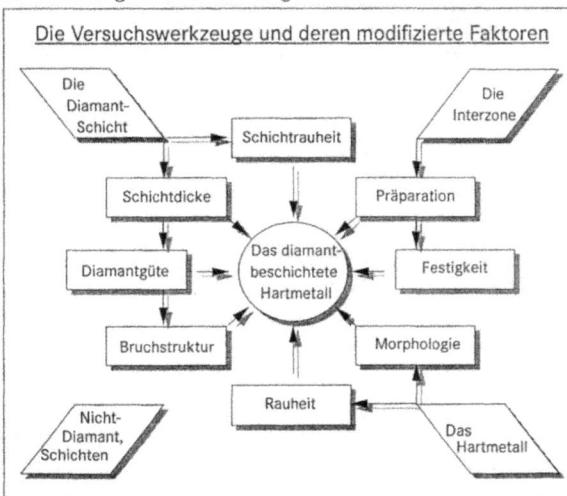

Die Versuchswerkzeuge und deren modifizierte Faktoren

Die Diamant-Schicht — Schichtrauheit — Die Interzone

Schichtdicke — Präparation

Diamantgüte — Das diamantbeschichtete Hartmetall — Festigkeit

Bruchstruktur — Morphologie

Nicht-Diamant, Schichten — Rauheit — Das Hartmetall

Abb. 6.1: Modifikationsfaktoren bei der Herstellung der diamantbeschichteten Hartmetallproben

6.1   Die Strategie der Werkzeugentwicklung (Entwicklungsschritte)

Die Probenherstellung folgte einer gezielten Strategie zur Verbesserung der Verschleißfestigkeit, deren drei Zielrichtungen in die folgenden Entwicklungsschritte (weiterhin mit ES bezeichnet) gefaßt wurden. Dabei die Entwicklungsschritte II und III auf einen Erfolg des jeweils vorangegangenen Schrittes auf.

ES I.   Die Optimierung der Schlagfestigkeit

Dieser Schritt begründet sich in der Notwendigkeit, grobe Schruppbearbeitungen zu überstehen, da das Feld der Schlichtoperationen sehr scharfe Schneidkanten erfordert, die insbesondere den gut entwickelten PKD-Werkzeugen zu eigen sind. Vergegenwärtigt man sich das Ausmaß der Schichtdicke gegenüber der Schneidplattendicke, so wird klar, daß dieser Entwicklungsschritt auf die richtige Wahl der grundlegenden morphologischen Eigenschaften des Substrates abzielt. Bekanntermaßen muß dazu stets die qualitätsbedingende Kombination des Substrats mit dem Beschichtungsprozeß und der Präparationstechnologie bei der Diamantbeschichtung betrachtet werden. Deshalb wurden zunächst Proben aus einer Matrix von unterschiedlichen Hartmetallen und Beschichtungstechnologien Hochgeschwindigkeitsfräsversuchen mit AlSi10Mg wa im Gleichlauf unterzogen.

ES II.   Die Erhöhung der Abriebfestigkeit des Werkzeugs, insbesondere nach Freilegung des Substrates

Dies setzt eine so gute Verschleißfestigkeit der diamantbeschichteten Hartmetall-Werkzeuge voraus, daß die Schicht nicht mehr in großflächigen Stücken abplatzt, sondern einem kontinuierlichen Verschleiß ausgesetzt ist. Der Verschleiß ist um so kontinuierlicher, je kleiner die im Einsatz abbröckelnden Diamantpartikel sind. Da die Abriebfestigkeit der Diamantschicht bei entsprechender Feinkörnigkeit wenig Einfluß auf das Abplatzungsverhalten der Schicht ausübt, entscheidet die Stabilität der Interzone bzw. des Hartmetalls über diese Eigenschaft. Hierin lag der schwierigste Entwicklungsschritt, da Modifikationen des Hartmetalls vorgenommen werden mußten. Die bislang bekannten Ätztechnologien führten in diesem Zusammenhang nur zu einer Schwächung der Hartmetalloberfläche. Daher lag der Fokus in diesem Schritt auf der Modifikation des Hartmetallskeletts, dem tragenden Teil des Sinterwerkstoffs. Die Fräsversuche erfolgten sinngemäß im Gegenlauf in hoch abrasivem AlSi17MgCu4.

ES III.   Die Verlängerung der Durchreibdauer der Diamantschicht an sich.

Diese Eigenschaft liefert nach den beiden vorangegangenen Entwicklungsschritten den entscheidenden Beitrag zur Potenzierung des Werkzeug-Standvermögens, da die Diamantoberfläche den geringsten Verschleißfortschritt (Abrieb) aufweist. Der wichtigste Faktor ist hier, analog zum PKD, eine möglichst große Dicke der verschleißfesten Oberfläche zu erzielen, ohne daß die Verlängerung der Beschichtungsdauer die Schichthaftung wesentlich verringert.

Ergänzt wurde das Ergebnis der Werkzeugentwicklung durch einen Standwegvergleich mit Konkurrenzprodukten des Marktes.

6.2 Die Eigenschaften der Versuchswerkzeuge

6.2.1 Der Werkzeuggrundkörper

6.2.1.1 Die Geometrie der Wendeschneidplatten

Zugunsten einer für alle Untersuchungsverfahren und Einsatztests geeigneten Schneidplattenform wurde die quadratische SPGN 120308 (Vollplatte) mit einem Freiwinkel von 11° gewählt. Lediglich aufgrund der üblichen Befestigungsprinzipien bei WSP-Bohrern mußte für dieses Zerspanungsverfahren auf gelochte, quadratische Platten des Typs SCMW 120408 (Freiwinkel 7°) zurückgegriffen werden.

6.2.1.2 Die Kenndaten der Hartmetalle

In der Zerspanung von Leichtmetallegierungen sind K10-K15-Hartmetalle mit etwa 94% WC und etwa 6% Co weit verbreitet. Dies war in Form des THM (WIDIA) auch der Ausgangspunkt für die Wahl der Versuchssubstrate. Diese Sorte wurde als marktübliches Produkt bezogen (Einzelformgebung). Im Hinblick auf eine höhere Festigkeit wurde zudem die Sorte HL03 (UHM, K10) mit einer geringeren Korngröße (0,8 µm) gewählt. Da das Kobalt sich ungünstig auf die Diamantabscheidung auswirkt, wurde außerdem die Sorte HL01F (UHM, K01) mit der gleichen kleineren Korngröße aber einem Co-Gehalt von 3,6% herangezogen. **Tabelle 6.2.1** gibt einen Überblick über die makroskopischen Eigenschaften der genannten Hartmetalle. Die Sorten HL03 und HL01F wurden zudem in ihrer Sinterqualität variiert. Die Sorte HL10 kam nur selektiv im Fräsen zum Einsatz, um bei ähnlicher Zusammensetzung die Herstellungsunterschiede zwischen UHM- und WIDIA-Produkten vergleichbar zu machen. Das HL05 (UHM) mit 4% Co und einer vergleichsweise mittleren Korngröße eignete sich wegen der fehlenden Mischkarbide besonders gut für Versuche zur thermochemischen Oberflächenmodifikation. Alle UHM-Schneidplatten wurden als Nicht-Serienprodukt im Block hergestellt, nachträglich dort heraus-

Tab. 6.2.1: Eigenschaften der verwendeten Hartmetalle

Hart-metall		WC-Ma%	Co-Ma%	Mischkarbide	Korn-größe [µm]	Dichte [g/cm³]	HV 10	Biege-bruch-festigkeit [N/mm²]	E [N/mm²]	ISO
THM	C	93,8	6	–	1,2 - 2	14,90	1650	2000		K15
HL03	A	94	5,8	(Ta,Nb)C	0,8	14,85	1850			
HL01F	B	96	3,6	TiC,(Ta,Nb)C	0,8	15,10	2000	2000	665	K01
HL10	D	92,7	5,8	(Ta,Nb)C	1,1	14,80	1700	2200	645	K10
HL05	E	96	4	–	1,1	15,15	1750	2200	665	K05

getrennt und zurechtgeschliffen. Die Vorblöcke wurden in Vakuumsinteröfen mit Graphitheizleitern, Graphitfilzisolierungen und automatischen Programmsteuerungen hergestellt. Diese Öfen erlauben das Direktsintern von Presslingen, da durch Wachsabscheider und eine geregelte Aufheizphase das Austreiben der Presshilfsmittel beherrschbar ist. Die Regelung der Temperatur erfolgte in mehreren Heizzonen, so daß eine gleichmäßige Temperatur im Ofenraum gegeben war. Der Wärmeübergang von den Heizelementen zum Sintergut erfolgte weitgehend über Wärmestrahlung. Die thermomechanische Oberflächenmodifikation des HL05 wurde in einer gesonderten Nachbehandlung der geschliffenen Platten erreicht. Dabei wurde über die Temperaturführung und die Regelung der Zusammensetzung der Gasatmosphäre die HM-Oberfläche erst dekarburiert, dann rekarburiert.

Die **Abbildungen A6.2.1-A6.2.3** im **Anhang 6** bieten einen Überblick über die im Querschliff herge-stellten Mikroskopansichten der Hartmetallgefüge A, B und C nach einer Entfernung des Kobalts per Königswasserätzung. Man erkennt deutlich die bessere quaderförmige Ausbildung der Karbidkörner der Sorte A (5,8% Co) gegenüber der Sorte B (3,6% Co). Die Größe und Zahl der ehemals Co-gefüllten Poren unterscheidet sich optisch hingegen nur wenig. (Die großen dunklen Bereiche bei B sind Verun-reinigungen der Präparation.) Probe C (6% Co) weist nicht nur vergleichsweise größere Poren auf, sondern enthält zusätzlich prismatische Karbidkörner bis zu einer Größe von 12 μm. Die Verbindun-gen von Korn zu Korn erscheinen hier zahlenmäßig weniger. Die A-Porosität liegt kleiner A02, eine B-Porosität ist nicht erkennbar.

Tab. 6.2.2: Liste der Hartmetallvariationen

Hartmetallsorte	Modifikation	Bezeichnung
HL03	–	A
HL03	HIP	A1
HL03	untersintert	A2
HL01F	–	B
HL01F	HIP	B1
HL01F	untersintert	B2
HL01F	mod.	B3
THM	–	C
HL10	–	D
HL05	mod.	E
HL05	mod. 1	E1
HL05	mod. 2	E2
HL05	mod. 3	E3
PKD	–	PKD
HL03	unbesch.	HMA
HL01F	unbesch.	HMB
THM	unbesch.	HMC
HM poliert	Spanfläche poliert	„X"p

6.2.1.3   Die Hartmetall-Modifikationen

Durch die Modifikationen der o.g. Hartme-talle in ihrer Gefügeausprägung im Rah-men der Weiterentwicklung für die Dia-mantbeschichtung ergab sich die in der **Tabelle 6.2.2** aufgeschlüsselte Variati-onsliste, welche direkt den entsprechen-den Entwicklungsschritten aus Kap. 6.1 zugeordnet werden kann (**Tab. 6.2.3**). Die Proben werden im weiteren Verlauf dieser Arbeit der Übersichtlichkeit halber mit den dargestellten Kurzbezeichnungen benannt. (Anm.: Im Einschlag am Buchende befin-det sich ein Überblick der Proben und Versuchschargen zum Ausklappen.)

Die Sinterunterschiede bei den Sorten A und B ergaben sich aus der Notwendig-keit, die teilweise großen Standzeitstreu-ungen in den ersten Zerspanungsversu-

Tab. 6.2.3: Entwicklungsschritte und Hartmetallmodifikationen
(Die Unterscheidung der ES I und ES II nach a und b ergibt in Verbindung mit
einer unterschiedlichen Substratpräparation, s. Kap. 6.2.2.1.)

Schritt	Hartmetall	Kurzbezeichnung
Ia, Ib	Standard-Hartmetalle	A, B, C, D
IIa	zusätzl. Sintervariationen	A1, A2, B1, B2
	zusätzl. Spanflächenpolitur	"X"p
IIb	OF-Modifikationen	E, E1, E2, E3
III	OF-Modifikationen	E, E1, E2, E3

Tab. 6.2.4: Sinterqualität der Hartmetalle im ES IIa

Bez.	Variante	Sorte	IHc	$4\pi\sigma$	HV10	Porsität/Gefüge
A	Standard		364	98	1858	A03, etl. BIN
A1	untersintert	HL03	326	108	1818	A01
A2	Sinter-HIP		337	109	1850	A02
B	Standard		467	65	2040	A03, etl. BIN
B1	untersintert	HL01F	453	67	2031	A03
B2	Sinter-HIP		506	68	2065	A02

chen zu ergründen. Zur Klärung des möglichen Herstellungseinflusses wurde deshalb eine Untersinterung einerseits wie eine Nachverdichtung (HIP) andererseits gezielt erzeugt (s. **Tab. 6.2.4**). Die Untersinterung verursacht erfahrungsgemäß eine schlechtere, das "HIPen" - insbesondere bei Feinstkornsorten - eine bessere Binderverteilung. Dadurch verringert sich bei geHIPten gleichzeitig die Restporosität.

Die Qualität der Binderverteilung bestimmt besonders die Biegebruchfestigkeit des Hartmetalls. In diesem Zusammenhang wurden die Koerzitivkraft, die magnetische Sättigung und die Porosität in die Versuchsauswertung miteinbezogen. **Tab. 6.2.4** zeigt diese Werte.

Die Kürzel "E" bis "E3" (**Tab. 6.2.2**) stehen für vier thermochemische Oberflächenmodifikationsverfahren als Präparation der Hartmetalle für die Diamantbeschichtung und enthalten unterschiedliche Co-Ätztechnologien. Bei E1 wurde vor der Wiederaufkohlung eine Co-Ätzung durchgeführt, bei E und E2 (verschieden stark) nach und bei E3 vor und nach der Aufkohlung. Hiermit sollte einerseits für eine robustere Substratoberfläche gesorgt, andererseits der Co-Gehalt in der Oberfläche bereits für die nachfolgende Beschichtung voreingestellt werden. Letzteres ist für die Vermeidung einer Schwächung des Substrats durch eine Ätzung erforderlich. Dies kann nur gewährleistet werden, wenn die Ätzung nach dem Rekarburieren nicht tiefer als einen halben Korndurchmesser erfolgt.

6.2.1.4 Die Rauheit der unbeschichteten Oberfläche

Aufgrund der unterschiedlichen Bezugsquellen der Hartmetalle lagen bei den Platten der Geometrie SPGN 120308 zwei verschiedene Finish-Behandlungen der Schneidplattenoberflächen vor. Während die HL-Typen im ES I nach dem Feinschliff auf der Spanfläche noch eine Läppbehandlung erfuhren, wurde das THM als geschliffene Variante bezogen. Daraus ergaben sich deutliche Unterschiede in der Rauheit, wie der **Tab. 6.2.5** zu entnehmen ist. Dieser Unterschied muß bei der Bewertung der Ergebnisse im weiteren berücksichtigt werden. Zur Prüfung des Läppeinflusses wurden im ES II alle Platten im geschliffenen Zustand bezogen. Außerdem wurde im Entwicklungsschritt ES II eine weitere Alterna-

Tab. 6.2.5: Rauheit der unbehandelten und unbeschichteten Hartmetalle

ES	I						
HM-Sorte	HL03	HL01F	THM	HL10	HL03	HL01F	THM
Geometrie	SPGN120308				SCMW120408		
Spanfläche							
Rz [µm]	3,50	3,63	1,62	3,70	1,24	1,26	1,46
Ra [µm]	0,42	0,43	0,18	0,44	0,13	0,13	0,16

ES	II			II - III			IIb - III			
HM-Sorte	HL03			HL01F			HL05			
Stdd./Mod.	A	A1	A2	B	B1	B2	E	E1	E2	E3
Geometrie	SPGN120308									
Spanfläche										
Rz [µm]	1,57-1,63			1,60-1,65			5,51-5,56			
Ra [µm]	0,18-0,20			0,20-0,22			0,67-0,69			
Spanfl. pol.										
Rz [µm]	0,90-0,99			0,88-,94						
Ra [µm]	0,10-0,11			0,10-0,11						

tive durch das Nachpolieren der Spanflächen der Sorten A/A1/A2 und B/B1/B2 mit Diamantsuspension auf einer Tuchscheibe geschaffen. Die Platten der Geometrie SCMW120408 lagen stets im geschliffenen Zustand vor.

6.2.2 Die Interzone

6.2.2.1 Die Probenpräparation

Die Präparation der Hartmetallsubstrate für die Diamantbeschichtung wurde im Laufe der Versuchsreihen stetig weiterentwickelt, so daß sich von Entwicklungsschritt zu Entwicklungsschritt (ES I bis ES III) der diamantbeschichteten Hartmetalle die nachfolgend beschriebenen Versuchszyklen ergaben. Dabei unterteilten sich die Schritte ES I und ES II jeweils noch in die Unterstufen a und b:

ES Ia (Schlagfestigkeitsoptimierung):   Variation der Substratkörnung und des Co-Gehalts im Substrat (s. Kap 6.2.1.2), sowie der Schichtdicke (s. Kap 6.2.3.2) und der Substratpräparation. In diesem ersten Schritt bestand die Variation der Substratvorbereitung lediglich darin, daß die Beschichtungstechnologie T2 (Bedeutung der Beschichtungstechnologien T1 bis T4 s. Einschlag am Ende des Buches bzw. Kap. 6.2.3.1) keine Co-Ätzung umfaßt. Ansonsten sah der Ablauf der Vorbereitung wie folgt aus:

- Reinigung der Proben im Ultraschallbad mit Ethanol,
- Zeitgesteuerte Co- und Karbid-Ätzung (Co-Reduktion, Anätzung der Karbide, Entfernung von Sinterrückständen und Mischkarbiden),
- Sandstrahlung der Oberfläche zur Angleichung der Rauheit und zur Entfernung schwach angebundener Karbidkörner sowie zur Oberflächenverfestigung,
- Oberflächenbekeimung mit Diamant-Suspension im Ultraschallbad,

- inprozeß-Passivierung von Kobalt, das während der Beschichtungsdauer wieder zur geätzten Substratoberfläche aufdiffundiert, mittels Aluminium-Zugabe (nur T1 und T2, s. Kap. 6.2.3.1).

ES Ib (Schlagfestigkeitsoptimierung):   Verbesserung der bestehenden Methoden der Substratpräparation zugunsten einer stärkeren Schichthaftung durch

- das Ersetzen des Strahlens der Substrate durch eine modifizierte Ätztechnik zur Vermeidung möglicher Vorschäden an den Probenkanten,

- und die kontinuierliche und degressiv gesteuerte Co-Passivierung mittels Al (nur T1 und T2, s. Kap. 6.2.3.1).

ES IIa (Abriebwiderstand des Schichtverbundes): Eingrenzung der Gefahr von Unter- oder Überätzung durch die Steuerung anhand des Rest-Co-Gehalts an der Oberfläche (Modifikationen von A und B).

ES IIb (Abriebwiderstand des Schichtverbundes), ES III (Schichtdurchreibdauererhöhung): Änderung der Präparationsmethode zur Vermeidung bzw. Ausbesserung von Ätzschädigungen des Substrats.

- Revidierung der Ätzschwächung des Karbidskeletts, indem thermochemisch die Körnung der Hartmetalloberfläche stark vergröbert wurde. Dieser Prozeß erfolgte im Anschluß an das Sinter-HIP-Verfahren durch eine thermochemische Dekarburierung mit anschließender Wiederaufkohlung.

- Variation der integrierten Co-Ätzung (in der Prozeßabfolge).

6.2.2.2 Die Oberflächenhärte

Um den Einfluß der einzelnen Präparationstechniken des Entwicklungsschritts ES Ia in ihrer Wirkung auf die mechanische Stabilität der HM-Oberfläche zu analysieren, wurde die Härteänderung (HV1, Haltezeit 20 s) nach den jeweils singulär angewandten Behandlungsschritten der Beschichtungstechnologien T1 bis T4 (ES Ia) an den HM-Sorten A, B und C gemessen (Erläuterung der Beschichtungstechnologien T1 bis T4 s. Kap. 6.2.3.1). Pro Probenvariante wurden fünf Härtemessungen durchgeführt.

Die mittlere Vickershärte ist **Tabelle A6.2.1** im **Anhang 6** zu entnehmen. **Abb. 6.2.1** zeigt die durch eine Präparation veränderten Härtewerte, aufgetragen über den einzelnen Präparationstechniken. Dies stellt die starke Morphologieabhängigkeit (Korngrößen-, Co-Gehalt-Einfluß) der Härteänderungen heraus. Die **Abb. A6.2.4-A6.2.8** im Anhang verdeutlichen dazu die Unterschiede in der Spanflächenstruktur im Originalzustand bzw. nach der jeweiligen Präparationsbehandlung, Strahlen oder Co-Ätzen. Ein Einfluß des Wasserstoffplasmas auf die Oberflächenstruktur konnte bei keinem Hartmetall festgestellt werden. Das Strahlen des Hartmetalle ebnete deren Läpp- bzw. Schleifstruktur deutlich ein. Hingegen verstärkte die Porosität nach dem Ätzen das Oberflächenprofil erheblich. Dabei ist ein Einfluß der Korngröße und des Co-Gehalts auf die Porengröße entsprechend C > A > B erkennbar.

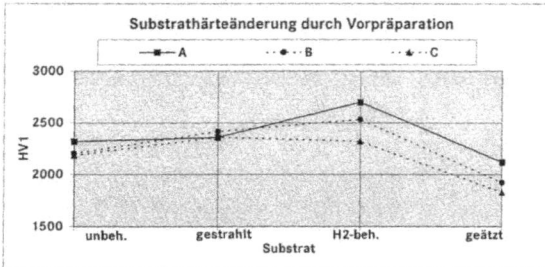

Abb. 6.2.1: Einfluß der einzelnen Präparationsschritte auf die Oberflächenhärte der Substrat A, B und C

Das härteste Substrat in allen Präparationsstufen (außer im gestrahlten Zustand) ist Substrat A (Dies entspricht nicht der typischen Härtefolge der Hartmetallsorten, sondern resultierte aus der Präparation). Dagegen lieferte das grobkörnige Substrat C die niedrigsten Härtewerte in allen Präparationszuständen. Im Vergleich zu A lag das Substrat B in der Härte meistenfalls geringer. Dies ergab sich aus der etwas stärkeren Rauheit. Durch das Strahlen wurde die Härte aller Hartmetalle untereinander angeglichen und leicht gesteigert, was bei geringer Prüflast auf die durch das Strahlen resultierende Angleichung des Oberflächenzustands und die induzierten Eigenspannungen zurückgeführt werden muß. Ein deutlich größerer Härtezuwachs ergab sich aus der H_2-Plasmabehandlung. Hingegen führte das Ätzen zu einer starken Schwächung der Hartmetalloberflächen.

Während bei der H_2-Plasmabehandlung die ermittelten Härtewerte für die feinkörnigeren Substratsorten A und B sehr deutlich zunahmen, ist der Anstieg für das Substrat C wesentlich schwächer ausgeprägt. Dies kann zur Zeit noch nicht erklärt werden. Zu vermuten ist hier ein Unterschied in der Binderstegbreite bzw. der aufgenommenen Wasserstoffmenge pro Bindervolumen. Dadurch könnte sich eine unterschiedliche Versprödung der metallischen Binderphase ergeben. Vergleicht man die Härte der zwei HM-Sorten A und C (ca. 6% Co) nach dem Ätzen, so fällt die Härteabnahme gegenüber dem unbehandelten Zustand bei A geringer aus als bei C. Aus **Abb. 6.2.2** geht die Ursache für den Härteverlust beim Ätzen hervor. Durch die zweistufige Ätzung gehen nicht nur die Druckeigenspannungen im Karbidskelett verloren, sondern die Verhalsung der Körner untereinander wird stark angegriffen. Im Extremfall muß hier mit der Auflösung des Verbundes gerechnet werden. Gegenüber dem dargestellten Hartmetall A besitzt C wegen der größeren Körnung eine geringere Zahl an Karbidverhalsungen. Dadurch zeigt das schlechter skelettierte Hartmetall

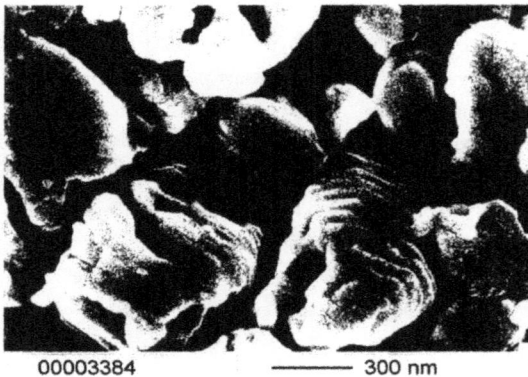

00003384 ——————— 300 nm

Abb. 6.2.2.: Angeätztes Karbidskelett (Substrat A)

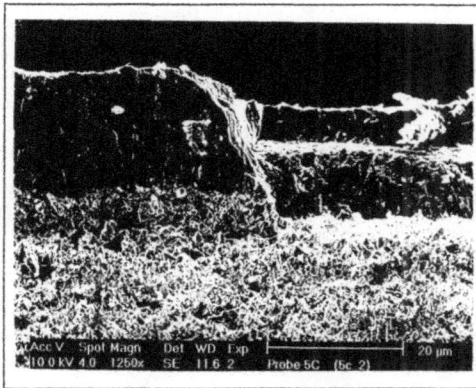

Abb. 6.2.3: Ätzschädigung des Substrats (Sonderbeschichtung Substrat D)

C den größeren Härteverlust.

Positiv erscheint allgemein die Zerklüftung der Karbidoberfläche durch eine anisotrope Ätzwirkung. Hier wird nicht nur die bekeimbare Oberfläche vergrößert, sondern auch die Verzahnung von Schicht und Substrat verbessert. Dieser Sachverhalt wirft die Forderung nach einem geringen und definiert einzustellenden Ätzgrad auf. Ein negatives Beispiel für Überätzung stellt eine Sonderbeschichtung des Substrats D in **Abb. 6.2.3** dar. Hier zeigt die Bruchfläche der Probe einen Riß entlang der Ätztiefengrenze im Innern des Substrats.

6.2.3   Die Diamantschicht

6.2.3.1   Das Abscheideverfahren

Alle im Rahmen dieser Arbeit untersuchten Hartmetall-Wendeschneidplatten wurden in einem Hoch-

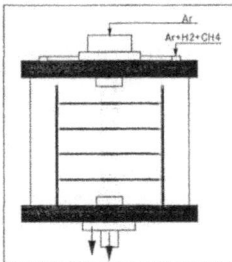

Abb. 6.2.4: Aufbau des Rezipienten (schematisch)

strombogenentladungsprozeß mit polykristallinem Diamant beschichtet (HCDCA-Verfahren der Fa. Balzers). Dieses Verfahren ist durch eine zentrale, gleichstromgespeiste Plasmasäule gekennzeichnet, um die die zu beschichtenden Schneidplatten auf Ringen konzentrisch angeordnet und mit ihrer Spanfläche der Bogenentladung zugewandt sind. **Abb. 6.2.4** zeigt den schematischen Aufbau des Rezipienten.

Die mit Hochstrom gezündete, unselbständig brennende Hochdruck-Plasmasäule wird mit Hilfe von zwei starken Spulen in ihrer Ausrichtung stabilisiert und ionisiert die wesentlichen Bestandteile Wasserstoff und Argon, in Sonderfällen zusätzlich auch Sauerstoff. Als Precursor für die Diamantabscheidung wird Methan verwendet, das nach einer kurzen Spül- und Reinigungszeit zu Beginn des Prozesses in die Plasmasäule im Verhältnis zum Wasserstoff von 0,8% eingeleitet wird. Damit kann eine Beschichtungsrate von ca. 1 µm/h erzielt werden (ES I, Beschichtungstechnologien T1 und T2). Leistungssteigernde Maßnahmen erhöhen bei gleichbleibender Gesamtbeschichtungsdauer die erreichbare Schichtdicke auf nominell 10 µm. Der Abstand der Substrate zur Plasmasäule ist so eingestellt, daß eine aktive Kühlung nicht erforderlich ist. Freiwerdende Wärme aus der Rekombination von zudiffundierenden Wasserstoffradikalen aus der Plasmasäule und die Strahlungswärme der Umgebung einerseits und die Wärmeabstrahlung der Proben andererseits halten sich das Gleichgewicht, so daß die Solltemperatur von durchschnittlich 850°C gehalten werden kann. Durch den verhältnismäßig großen Abstand der Substrate zum Plasma kann der Einfluß von möglichen Fluktuationsstörungen in der Bogenentladung auf die Gleichförmigkeit der Abscheidebedingungen an den verschiedenen Substratpositionen weitgehend vermieden werden. Die Vielzahl der in einem Prozeß gleichzeitig be-

Tab. 6.2.6: Präparations- und Beschichtungsverfahren in den einzelnen Entwicklungsschritten ES

ES	Spezifikation	Nominelle Schichtdicke
Ia	Beschichtungstechnologie T1+T2 mit Alu-Zugabe zur Co-Passivierung	6
	Beschichtungstechnologie T3+T4 o. Alu-Zug., Beschichtungstechnol. T3 mit O$_2$-Zugabe	10
Ib	analog Ia, aber veränderte Präparation	6/10
IIa	ES II und III basieren auf Beschichtungstechnologie T4 von ES I,	10
IIb	Schichtdickenvariation mittels Zeit- und	20
III	Leistungsregelung	30

schichtbaren Schneidplatten erlaubt systematische Untersuchungen an gleichartigen Proben.

Die Variation des Beschichtungs- und des Präparationsverfahrens (=Beschichtungstechnologie) stellt sich für die Entwicklungsschritte ES I bis ES III folgendermaßen dar:

Die Beschichtungstechnologien T1 und T2 unterscheiden sich lediglich darin, daß bei Technologie T2 die Co-Ätzung unterlassen wurde (s.a. Kap. 6.2.2.1). In Technologie T3 und T4 fehlt die abscheidungsparallele Co-Passivierung mittels Aluminium. Diese Technologien unterscheiden sich in der Kombination der Ätzradikale, Technologie T3 beinhaltet eine Sauerstoffzugabe.

Die Nomenklatur der Probenvarianten stellt sich im weiteren Verlauf der Arbeit entsprechend der

$$\underset{\text{Beschichtungstechnologie}}{\text{T1}} \underset{\text{Substratsorte}}{\text{A}} \qquad \underset{\text{Substratsorte}}{\text{E1}}$$

folgenden zwei Beispiele dar. Dabei kann die Substratsorte auch eine Modifikation eines Hartmetalls sein.

Durch die gezielten Änderungen des oben beschriebenen Abscheideverfahrens (T1+T2, T3, T4) in seinem Prozeßablauf wurden nicht nur die mittlere Schichtdicke, sondern auch die innere Struktur der Diamantschicht verändert. Diese Strukturänderung umfaßt die Keimdichte und die Korngröße (Bruchstruktur), die Diamantgüte, die Eigenspannungen und die Rauheit.

6.2.3.2 Die Schichtdicke

In der folgenden **Tabelle 6.2.7** sind in Abhängigkeit von den Entwicklungsschritten die mittleren Schichtdicken dargestellt (Bestimmung anhand der Bruchfläche im REM). Vergleicht man die Istwerte der Schichtdicke mit den angestrebten Sollwerten, so stellt man oft eine Abweichung fest. Abweichungen der Proben eines Entwicklungsschrittes untereinander basieren auf Einflüssen der Substrate.

Tab. 6.2.7: Diamantschichtdicken der Proben der verschiedenen Entwicklungsschritte

ES	Schichtdicke	T1A	T1B	T1C	T2A	T2B	T2C	T3A	T3B	T3C	T4A	T4B	T4C	T3D
Ia	s [µm]	4,5	6	5	5,5	4,5	5,5	9,5	7	9,5	8	8,5	8	9
Ib	s [µm]	5,4	5,1	5,3	7,1	6,5	6,2	8,9	7,2	9,4	6,3	5,9	6,2	—

Sollwert: 6 µm (Beschichtungstechnologien 1 und 2), 10 µm (Beschichtungstechnologien 3 und 4)

ES	Schichtdicke	A	A1	A2	B	B1	B2
IIa	s [µm]	4,8	5	4,2	5	6	5,8

Sollwert: 10 µm; Sollwertunterschreitung 40%-58%

ES	Schichtdicke	B1	E	E1	E2	E3
IIb	s [µm]	18,3	16,8	17,1	18	18,4

Sollwert: 20 µm; Sollwertunterschreitung 8% - 16%

ES	Schichtdicke	B1	E	E1	E2	E3
III	s [µm]	24	23,5	25,6	24,8	23,7

Sollwert: 30 µm; Sollwertunterschreitung 15% - 22%

Bezieht man die Schichtdickenmittelwerte aller Beschichtungstechnologien für jede Substratsorte auf die dazu gehörigen Werte der magnetischen Sättigung, so verschwinden die Schichtdickenunterschiede zwischen den Schritten ES Ia und Ib (Beschichtungsprozesse unverändert), und es ergeben sich gleiche, substratspezifische Werte (**Abb. 6.2.5**). Danach geht der Co-Gehalt proportional in die magnetische Sättigung ein. Die höher Co-haltigen Substrate A und C nehmen zu Beschichtungsbeginn vermehrt Kohlenstoff auf (vgl. Kap. 2.3), der der Schichtkeimbildung dann fehlt /Kub95/.

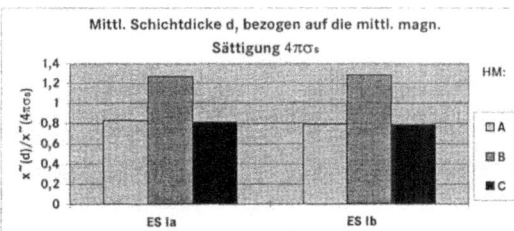

Abb. 6.2.5: Substratspezifische, mittlere Schichtdicke, bezogen auf die magnetische Sättigung

Betrachtet man die Entwicklung der Schichtdicke in Abhängigkeit von der Co-Ätzdauer bzw. dem Rest-Co-Gehalt, der Dauer der Hartmetallätzung und deren Temperatur für das Substrat B1, so ergeben sich die prinzipiellen Zusammenhänge entsprechend **Abb. 6.2.6** (hier wurden Proben desselben Hartmetallsubstrats B1 in verschiedenen Prozessen beschichtet). Generell muß hier zwischen den beiden Schichtdickenniveaus kleiner 10 µm und größer 20 µm unterschieden werden, da hier mit verschiedenen Temperaturen und Ätz-

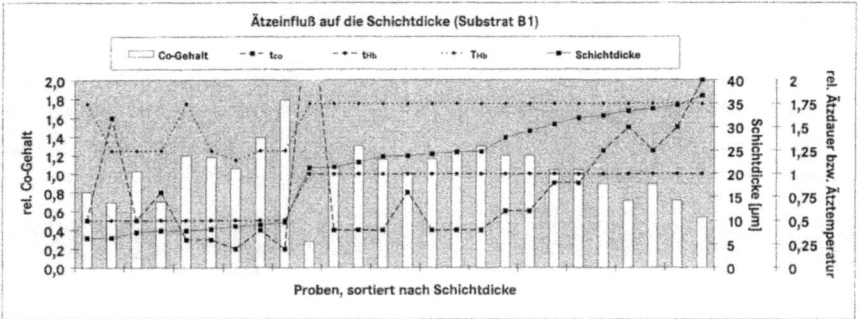

Ätzeinfluß auf die Schichtdicke (Substrat B1)

Abb. 6.2.6: Schichtwachstum des Substrates B1 in Abhängigkeit von relativen Rest-Co-Gehalt, der relativen Ätzdauer und der relativen Ätztemperatur (Hb = Hartmetallbad), jeweils bezogen auf den Nominalwert

dauern des Hartmetallbades gearbeitet wurde. Danach zeigte sich bei einer schwächeren Ätzung im Hartmetallbad (unteres Temperaturniveau) und entsprechend geringerer Diamantkeimdichte kein nennenswerter Einfluß des Rest-Co-Gehaltes auf die Schichtdicke. Die Rest-Co-abhängigen Wachstumsunterschiede der Diamantbeschichtung treten um so stärker auf, je geringer der Rest-Co-Gehalt bzw. je intensiver Hartmetallbadätzung ist.

Der Co-Restgehalt nach dem Ätzen hängt erfahrungsgemäß dabei von der Binderstegbreite, der Sub-

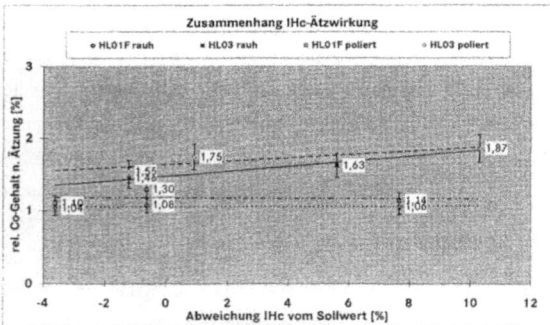

Abb. 6.2.7: Relativer Co-Restgehalt, aufgetragen über der Koerzitivkraft der Substrate A, B und C (Die den Meßpunkten zugeordneten Werte stellen den relativen Rest-Co-Gehalt dar.)

stratkorngröße und insbesondere der Existenz von Bindernestern ab. Wie **Abb. 6.2.7** zeigt, stieg für die Sintervariationen des Substrats A der Co-Rest mit der Koerzitivkraft leicht an (Die Koerzitivkraftwerte sind auf den hartmetallspezifischen Sollwert des Herstellers normiert), während sich für die Variationen des Substrats B bei grundlegend geringerem Co-Gehalt und kleineren Stegbreiten kein Einfluß

mehr erkennen ließ. Demnach lag der Co-Rest bevorzugt an Stellen von vormals größeren und nicht ganz weggeätzten Binderanhäufungen vor. Dies erklärt sich aus den Qualitätsschwankungen der Hartmetallherstellung. Bei Untersinterung werden die Bindernester nicht mehr aufgelöst, während das HIP-Verfahren diesbezüglich gegenüber dem Standard eine Verbesserung darstellt und die geringste Koerzitivkraft erzeugt.

6.2.3.3 Die Schichtrauheit

Die Rauheit der Diamantschichten wird zum einen von der Beschichtungstechnologie selbst, zum anderen aber sehr stark von der Ausgangsrauhigkeit des Substrates bestimmt. Dabei kommen nach DIN 4760 die Gestaltabweichungen 4. Ordnung (Riefen, Schuppen etc.) und 5. Ordnung (Gefügestruktur) in Betracht. Abweichungen 1. und 2. Ordnung wurden datentechnisch aus dem Meßergebnis eliminiert bzw. traten wegen der Finish-Behandlung gar nicht erst auf. **Tab. 6.2.8** gibt die mittlere, laseroptisch gemessene Schichtrauheit auf der Spanfläche je nach Kombination Substrat/Beschichtungstechnologie wieder.

Tab. 6.2.8: Rauheit der diamantbeschichteten Hartmetalle aus den verschiedenen Entwicklungsschritten

SPGN120308

ES	Rauheit	T1A	T1B	T1C	T2A	T2B	T2C	T3A	T3B	T3C	T4A	T4B	T4C	T3D
la	Rz [µm]	3,01	2,86	1,52	2,22	2,50	1,56	2,70	2,79	1,51	3,26	2,73	1,34	3,07
	Ra [µm]	0,35	0,36	0,17	0,28	0,32	0,19	0,35	0,36	0,17	0,39	0,34	0,17	0,37

SPGN120308

ES	Rauheit	T1A	T1B	T1C	T2A	T2B	T2C	T3A	T3B	T3C	T4A	T4B	T4C
lb	Rz [µm]	3,31	3,37	1,95	2,78	2,80	1,29	2,98	3,01	1,30	3,30	3,24	1,24
	Ra [µm]	0,40	0,40	0,24	0,35	0,35	0,16	0,35	0,35	0,15	0,39	0,38	0,15

SCMW120408

ES	Rauheit	T1A	T1B	T1C	T2A	T2B	T2C	T3A	T3B	T3C	T4A	T4B	T4C
la	Rz [µm]	2,19	2,70	1,65	2,21	2,34	2,03	2,05	2,07	1,82	1,92	2,32	1,80
	Ra [µm]	0,28	0,33	0,20	0,28	0,28	0,24	0,27	0,27	0,22	0,24	0,31	0,21

SPGN120308

ES	Rauheit	A	A1	A2	B	B1	B2
lla	Rz [µm]	1,46-1,51			1,52-1,56		
	Ra [µm]	0,18-0,19			0,19-0,21		

SPGN120308

ES	Rauheit	B1	E	E1	E2	E3
llb	Rz [µm]	2,63	3,51	3,31	3,18	3,26
	Ra [µm]	0,34	0,44	0,51	0,51	0,49

SPGN120308

ES	Rauheit	B1	E	E1	E2	E3
lll	Rz [µm]	2,60	3,47	3,27	3,19	3,24
	Ra [µm]	0,33	0,44	0,50	0,51	0,49

Wie der Vergleich der Entwicklungsschritte ES la und lb zeigt, verändert die der Beschichtung vorangegangene mehrstufige Vorpräparation die Ausgangsrauheit der Substrate deutlich. Zur näheren Veranschaulichung dieses Sachverhalts wurde anhand der Untersuchungen in Kap. 6.2.2.2 die jeweilige Rauheitsänderung der HM-Oberfläche durch die einzelnen Vorpräparationsstufen unabhängig voneinander ermittelt und ist der **Abb. 6.2.8a** zu entnehmen. Daraus geht die glättende Wirkung des Strahlens und des Beschichtens, sowie die rauheitssteigernde Wirkung des Ätzens hervor. Das Wasserstoffplasma allein konnte die Topographie nicht verändern. (Die zu den unterschiedlich präparierten HM-Oberflächen gehörenden Mikroskopbilder sind dem **Anhang 6** (**Abb. A6.2.4 bis A6.2.8**) zu entnehmen.)

Auffallend ist, daß die mechanische Behandlung (Strahlen) insbesondere die spitzenbetonten Rz-Werte verändert, während die chemische Behandlung (Ätzen) den tragbildrelevanten Ra-Wert beeinflußt.

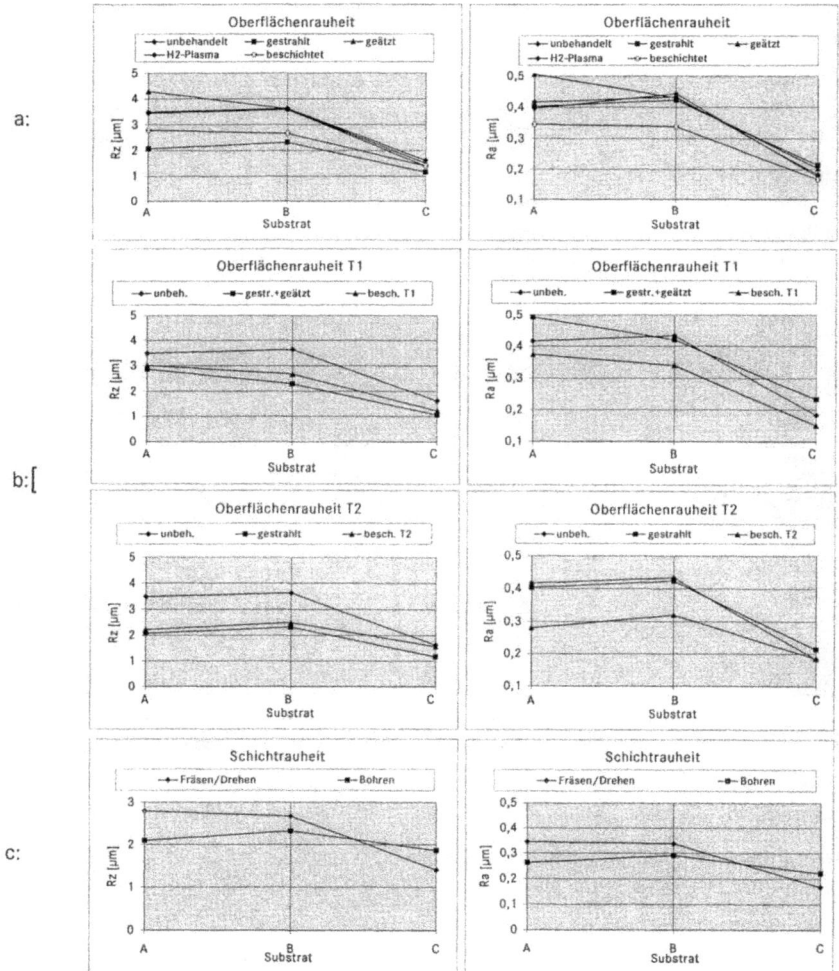

Abb. 6.2.8: Rauheitsänderung der Substratoberfläche. a: durch die einzelnen Vorpräparationsschritte aus ES Ia, b: nach der Beschichtung in T1 bzw. in T2, c: SPGN- und SCMW-Platten nach der Beschichtung in T1 im Vergleich

Daß in diesen Untersuchungen eine glättende Wirkung der Diamantbeschichtung festgestellt wurde (was üblicherweise für derartig dünne Schichten ausgeschlossen wird), beruht auf der gegenüber herkömmlichen mechanischen Rauheitsmeßgeräten (≥ 2 µm) wesentlich höheren topographischen Auflösung des laseroptischen Verfahrens (0,5 µm).

Abb. 6.2.8b gibt qualitativ die Rauheitsänderungen bei den Beschichtungstechnologien T1 und T2 aus dem Entwicklungsschritt ES Ia wieder (Beschichtungstechnologie T3 und T4 verhalten sich wie T1). Am Beispiel dieser bis auf die Co-Ätzung gleichen Technologien T1 und T2 läßt sich erkennen, daß das feinstkörnige und Co-ärmere Substrat B (3,6% Co) seine Rauheit durch das Ätzen gegenüber dem Co-reicheren Substrat A nur unmerklich ändert. Daß das ebenfalls feinstkörnige Substrat A (5,8% Co) sich stärker aufrauhen läßt als das gröbere, geschliffene Substrat C (6% Co), ist auf die rauhere Ausgangs-oberfläche durch das Läppen zurückzuführen. Bei einem gleichen Finish-Zustand wäre dies wegen der größeren Co-Kanäle/ -Nester von Substrat C umgekehrt. Dies wird durch die Gegenüberstellung der Rauheitswerte der Sorten A und C (geläppte SPGN-Platten) zu den entsprechenden geschliffenen SCMW-Platten (ES Ia) in **Abb. 6.2.8c** deutlich (s. a. Tab. 6.2.8). Werden die positiven Spitzedes Rauheitsprofils durch das Strahlen beseitigt, so schafft das Ätzen im Gegenzug zusätzliche, breite, negative Spitzen. Die möglicherweise durch das Strahlen gewonnene Stabilität /Tragfähigkeit der Substratoberfläche wird somit durch das Ätzen weitgehend kompensiert. Dabei ist nicht geklärt, ob nicht durch das Strahlen die standzeitentscheidende Kantenstabilität der Schneidplatten zusätzlich noch beeinträchtigt wird. (Mit einer Kantenverrundung ist in jedem Fall zu rechnen.) Überträgt man diese Erkenntnisse auf die sehr rauhen Substrate E und deren Modifikationen aus den ES IIb und III, so weisen die verhältnismäßig hohen Ra-Werte auf eine ausgeprägte Zerklüftung der Oberfläche hin. Betrachtet man die dazugehörige REM-Aufnahme in **Abb. 6.2.9**, so bestätigt die lockere, viellagige Verteilung der modifizierten, prismatischen Karbidplatten diesen Sachverhalt.

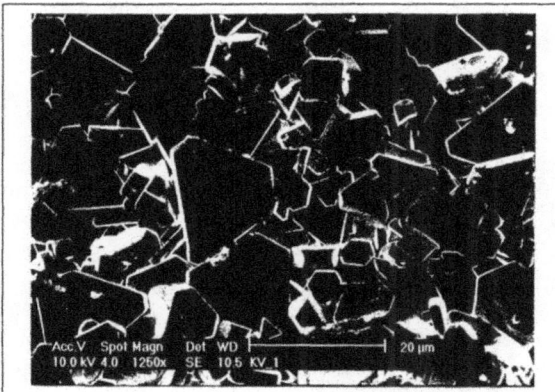

Abb. 6.2.9: Oberflächenaufnahme der thermochemisch vergröberten Substrat-Oberfläche einer Probe E

6.2.3.4 Die Bruchstruktur

Die Bruchstruktur bzw. Abplatzungsfläche der verschiedenen diamantbeschichteten Hartmetalle wurde mittels der Rasterelektronenmikroskopie betrachtet und ist im **Anhang 6 (Abb. A6.2.9-A6.2.18)** abgebildet. Die Untersuchungen wurden mit einem Rasterelektronenmikroskop der Fa. Philips (Typ XL 40) durchgeführt. Im Entwicklungsschritt ES I ist dabei der gravierende Unterschied der Schichtstruktur der Beschichtungstechnologien T1 und T2 (**Abb. A6.2.9**, Beispiel Probe T2C) gegenüber allen anderen Proben (**Abb. A6.2.10**, Beispiel Probe T4A) sehr auffällig. Hier liegt im wesentlichen eine Einlagenschicht vor. Die großen Diamantkörner zeugen von einer geringen Keimdichte. Die am Interface erkennbaren, nicht kristallinen, weißen Globularpartikel zeugen von Co-haltigen Ausscheidungen. Dies ist besonders stark bei der Beschichtungstechnologie T2 der Fall, die keine Co-Ätzung umfaßte. Entsprechend der geringen Keimdichte zeigt sich der Bruch der Diamantschicht bei diesen Proben überwiegend interkristallin. Bei den übrigen Proben des Entwicklungsschrittes ES Ia dominiert ein weitgehend transkristalliner Rißverlauf die Bruchfläche. Dies deutet auf eine deutlich geringere Korngröße sowie eine feinere Verteilung der sp^3-Gitterstörungen (sp, sp^2) bei einer gleichzeitig höheren Keimdichte (Geschlossenheit der Schicht) hin. **Abb. A6.2.11** verdeutlicht dies anhand der dem Verlauf des Schubspannungsmaximums folgenden Struktur des Torsionsbruches der Schicht. Die Bruchflächen der Proben aus dem Entwicklungsschritt ES Ib entsprechen in der rasterelektronischen Betrachtung qualitativ denen aus ES Ia und sind deshalb nicht explizit dargestellt worden.

Im Entwicklungsschritt ES IIa wurde die Sinterqualität der Hartmetallsorten A und B variiert (**Abb. A6.2.12-A6.2.14**). Bei beiden HM-Sorten läßt sich mit wachsender Qualität (Zustand untersintert<Standard<geHIPt) eine Zunahme des transkristallinen Bruchanteils und der Keimdichte verzeichnen. Dies und die vergleichsweise beste Anbindung der Diamantschicht an das Substrat bei den geHIPten Proben A1 und B1 weist auf eine entsprechend gute Schichthaftung hin. Eine versuchsweise durchgeführte, mechanische Politur der Substratoberfläche vor der Beschichtung zeigte sich ohne Einfluß auf die Struktur der Diamantschicht.

Im Entwicklungsschritt ES IIb wurde die Reihe der bislang verwendeten HM-Sorten um die Variationen E-E3 ergänzt (**Abb. A6.2.15-A6.2.16**). Bei diesen Proben zeigten sich keine Unterschiede in der Bruchstruktur der Diamantschicht. Die dem Entwicklungsschritt ES III entstammende Probe E3 in den **Abb. A6.2.17-A6.2.18** zeigt nach der vergleichsweise langen Beschichtungsdauer von 30 h eine saubere, lückenlose Anbindung der Diamantschicht an die WC-Körner.

Ausgeprägte Vorzugsorientierungen im Diamantwachstum konnten weder optisch noch mittels Röntgendiffraktometrie nachgewiesen werden. Jedoch ergab das Peakhöhen-Verhältnis von (111)/(311) Unterschiede in den Mengenanteilen Kristallorientierungen (**Tab. 6.2.9**).

Tab. 6.2.9:Peakhöhenverhältnisse (111)/(311) des ES Ia; Sollwert: 6.25

Substrat/Tech.	T1	T2	T3	T4	Mittelwert
A	8,2	–	7,8	9,5	8,5
B	5,7	–	6,4	5,9	6,0
C	6,5	–	5,5	6,4	6,1
Mittelwert	6,8	–	6,6	7,3	

Dabei fällt auf, daß sich der Unterschied der Mittelwerte für die Substrate größer ist als für die Beschichtungstechnologien, d.h. daß das Substrat die Wachstumsrichtung des Diamants beeinflußt. Der zweite Diamantpeak (220) konnte wegen der Überlagerung mit dem WC

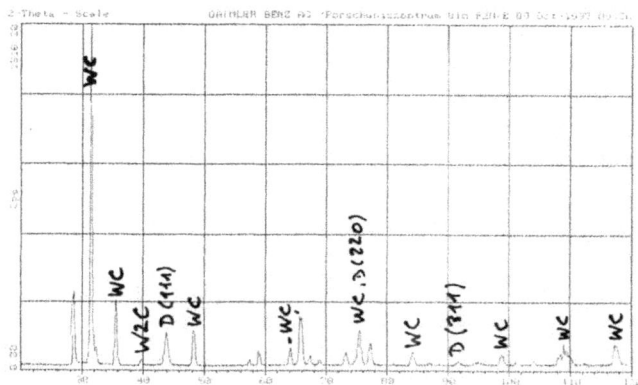

Abb. 6.2.10: XRD-Spektrum einer E-Probe (ES IIb)

(200)-Peak analog nicht ausgewertet werden. Die Spektren des Wolframkarbid sind für alle Proben weitgehend identisch. Die zusätzliche Untersuchung des Spektrums der Probe E (ES IIb) zeigt jedoch, daß trotz der Wiederaufkohlung noch Reste von W_2C vorhanden sind (**Abb. 6.2.10**). Diese XRD-Untersuchungen wurden mit einem Gerät des Typs D 5000 der Firma Siemens durchgeführt. Dieses Gerät arbeitete mit einem Sekundärmonochromator für Cu- Strahlung und einem Scintillationsdetektor.

6.2.3.5 Die Diamantgüte

Mit der Leistungssteigerung zugunsten einer größeren Schichtdicke wird nicht nur die Kornstruktur des Diamants feiner, sondern die Güte, d.h. der Anteil des kubischen Diamants sinkt. Für die Bestimmung der Diamantgüte stand ein Renishaw Imaging Microskop 2000, das mit einem Argon-Ionen-Laser (Wellenlänge 514,5 nm) ausgerüstet war, zur Verfügung. Die spektrale Auflösung des Gerätes betrug 1 cm^{-1}, der Meßfleckdurchmesser bis minimal 1 µm und die Meßtiefe in Diamant ca. 0,5 µm. Bei einem Vergleich der Intensitäten von unterschiedlichen Proben müssen die Schichtdicke und die räumliche Phasenverteilung von Diamant und sp^2-gebundenem Kohlenstoff in der Schicht berücksichtigt werden, sofern der Anteil hexagonal kristallisierten Kohlenstoffs groß ist. Dies beruht auf der Tatsache, daß die Eindringtiefe von sichtbarem Licht in Diamant praktisch unendlich ist, während sie in polykristallinem Graphit nur ca. 40 nm und in amorphem Graphit 100 nm beträgt /Geu92/. Liegt also die stark absorbierende sp^2-Phase über der des Diamants, so verdeckt sie letztere eventuell, während dies umgekehrt nicht der Fall ist. Ebenso stellt sich die Frage nach dem Güteverlauf über der Schichtdicke. Stammt der Nichtdiamantbeitrag im Meßergebnis aus der Schicht oder überwiegend von der Grenzfläche Schicht-Substrat? Existiert der Nichtdiamantanteil hauptsächlich in der Schicht, so bedingt er die Abriebfestigkeit der Schicht. Befindet sich der sp^2-Anteil dagegen zum größten Teil in der

Grenzfläche zwischen Schicht und Substrat, so ist die Haftfestigkeit der ausschlaggebende Faktor hinsichtlich der Verschleißfestigkeit.

Für die vorliegenden Messungen wurde mit einem Spot von 7 μm^2 gearbeitet. Über einen Heiztisch konnten Probentemperaturen von bis zu 1000°C realisiert werden. Die vorliegenden Messungen wurden - sofern nicht anders angegeben - bei Raumtemperatur durchgeführt. Die Raman-Spektralanalyse wurde in dieser Arbeit an diamantbeschichteten Hartmetall-Wendeschneidplatten des ES Ib jeweils in der Mitte der ebenen Spanfläche und in der Mitte von zwei senkrecht aufeinanderstehenden Kanten durchgeführt. Exemplarisch sind die Ramanspektren der Probe der Beschichtungstechnologien T2 und T3 in **Abb. 6.2.11** in der gleichen Vergrößerung dargestellt. Darin ist der charakteristische Diamanpeak bei 1333 cm^{-1} deutlich erkennbar. Dabei repräsentiert die Beschichtungstechnologie T2 auch T1 und Technologie T3 auch T4. Während erstere einen klar ausgebildeten scharfen Diamantpeak und einen vergleichsweise geringen amorphen/ graphitischen Untergrund besitzen, weisen die Technologien T3 und T4 eine Dominanz der graphitischen/amorphen Anteile auf (s. auch Abb. A6.2.19 im Anhang 6). Das Verhältnis der integralen Intensitäten des Diamant-Peaks bei 1333 cm^{-1} zum polykristallinen und zum einkristallinen Graphit-Peak bei ungefähr 1358cm^{-1} bzw. 1545 cm^{-1} gibt etwa den sp^3-Bindungsanteil der Diamantschicht wieder und charakterisiert den Beschichtungsprozeß (s. **Abb. 6.2.12**). Ein wesentlicher Einfluß der Schichtdicke und des Substrates ist nicht festzustellen. Auch eine Wärmebehandlung bei 500°C veränderte das Ramanspektrum nicht. Hingegen zeigt das Unterlassen der Co-Ätzung im Fall der Beschichtungstechnologie T2 bezüglich der Diamantgüte nur wenig differenzierbare Peaks bei 1474 cm^{-1} und 1560 cm^{-1}, auch ist der Peak bei 1133 cm^{-1} relativ breit und intensitätsschwach.

Messungen über dem Bruchflächenquerschnitt der Diamantschichten ergaben deutliche Aussagen zur Strukturentwicklung und zur Strukturhomogenität über der Schichtdicke (**Abb. 6.2.11**). In einem Abstand von 0,7 μm oberhalb der Grenzfläche sollten sich normalerweise bereits alle Peaks nachweisen lassen, die typisch für den Zustand an der Schichtoberfläche sind. Oft sind sie aber vom übergangsbedingten Untergrundrauschen überdeckt. Bei den vorliegenden Proben dominiert hier der Graphit-Peak bei 1580 cm^{-1} (das implizite Untergrundrauschen des Hartmetalls ist dabei außerordentlich gering), während schon 0,7 μm darüber das voll ausgebildete Spektrum zu beobachten ist. Im Vergleich zur Grenzfläche treten hier die Peaks bei 1130 cm^{-1}, 1333 cm^{-1} und 1480 cm^{-1} stärker hervor. In abgeschwächter Weise setzt sich dieser Trend zur Oberfläche hin fort. Abgesehen vom Keimbereich mit einer Ausdehnung von weniger als 1 μm von der Grenzfläche sind alle Schichten über ihrer Dicke homogen aufgebaut. Dies zeigt sich unabhängig von der Hartmetallsorte des Substrats. Daher muß ein unterschiedliches Einsatzverhalten der Wendeschneidplatten von Differenzen in der Keimzone herrühren.

Zur Untersuchung der Phasenreinheit der Diamantschicht im Bereich der Schneidecken wurden mit Hilfe eines Mikro-Raman-Spektrometers (Typ T64000, Fa. Jobin Yvon) und einem Laser des Typs 305 der Fa. Coherent (Wellenlänge 488 nm) auf der Span- und auf der Freifläche der Proben T2B und T4C eine step- by- step Raman- Linienmessung durchgeführt (**Abb. 6.2.13**). Dabei ergaben sich die in

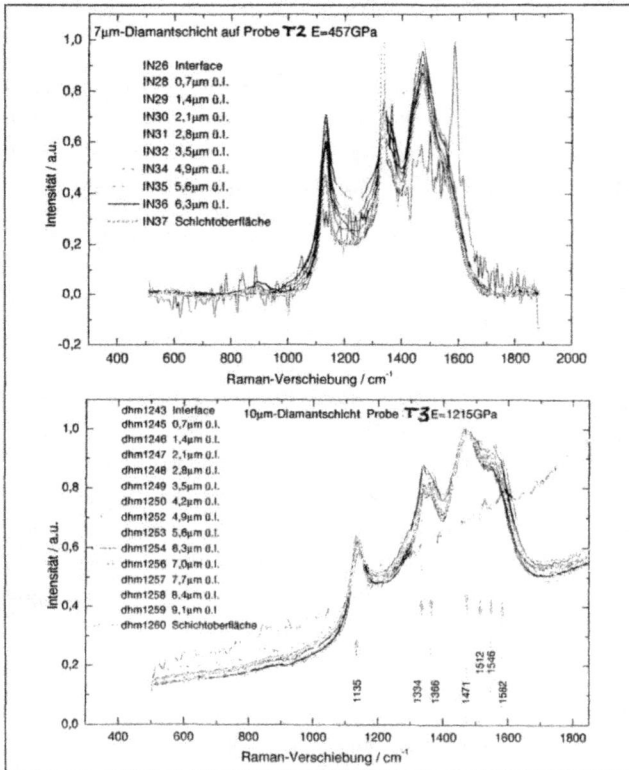

Abb. 6.2.11: Ramanspektren der Diamantschichten (T2, T3 aus ES Ib)

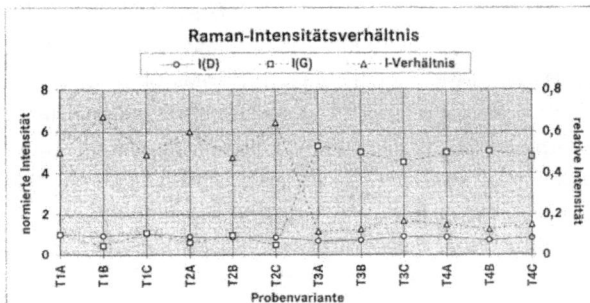

Anhang 6 (Abb. A6.2.19) dargestellten Ramanspektren, deren einzelne Kurven (Meßschritte) übereinander angeordnet wurden.

Es ist deutlich zu erkennen, daß sich bei der Probe T4C weder innerhalb der untersuchten Span- und Freiflächen noch zwischen beiden Flächen ein Unterschied der Diamant- und Graphitpeaks ergibt. Daher ist von einer guten Flächenhomogenität der Diamantschicht auszugehen. Betrachtet man dagegen die einzelnen Kurven des Spanflächenscans der Probe T2B, so ergibt sich ein eindeutiger Unterschied bezüglich der Diamant- und Graphitpeaks. Bei einem Vergleich der sp^3/sp^2-Verhältnisse hat sich gezeigt, daß die Schicht in Kantennähe wesentlich phasenreiner ist, d.h. weniger Graphit im Vergleich zum Diamant enthält und deshalb spröder ist (**Abb. 6.2.12**).

Abb. 6.2.12: Auf die Sorte T1A normierte sp^2- und sp^3-Anteile sowie das sp^3/sp^2-Verhältnis (I=Intensität, D=D-Peak, G=G-Peak)

6.2.3.6 Die Eigenspannungen

Eine Bestimmung der Eigenspannungen in der Diamantschicht wurde mit Hilfe der linearen $sin^2\psi$-Methode durchgeführt und ergab interessanterweise für die dickeren Diamantschichten der Beschichtungstechnologien T3 und T4 Werte um -950 bis -850 GPa, während die Probe T1A bei etwa -1050 GPa lag. Lediglich die Probe T2A (ohne Co-Ätzung) wies einen weit geringeren Wert von -193 GPa auf. Die genauen Meß- und Auswerteparameter sind der **Tab. A6.2.2** im **Anhang 6** zu entnehmen.

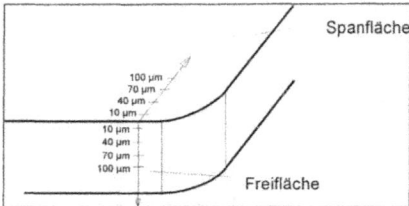

Abb. 6.2.13: Raman- Meßpunkte bei der Linienmessung an Frei- und Spanfläche (Spot-$\varnothing \geq 33$ µm)

Abgesehen von der generellen Existenz von möglichen Eigenspannungen in der Diamantschicht interessiert die Frage, inwieweit Eigenspannungen in der Probe nach der Beschichtung und im Zerspanungseinsatz noch relaxieren. Dazu wurden die Proben T1A und T3A aus Entwicklungsschritt ES Ib zum einen 2 Tage nach der Beschichtung, dann erneut nach 14 Tagen, dann nach einer einstündigen Temperung unter Schutzgas bei 350° und schließlich erneut nach einer Temperung bei 500°C hinsichtlich der Eigenspannungen vermessen. Diese Temperaturen wurden entsprechend der zu erwartenden mittleren Schneidentemperaturen beim Fräsen bzw. beim Drehen gewählt. Dabei ergab sich in keinem Fall eine Relaxation der Eigenspannungen.

Bezieht man sich auf die Aussagen der Kap. 2.1.2.3 und 2.2.3, so wächst die intrinsische Zugeigenspannungskomponente mit sinkender Schichtgüte und Schichtkorngröße (wachsender Phasengrenzenanteil), während die thermische bei angenommenen fixen 850°C Beschichtungstemperatur bei etwa -1,5 GPa liegt. In der Summe ist es also erklärlich, daß die unreineren und feinkörnigeren Schichten der Beschichtungstechnologien T3 und T4 geringere Druckeigenspannungen aufweisen als die Schicht der Technologien T1. Dies ist unabhängig von der Hartmetallsorte. Auch die Schichtdickenschwankungen dürften sich angesichts einer ausreichend feinen Diamantkeimverteilung der Schichten aus diesen drei Technologien nicht bemerkbar machen. Im Fall der Beschichtungstechnologie T2 (ohne Co-Ätzung der Substrate) kann die erheblich geringere Druckeigenspannung auf eine haftungsschädigende, "plastische" Relaxation des labilen Interfaces (Keimanbindung) zurückgeführt werden. Eine Relaxation der Eigenspannungen aufgrund einer möglichen Auswirkung von Co-Anlagerungen an den Diamantkorngrenzen konnte bislang nicht nachgewiesen werden.

6.2.4   Das diamantbeschichtete Hartmetall

6.2.4.1   Die Härte

An beschichteten Wendeschneidplatten des Entwicklungsschrittes ES Ia wurden Härteuntersuchungen mittels Vickersverfahren mit einer Belastung von 50 kg durchgeführt, um in Kap. 9 eine Bewertung der Zerspanungsleistung und der Substratvorbehandlung vornehmen zu können. In **Tab. 6.2.10** sind die durchschnittlichen Härtewerte der einzelnen Plattensorten angegeben.

Wendeschneidplatten												
T1A	T2A	T3A	T4A	T1B	T2B	T3B	T4B	T1C	T2C	T3C	T4C	T3D
HV 50												
1473	1483	1489	1472	1353	1240	1388	1237	1263	1261	1233	1301	1305

Substrat-Mittelwert		Besch.-Tech.-Mittelwert	
Substrat A	1479	T1	1363
Substrat B	1300	T2	1327
Substrat C	1265	T3	1366
		T4	1336

Tab. 6.2.10: Gemittelte Härtewerte HV 50 der einzelnen beschichteten Plattensorten

Die mittels des HV50-Verfahrens ermittelten Härtewerte zeigen eine wesentlich ausgeprägtere Abhängigkeit von dem verwendeten Substrat als vom angewandten Verfahren. Die gemittelten Härtewerte der einzelnen Hartmetalle variieren für die vier Verfahren nur so gering, daß sich über das Verhältnis der einzelnen Verfahren zueinander mit Hilfe des durchgeführten Härteprüfverfahrens keine Aussagen machen lassen. Die Erklärung für die weitgehende Unabhängigkeit der Härtewerte vom Verfahren bzw. der Schicht und das analoge Ergebnis der beschichteten und unbeschichteten Wendeschneidplatten ist in den hohen Eindringtiefen bei der Untersuchung der beschichteten Proben zu finden. Die Eindringtiefen bewegen sich im Bereich von einigen Hundertstel Millimeter, so daß die Diamantschicht von einigen Mikrometern Dicke ohne einen wesentlichen Einfluß auf das Ergebnis bleibt.

Bei den beschichteten Substraten ist das Verhältnis der Härtewerte zueinander das gleiche wie bei den unbeschichteten Substraten (s. Kap 6.2.2.2). Die Platten des beschichteten Substrates A sind härter als die des Substrates B, welche wiederum härter sind als die der Substratsorte C.

6.2.4.2   Der gemischte E-Modul

Der gemischte E-Modul ist ein integral bestimmter E-Modul des "2-Schicht-Sytems" Interzone/Diamantschicht und wird in seiner Größe durch die einzelnen E-Moduli bestimmt. Sind die Werte für die verschiedenen Substrate bekannt und besitzt die Diamantschicht eine konstante Qualität, so kann der gemischte E-Modul eine Aussage über die Stabilität der Interzone liefern.

Der E-Modul wurde mit einem photoakustischen Meßverfahren ermittelt. Es beruht auf der Messung der frequenzabhängigen Ausbreitungsgeschwindigkeit hochfrequenter akustischer Oberflächenwellen. Für einen homogenen, isotropen Werkstoff hängt die Ausbreitungsgeschwindigkeit c der Oberflächenwelle vom E-Modul E, der Querkontraktionszahl ν und der Dichte ρ ab:

$$c = \frac{0,87 + 1,12\nu}{1 + \nu} \sqrt{\frac{E}{2\rho(1 + \nu)}} \qquad (G6.2.1)$$

Dafür wird eine Welle durch einen N_2-Impulslaser mit einer Pulsdauer von 0,5 ns und einer Energie von 0,4 mJ ausgelöst (s. **Abb. 6.2.14**). Die verschiedenen Frequenzkomponenten im oberflächlich aufgebrachten Impulsspektrum besitzen eine unterschiedliche Eindringtiefe in den Werkstoff. Sie nimmt mit steigender Frequenz ab, so daß Wellen höherer Frequenz stärkere Veränderungen durch den Werkstoff erfahren /Schn96/.

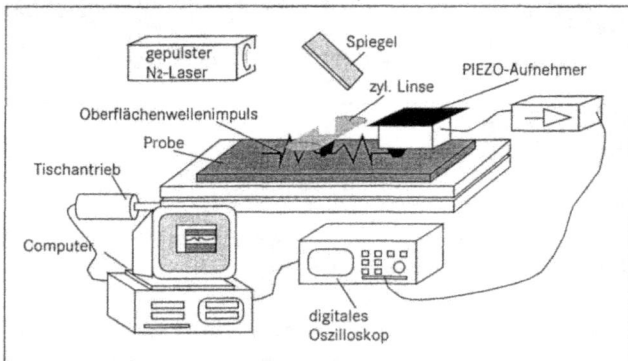

Abb. 6.2.14: Prinzip der E-Modulmessung mittels akustischen Oberflächenwellen

Da die Energie der Welle unmittelbar in Oberflächennähe konzentriert ist, reagiert die Ausbreitungsgeschwindigkeit stark auf Beschichtungen mit anderen technologischen Eigenschaften. Die sich über die beschichtete Oberfläche des Prüflings ausbreitende Welle dispergiert zunehmend mit dem Laufweg. Über dem Schallweg, also der zunehmenden Entfernung vom Anregungsort, bildet sich demnach eine werkstoffspezifische akustische Gesamtimpulsänderung aus, die mittels eines breitbandigen Detektors empfangen werden kann. Die in zwei Abständen von der Impulseinleitung gemessene Laufzeit ergibt sich aus

$$C(f) = \frac{(x_2 - x_1) \cdot f \cdot 2\pi}{[\Phi_2(f) - \Phi_1(f)]} \qquad (G6.2.2)$$

mit x_i als zwei unterschiedlichen Laufweglängen der Welle. $\Phi_i(f)$ sind die durch eine Fouriertransformation der bei x_i gemessenen Phasenwerte der Oberflächenwelle in Abhängigkeit von der Anregungsfrequenz f. Die Frequenz f wird nun seitens der Anregung durch den Laser variiert und liefert somit ein breites spektrales und probentypisches Bild der Phasenwerte. Sind die Eigenschaften des Substratmaterials bekannt, lassen sich je nach C(f)-Verhalten des Schichtmaterials durch diese Phasenbandbreite maximal der in Gleichung G6.2.1 enthaltene E-Modul, die Dichte ρ und die Querkontraktionszahl ν bestimmen.

Tab. 6.2.11: Für die E-Modulbestimmung verwendete Dichtewerte

	ρ_{sub}	ρ_{dia}
A	14,8 g/cm^3	3,5 g/cm^3
B	15,1 g/cm^3	3,5 g/cm^3
C	14,8 g/cm^3	3,5 g/cm^3

Im Fall der diamantbeschichteten Hartmetalle konnte ein Empfangsspektrum von 0-60 MHz ausgewertet werden. Höhere Frequenzen wurden vom polykristallinen Material weitgehend absorbiert. Das Charakteristikum von Diamantschichten ist, daß sich in einem solch schmalen Frequenzband die Werte für v und ρ nicht ermitteln lassen und daher auf Literaturwerte zurückgegriffen werden mußte. Für die durchgeführten Berechnungen wurden die in **Tab. 6.2.11** angegebenen Werte zugrunde gelegt. Die Schichtdicke wurde mit Hilfe eines Tastschnittgerätes bestimmt, der Wert für v_{dia} = 0,09 der Berechnung von /Kle93/ entliehen. Trotz der Schichttransparenz für Laserstrahlung, der nicht unerheblichen Schichtrauheit und der geringen Probenabmessungen (Meßweg 3,5 mm) wurden eindeutige Ergebnisse mit einer Unsicherheit von 10% bestimmt. Sie schwanken zwischen 460 und 1145 MPa /Jör97/.

Da die gute Konstanz der Schichtgüte im vorliegenden Fall die deutliche Variation der bestimmten E-Modulwerte nicht rechtfertigen kann, muß es nennenswerte Unterschiede in der Schichtanbindung zum Substrat geben, die die Schallausbreitung in das Substrat hinein stark verändern. **Abb. 6.2.15**

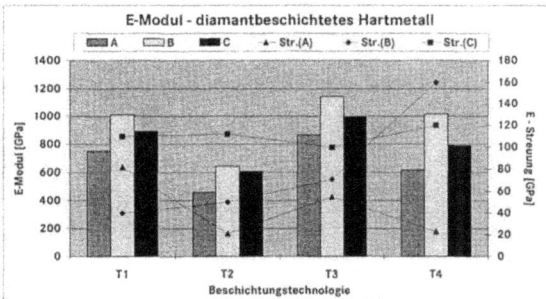

Abb. 6.2.15: Bestimmte E-Modulwerte für die verschiedenen Diamantbeschichtungstechnologien und Hartmetalle (Str = Ergebnisstreuung)

verdeutlicht sowohl den Einfluß des Substratmaterials als auch der Beschichtungstechnologie (Vorpräparation und Beschichtung). Unabhängig von der Schichtdicke liefert danach das Substrat B den höchsten und Substrat A den geringsten E-Modul, gleichermaßen Technologie T3 den höchsten und Technologie T2 den geringsten Wert.

Ungeklärt bleibt vorerst, warum das anhand der mikroskopischen Betrachtungen der Morphologie als ungünstigstes eingestufte Substrat C bessere E-Werte liefert als das Substrat A. Schließlich enthält C nach der Ätzpräparation gröbere Poren in der Interzone als A. Hier stellt sich die Frage nach einem Korngrößeneinfluß auf den Gesamt-E-Modul. Prinzipiell muß man bei einer feineren Körnung von schlankeren Verhalsungen zwischen den Karbidkörnern ausgehen, welche nach einer Anätzung einen schlechten Kornverbund verursachen können, der eine ungestörte Schallübertragung nicht mehr zuläßt. A könnte gegenüber C daher den vergleichsweise kleineren E-Modul aufweisen.

6.2.5   Fazit der Untersuchung der Probeneigenschaften

Hartmetall

- Die Biegebruchfestigkeit von Hartmetallen wird durch übergroße Körner geschwächt. Substrat C enthält bei einer durchschnittlichen Korngröße von 1,2 - 2 µm auch Karbide bis zu 12 µm Größe.

Die Biegebruchfestigkeit von Hartmetallen wird durch die Qualität der Binderverteilung beeinflußt. Die Sintermodifikationen des Entwicklungsschrittes ES IIa zielen darauf ab.

Interzone

- Die Wasserstoffplasma-Umgebung zu Beschichtungsbeginn härtet die HM-Oberfläche auf.

- Das Ätzen der Oberfläche reduziert deren Festigkeit stark und kann bis zur Auflösung von Kornverbunden führen.

- Das Ätzen beeinflußt speziell den Ra-Wert einer HM-Oberfläche und damit deren Traganteil.

- Die anisotrope Ätzung von Karbidkörnern zerklüftet deren Oberfläche und schafft so eine größere, bekeimbare Grenzfläche und eine bessere Verzahnung mit der Diamantschicht.

- Das Strahlen beseitigt die schwachen topographischen Spitzen der Substratoberfläche (Rz).

- Unklar ist, ob mit dem Strahlen auch Kantenschäden hervorgerufen werden.

- Die thermochemische Modifikation von HM-Oberflächen (Substrat E) erzeugt eine lockere Verteilung von großen, prismatischen Karbidplatten.

Diamantbeschichtung

- Ausgeprägte Vorzugsorientierungen der Diamantkörner wurden nicht festgestellt.

- Eine geringe Keimdichte der Diamantschicht bewirkt grobkörnige, weitgehend einlagige Schichten und überwiegend interkristalline Rißverläufe. Feinkörnige Schichten neigen zu intrakristallinen Rißverläufen. Dies wird bei der Herstellung dickerer Schichten durch die Leistungssteigerung der Beschichtungsanlage bzw. einen höheren Nichtdiamantanteil erreicht.

- Temperaturen von bis zu 500°C können die Diamantgüte und den Eigenspannungszustand des Schicht/Substrat-Verbundes nicht verändern.

- Abgesehen von einem Übergangsbereich mit einer Dicke von weniger als 1 µm weisen die im HCDCA-Verfahren beschichteten Proben eine konstante Schichtgüte über der Dicke auf. Auch die Flächenhomogenität ist gut (außer bei Proben der Beschichtungstechnologie T2).

- Die den diamantbeschichteten Hartmetallen beaufschlagten Schwingungen mit Pulsfrequenzen größer 60 MHz werden weitgehend absorbiert.

6.2.6 Die Eigenschaften der Nichtdiamant-Vergleichsschichten

Ergänzend zu den Diamantschichten wurden fünf Nichtdiamantschichten mit einer gezielten Variation der Schichteigenschaften in dieser Arbeit zur Auslotung der Wirkungsweise der einzelnen Prüfverfahren für die Haftfestigkeit untersucht. Dazu wurden die Verschleißerscheinungen anhand des Oberflächenzustandes phänomenologisch betrachtet. Alle Nichtdiamantschichten wurden in marktüblicher Weise von den jeweiligen Herstellern auf der Substratvariante C abgeschieden. Die Schichtdicke und die -rauheit sind **Tabelle 6.2.12** zu entnehmen. Die Morphologie dieser beschichteten Proben läßt

Tab. 6.2.12: Schichtdicke und -rauheit der Nichtdiamant-Vergleichsschichten (Wegen der teigigen Eigenschaft der MoS₂-Schicht konnte hier keine Rauheit bestimmt werden)

Schichtmaterial		α-C:H	CrC/C	WC/C	(Ti,Al)N	TiN+MoS$_2$
Schichtdicke		2,6 µm	3,0 µm	3 - 3,5 µm	5 µm	1,8 µm + 1,5 µm
Schichtrauheit	Rz	2,65	2,36	1,97	2,29	—
	Ra	0,34	0,25	0,25	0,27	—

Tab. 6.2.13: Charakteristische Eigenschaften der Nichtdiamant-Vergleichsschichten

Schicht	morphologische Charakteristika
α-C:H :	durchgehend amorph
CrC/C :	amorph mit leichter Aufwachsstruktur (Teilkristallinität)
WC/C :	zweilagige, geringfügig teilkristalline Aufwachsstruktur
(Ti,Al)N:	Viellagenschicht aus 20 AlN- bzw. TiN-Lagen, große Droplets
TiN+MoS2:	kristallin+teigartig

sich anhand der Bruchflächeaufnahmen in den **Abb. A6.2.20-A6.2.24** im **Anhang 6** ablesen (Die Schichtdicke ist in diesen Bildern nicht mehr repräsentativ für den Neuzustand, da es sich - ausgenommen der (Ti,Al)N-beschichteten Probe - um Proben aus dem Kavitationserosiontest handelt). Die Substrate der Schichten CrC/C und (Ti,Al)N scheinen strahlgeglättet zu sein, und die WC/C-Beschichtung wurde offensichtlich im Anschluß an eine deutlich erkennbare Ätzbehandlung durchgeführt (Poren in der Interzone). Hinsichtlich der Schichtstruktur fallen zusammenfassend die in **Tab. 6.2.13** dargestellten Charakteristika auf.

7 Die Ergebnisse der Haftfestigkeitsprüfungen

7.1 Die Versuche und die Simulation des Rockwellverfahrens

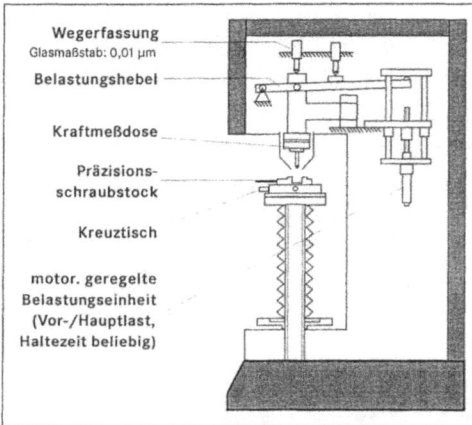

Wegerfassung
Glasmaßstab: 0,01 µm
Belastungshebel
Kraftmeßdose
Präzisions-
schraubstock
Kreuztisch
motor. geregelte
Belastungseinheit
(Vor-/Hauptlast,
Haltezeit beliebig)

Abb. 7.1.1: Prinzip des verwendeten Rockwell-Härteprüfers

Die Haftfestigkeitsuntersuchungen mittels der Rockwell-Verfahren C und D wurden mit der Härteprüfmaschine Testor 910 (Firma Instron Wolpert GmbH) durchgeführt, bei der die Auswertung aller Härteprüfverfahren nach dem Eindringtiefen-Meßverfahren erfolgt. Um gleiche Versuchsbedingungen an allen Proben zu gewährleisten, fiel die Wahl des Versuchsgerätes auf ein kraftgeregeltes Tiefenmeßgerät mit einer digitalen Steuereinheit. Die erzeugten Eindrücke wurden anschließend unter dem Lichtmikroskop (Mikrophot-SA, Fa. Nikon) untersucht. An diesem Mikroskop war eine Hitachi CCD-Color Kamera (Modell DK- 77005) angeschlossen, so daß die Vermessung der Eindrücke und der Abplatzungen auf dem Bildschirm mittels einer Bildverarbeitungssoftware (Lucia M) vornehmbar war. Bei den durchgeführten Haftfestigkeitsuntersuchungen nach HRC wurde die Fläche der Schichtabplatzung ermittelt, bei denen nach HRD die Ausdehnung der Schichtablösung

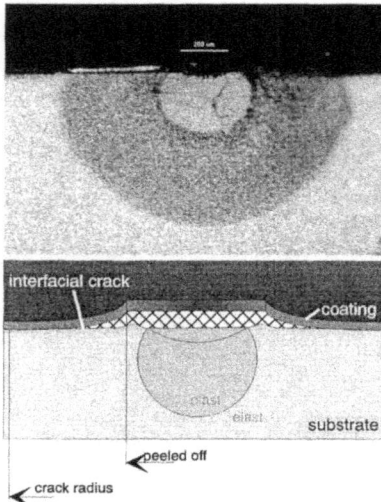

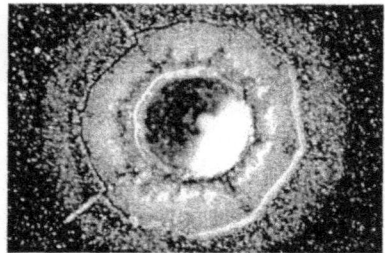

interfacial crack
coating
GLASi
cast
substrate
peeled off
crack radius

Abb. 7.1.2: Schichtabplatzung und Schichtablösung eines diamantbeschichteten Hartmetalls: l.o. Bruchquerschnitt, l.u. Bruchquerschnitt schematisch, r.o. Draufsicht

vom Substrat /Lah97/(**Abb. 7.1.2**). Um die Verfälschung der Ergebnisse im HRC-Test durch lose Schichtpartikel zu kontrollieren bzw. zu vermeiden, wurden nach der ersten Auswertung die Proben 10 min in Wasser ultraschallgereinigt und anschließend erneut vermessen.

7.1.1 Simulation des Rockwellverfahrens

Für die theoretische Beschreibung der Rockwellverfahren wurde eine numerische Simulation des Prüfzyklus mit der FE-Methode (Software: ABAQUS) durchgeführt und mit versuchsbegleitenden Beobachtungen verbunden. Die notwendigen Randbedingungen der Simulation wurden wie folgt gewählt:

- Das Problem ist analog zum Prüfkörper axialsymmetrisch, daher erfolgt die Berechnung einseitig (Halbebene)

- das Elementenetz (CAX8-Elemente, quadratischer Lösungsansatz) wird entsprechend des Verformungsgrades im Versuch zur Prüfstelle hin feiner (siehe **Abb. A7.1.1** im **Anhang 7**)

- die Knoten auf der Symmetrieachse sind radial fixiert (zwingende Notwendigkeit für ein axialsymmetrisches Problem), der oberste davon ist zusätzlich gegen Verdrehen in vertikaler Richtung zur Bildebene gesichert (Kontaktbereich zum Prüfkörper, Einhaltung der Axialsymmetrie)

- die Knoten an der Netzunterseite sind axial fixiert(Spannungsfreiheit in ausreichend großem Abstand zur Probenoberfläche)

- Der Prüfkörper (Spitzenradius 200 µm) ist formstabil

- im Kontaktbereich zwischen Prüfkörper (Pk) und Probe herrscht Coulomb'sche Reibung zum Ausgleich von Dehnungseffekten der Probenoberfläche

- Diamantschicht und Hartmetall sind stets fest miteinander verbunden (Eine zuverlässige Rißsimulation war mit der angewandten Methode nicht möglich)

- die vergleichsweise dünne Diamantschicht wird elastisch, das Substrat elasto-plastisch berechnet.

Die werkstofflichen Vorgabewerte sind **Tabelle 7.1.1** zu entnehmen. Der Wert für die Fließspannung des Hartmetalls wurde so optimiert, daß bei gleicher Prüflast die gerechneten mit den gemessenen Eindringtiefen weitgehend übereinstimmen.

Eine Rißbildung am Interface war für diese Simulation zunächst nicht von Bedeutung, konnte aber mit der gewählten FE-Methode auch nicht zuverlässig dargestellt werden. Daher ergab sich für die Bewertung der Rockwellversuche in Kap. 7.1.2 und folgende keine Möglichkeit eines quantitativen Vergleichs der lateralen Rißflächen in Abhängigkeit von der Prüflast. Die versuchsweise Simulation vertikaler Risse (Schichtdurchriß) durch eine ‚starke Aufweichung' einzelner Schichtelemente führte hingegen zu keiner nennenswerten Änderung der Spannungsverhältnisse in der Probe. Die Schadensentwicklung an der diamantbeschichteten Probe unter dem eindringenden Prüfkörper stellt sich - über den gesamten Prüfzyklus betrachtet - folgendermaßen dar:

Tab. 7.1.1: Werkstoffliche Vorgabewerte für die Berechnung

Kenngröße	Schicht	Substrat
E-Modul [N/mm²]	1110000	650000
Poisson-Zahl	0,07	0,22
Fließgrenze [N/mm²]	-	8500
plastischer Tangentenmodul [N/mm²]	-	118570
Diamantschichtdicke [µm]	10	-
max. Belastung [N]	1500	1500

Bei Laststeigerung, ausgehend von sehr kleinen Lasten, nimmt die meßbare Schadensfläche zunächst überproportional zu. Dies hängt einerseits mit der Überschreitung der Fließgrenze des Hartmetalls und der damit verbundenen Materialverdrängung (Aufwurf) an den Rand des Eindrucks zusammen, andererseits auch mit der Kugelform der Prüfkörperspitze.

Bei einer Schichtdicke von 10 µm tritt plastisches Fließen im Substrat in der Simulation bereits nach einer Prüflast von <100 N auf (unbeschichtetes Hartmetall: ca. 10 N). Diese Grenzlast steigt mit der Schichtdicke, da die Eindringtiefe und der Kontaktradius zwischen Prüfkörper und Probe sinken und die Spannungsspitzen in Schicht und Substrat abnehmen. Die plastische Verformung geht dabei stets von der Eindruckmitte aus. Mit dem Eindringen nimmt die Radialspannung in der Diamantschicht sowohl unter dem Prüfkörper als auch außerhalb des Eindrucks zu. Deren Werte sinken mit der Schichtdicke (siehe **Abb. A7.1.2 im Anhang 7**). Diese Radialspannung ist für die zum Prüfkörper konzentrischen Risse der Schicht verantwortlich. Die abgebrochenen Schichtringe werden vom Prüfkörper mitgenommen und in den Krater mit eingedrückt. Über dem Aufwurf des verdrängten Substratmaterials bricht die Schicht dann das erste Mal konvex auf. Wächst die Prüflast auf 150 kg an, so bilden sich die in **Abb. 7.1.3** wiedergegebenen Spannungsverteilungen für die Diamantschicht und das Substrat aus. Während die Normalspannung σ_z und die Schubspannung τ_{rz} über dem Radius außerhalb des Eindrucks rasch abklingen, tendiert die Radialspannung σ_r erst nach größeren Abständen gegen Null. Diese Radialspannungen bewirken das Herauslösen von Material aus dem unversehrten Umfeld, sie begünstigen das Plastizieren des Substrats. Mit dem Vertiefen des Kraters unter der kugelförmigen Prüfkörperspitze bilden sich zunehmend steilere Kraterwände aus. Im Bereich der steilen Kraterwände verklammert sich die harte Diamantschicht im Diamantprüfkörper und wird bei Entlastung mit diesem aus der Probe gezogen. Je nach Qualität der Schichthaftung hat sich die Schicht im Kraterumfeld bereits abgelöst und platzt mit ab bzw. reißt sich noch vollends los und schnellt nachträglich von der Probenoberfläche weg. Diese Ablösung dehnt sich wenigstens soweit aus, wie die Bildung konzentrischer Schichtrisse fortgeschritten ist. Somit hat auch die kohäsive Festigkeit einen Einfluß auf das Ausmaß der Schichtabplatzungen. Bei spröderen Substraten bestimmt u.U. das Aufreißen des Substrates den größten konzentrischen Riß (s.a. Kap. 9.1). In der Vertikale plastiziert das Substrat unter der Last des Prüfkörpers leicht ellipsoid. Das Maximum der plastischen Zone im Bereich der Interzone liegt in der Simulation radial bei etwa 2/3 des Kontaktradius. Bei der Entlastung bildet das Hartmetall starke, sichelförmig in die Tiefe reichende Radialrisse aus. Dies läßt sich anhand der Simulation nach-

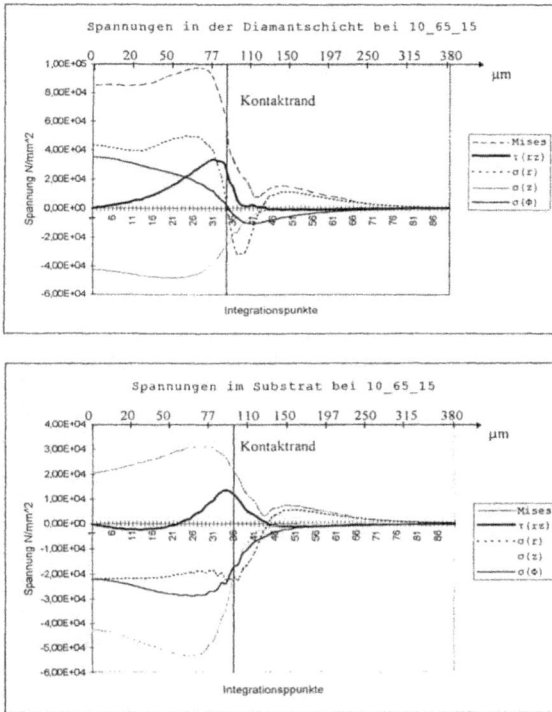

Spannungen in der Diamantschicht bei 10_65_15

Kontaktrand

Integrationspunkte

Spannungen im Substrat bei 10_65_15

Kontaktrand

Integrationsppunkte

Abb. 7.1.3: Spannungsverteilung in Schicht (o) und Substrat (u) über dem Abstand von der senkrechten Symmetrieachse (Prüfkörperachse)

vollziehen. Danach treten nach der Entlastung außerhalb des maximalen Kontaktradius Tangentialspannungen σ_ϕ auf, die größer sind als im Belastungsfall und die das Substrat in Umfangsrichtung unter Zug setzen. Die ebenfalls im Zugbereich befindliche Radialspannung σ_r dürfte sich gleichermaßen in die Tiefe erstrecken und bei spröden Substraten für die Bildung von sogenannten Schüsselbrüchen verantwortlich sein (**Abb. 7.1.4**).

Abb. A7.1.3a im Anhang 7 zeigt einen derartigen Schüsselbruch, wo einseitig noch die schon angelösten Segmente vorhanden sind. Gleichzeitig erkennt man bereits im Umfeld (am unteren Bildrand) eine weitere Schichtablösung anhand des Farbkontrastes. Der dunkle Bereich in der Eindruckmitte ist ein Rest der Diamantschicht. Beispielhaft für die ungeätzten beschichteten Substrate der Technologie T2 ist das feine Netz von weißen Co-haltigen Strukturen, das die Diamantschicht unterfütterte bzw. die Diamantkeime umlagerte.

Abb. A7.1.3b zeigt den Rand des Abplatzungsbereichs derselben Probe. Hier ist an dem dünnen Restfilm der Diamantschicht der Scherbruch erkennbar. Dieser geht von der Plastizitätsgrenze unter der Eindruckmitte aus und schließt sich mit den Radialrissen zu einem Segment zusammen. Auch wenn diese Segmente nicht wegplatzen, verursacht der Schüsselrand wahrscheinlich den größten konzentrischen Schichtriß. Bei schlechter Schichthaftung können sich je nach zeitlichem Verlauf der Schadenszunahme im Prüfzyklus (Schichtablösung vor dem Schüsselbruch) darüber hinaus noch Schichtablösungen in größerem Abstand zum Eindruck bilden. Dies wurde jedoch selten beobachtet.

Bezieht man die Tatsache mit ein, daß die feinstkörnigen Hartmetalle A und B stärker zum Schüsselbruch neigen, so stellt sich die Frage nach dem prinzipiellen Unterschied in der Materialverdrängung durch den Prüfkörper gegenüber der Sorte C. Offensichtlich vermag bei Substrat C das verdrängte

Material besser zu fließen und einen Aufwurf um den Prüfkörper herum zu bilden, während sich bei A

und B wegen des schlechteren Fließverhaltens größere Spannungen im Substrat aufbauen.

Kommt es dadurch nicht unmittelbar zum Schüsselbruch, so muß jedoch mit einer weiter in die Peripherie reichenden Anhebung der Probenoberfläche kommen. Dies kann zu ausgedehnteren Rißflächen führen

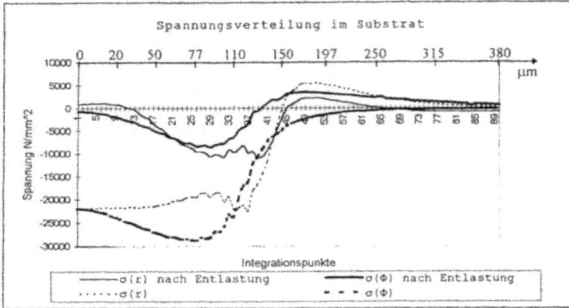

Abb. 7.1.4: Tangential- und Radialspannungsverlauf als Ursache für Radialrisse

und erklärt somit auch die in Kap. 7.1.4 beschriebene starke Schadenszunahme von Substrat A bei der Normierung auf eine Einheitseindringtiefe.

7.1.2 Voruntersuchungen

Bevor die eigentlichen und systematischen Versuche durchgeführt wurden, fand eine Studie von Variationen der Prüflast und der Zeitdauer der einzelnen Prüfzyklusschritte statt. Dies diente der Gewährleistung stabiler Prüfbedingungen zum einen und der Minimierung der verschleißrelevanten Prüfdiamantenbeanspruchung zum anderen. Für diesen Vortest wurden Proben des Entwicklungsschrittes ES Ia verwendet. **Tabelle 7.1.2** zeigt die betrachteten Belastungsregime für die Zeitdauerversuche. Einstellbar waren für den Prüfzyklus die Vorlastaufbringzeit, die Hauptlastaufbringzeit (Lastrate) und die Hauptlasthaltezeit. Einzig die Vorlastaufbringzeit wurde konstant bei 5s gehalten, da ihr keine unmittelbare Bedeutung für das Versuchsergebnis zukommt. Da zu erwarten war, daß insbesondere die Technologie T2 die schwächste Schichthaftung besitzt und am sensibelsten auf die Zeitvariationen reagiert, wurden für die Versuche Platten der Sorten T2A, T2B und T2C ausgewählt. Die **Abb. 7.1.5** und zeigt die Änderungen der Eindring-

Tab. 7.1.2: Versuchsparameter zur Zeit- und Lastratevariation (Rockwell)

Regime	R1	R2	R3	R4
Lastrate	14 kg/s	2,8 kg/s	0,7 kg/s	0,2 kg/s
Hauptlast HL	150 kg			
Haltedauer (HL)	10s	50s	200s	655s

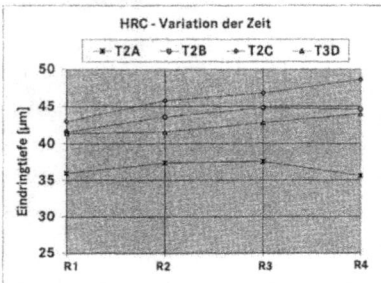

Abb. 7.1.5: Eindringtiefen (L=150kg) in Abhängigkeit von den Belastungszeiten (R = Regime)

tiefen mit der Belastungszeit über der Zeit.

Tab. 7.1.3: Versuchsparameter zur Lastvariation (Rockwell)

Regime	R5	R6	R7	R8
Prüflasten	50 kg	100 kg	150 kg	187,5 kg

Lastrate: 5,6 kg/s, Vorlastaufbringzeit: 5 s, Hauptlasthaltezeit: 10 s
(R = Regime)

Abb. 7.1.6: oben: Mittl. inverse abgeplatzte Flächen in Abhängigkeit von der Prüflast, mitte: Eindringtiefen in Abhängigkeit von der Prüflast, unten: Abhängigkeit der mittl. inversen Abplatzungsfläche von der Eindringtiefe (Prüflast)

Bei den gemessenen Eindringtiefen ist (Ausgenommen T2A unter R4: Ausreißer) ein leichter Anstieg mit zunehmender Haltezeit der Vor- und Hauptlast zu erkennen (2 μm = 1 HRC). Die Ursache hierfür ist das Fließen des Materials unter der Last des Eindringstempels. Über der Zeit nimmt die Eindringtiefe also zu und hiermit verbunden die Härte ab. Ein eindeutiger Zusammenhang zwischen der Einwirkdauer der Prüflasten und den registrierten Abplatzungen konnte aus den Ergebnissen der Versuche nicht abgeleitet werden. Daher ist die Dauer der verschiedenen Zeitintervalle des Prüfzyklus von sekundärer Bedeutung. Bei der Messung der Fläche der Abplatzungen ergaben sich starke Streuungen, die jedoch hauptsächlich bei den Platten auftraten, die auf den feinkörnigeren Substraten A und B basieren, und auf Schüsselbrucherscheinungen des Substrats zurückzuführen sind.

Weiterhin wurde die Auswirkung unterschiedlicher Prüfhauptlasten auf die Ablösung der Beschichtung untersucht. Als Schneidplatten kamen wegen der vergleichsweise geringen Härte je 2 Platten der Varianten T1C und T4C zum Einsatz. Die Versuchsparameter sahen wie folgt aus:

Die **Abb. 7.1.6** zeigt die sich ergebenden Eindringtiefen bzw. die Abplatzungsflächen und stellt sie einander gegenüber. Mit der Steigerung der Last war eine im Mittel lineare Steigerung der Eindringtiefe verbunden. Ebenso nahm mit der Lasterhöhung die Größe der abgeplatzten Fläche zu. Daher ist eine

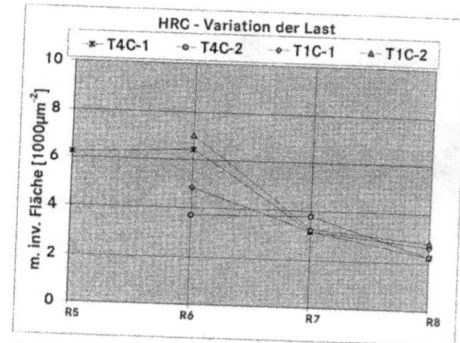

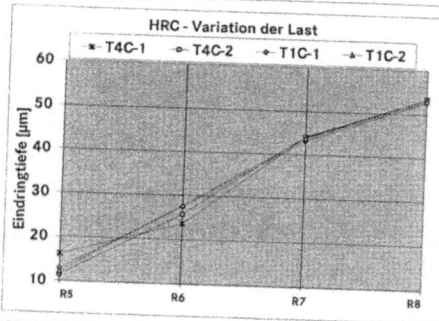

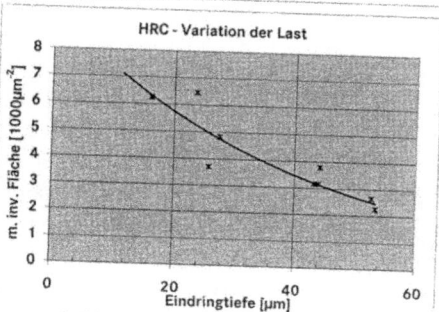

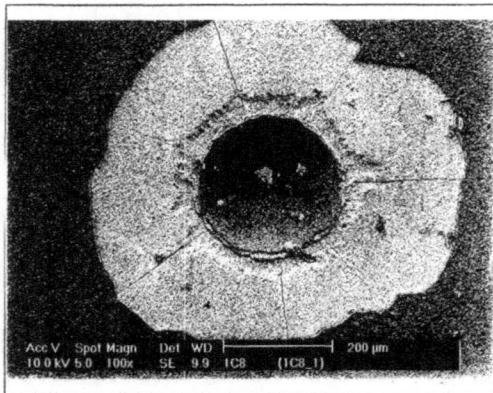

Acc V   Spot Magn   Det WD   200 µm
10.0 kV 5.0   100x   SE   9.9   IC8   (IC8_1)

Abb. 7.1.7: typische Abplatzungsfläche einer Probe T1C (ES Ia) (Prüflast 150kg)

Prüfung bei jeder der Lasten im betrachteten Schichtdickenbereich von gleicher Aussagekraft. Es hat sich jedoch in weiteren Versuchen herausgestellt, das bei kleineren Prüflasten als 150 kg gut haftende Diamantschichten keine meßbaren Abplatzungsfelder aufweisen, so daß sich die weiteren Versuche auf diese Prüflast beschränken. Auffallend ist die geringe, nahezu technologieunabhängige Bandbreite der Werte der Eindringtiefen und der Abplatzungsflächen bei dieser Versuchsreihe, bei der nur Schneidplatten basierend auf dem Substrat C untersucht wurden. Dies liegt offensichtlich an der vergleichsweise geringen Neigung dieses Substrats zu Schüsselbrüchen. **Abb. 7.1.7** zeigt ein typisches Schadensbild an einem diamantbeschichteten Substrat der Sorte C mit einer großflächigen Abplatzung.

7.1.3 Hauptversuche nach HRC

Für die Beurteilung der Haftfestigkeiten der Schichten beim HRC-Test war die Abplatzungsfläche nach der Ultraschallbehandlung von Interesse, da nach dieser Behandlung ein objektives Vermessen der Flächen möglich war. Dennoch mußten einzelne Bereiche von verbliebenen, sichtbar fast abgebrochenen, lockeren Schichtteilen mit einbezogen werden. Da sich theoretisch die abgeplatzte Schichtfläche zur Haftfestigkeit bzw. zum Werkzeugstandvermögen gegenläufig verhalten muß, werden die Flächenwerte nachfolgend invertiert dargestellt. Daraus ergibt sich eine bessere Anschaulichkeit zu den Standwerten aus den Zerspanungsversuchen.

Die mittleren Werte der gemessenen Abplatzungsflächen (invertiert) sind **Abb. 7.1.8** zu entnehmen. Substrat C wies von den Substraten die größten Abplatzungsflächen in Kombination mit allen Verfahren auf. Sieht man von der Variante T3A ab, so dominiert das Substrat B in der Haftfestigkeit. Die sehr hohen Werte der inversen Fläche der Varianten T2A und T2C resultieren daraus, daß schon bei der Flächenvermessung die abgeplatzte Fläche im Verhältnis zur abgelösten Fläche (Riß) zu klein war. Dies ist eine Eigenschaft, die speziell bei der Beschichtungstechnologie T2 auftritt und auf die schlechte Haftung der Schicht auf dem ungeätzten Substrat zurückzuführen ist. Für die Aussage-

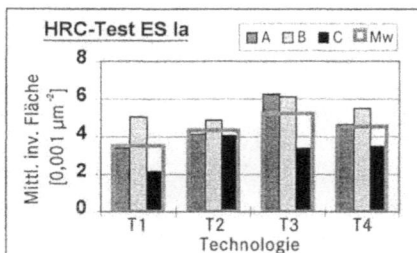

Abb. 7.1.8: Mittlere Werte der gemessenen Abplatzungsflächen (invertiert, Prüflast 150 kg)

kraft der Abplatzungsflächen hinsichtlich der Schichthaftung sollte sie stets in einem ähnlichen Verhältnis zur Rißfläche unter der Schicht stehen. Im Mittel weisen die Technologien T3 und T4 bessere Schadenswerte auf als die Technologien T1 und T2. Dies trifft nicht nur für die Ergebnisse der einzelnen Substrate zu, sondern auch auf die Technologie-Mittelwerte (Mw). Daher muß die Frage geklärt werden, ob dieses Verhältnis durch die Schichtdicke (Techn. T3 und T4 besaßen dickere Schichten als T1 und T2), die Substrathärte bzw. die Eindringtiefe (C>B>A) oder durch die Schichthaftung selbst bestimmt wird.

Abb. 7.1.9 macht in der Gegenüberstellung der Eindringtiefe (Et) und der invertierten mittleren Schadensfläche deren prinzipielle Abhängigkeit deutlich. Darin sind Isolinien dargestellt, die sich in ihrer Steigung den einzelnen Hartmetallsorten individuell anpassen. Deutlich erkennbar ist daran die bei gleicher Prüflast erreichte Eindringtiefe, die die unterschiedliche Härte der Substratsorten wiedergibt. Demzufolge gewinnen die Ergebnisse hinsichtlich eines exakten Vergleichs der Interzonenstabilität an Aussagekraft, wenn sie um den Einfluß der Eindringtiefe auf die Abplatzungsfläche oder umgekehrt bereinigt werden (Dies muß für die Bewertung des Standvermögens der Schneidplatten in der Zerspanung nicht von Relevanz sein, da dort die Grundfestigkeit des Werkzeugs ebenso wichtig ist wie die Schichthaftung).

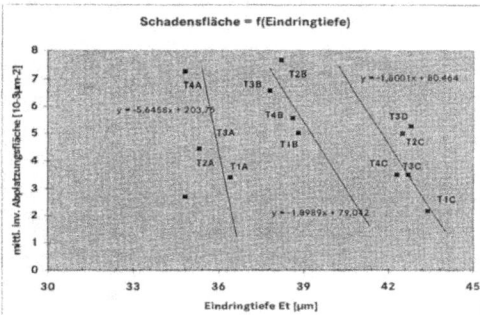

Abb. 7.1.9: Gegenüberstellung von Eindringtiefe Et und invertierter mittlerer Schadensfläche (HRC-Test)

Für einen genaueren Haftfestigkeitsvergleich wurde jedes Hartmetall mit seiner spezifischen Korrekturfunktion (Trendfunktion) normiert. Dazu werden alle Datenpunkte parallel zur Trendlinie auf das für alle Datenpunkte mittlere Niveau einer einheitlichen, inversen mittleren Schadensfläche von $5*10^{-3}\mu m^{-2}$ verschoben. Dies kommt verschiedenen, auf die Norm-Schadensfläche angepaßten Prüflasten gleich. Die Korrekturfunktion ist dem Diagramm zu entnehmen. Daraus ergeben sich die aus **Abb. 7.1.10** ersichtlichen neuen Eindringtiefen Et, die zur Erreichung dieser normierten Schadensfläche notwendig wären. Darin zeigt sich sich ein eindeutiges Verhalten der verschiedenen Hartmetalle zueinander (Die Bezeichnungen A*, B* und C* resultieren aus der rechnerischen Extrapolati-

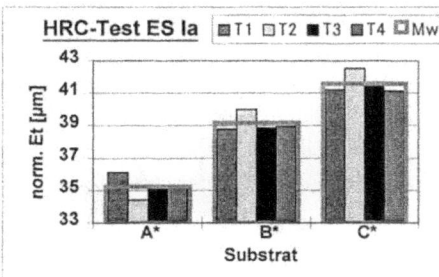

Abb. 7.1.10: Theoretische Eindringtiefen Et zur Erreichung der normierten Schadensfläche von $5*10^{-3}\mu m^{-2}$ (Mw = Mittelwert, HRC-Test)

on der Härteeigenschaften der Hartmetalle A, B und C auf die einheitliche mittlere inverse Schadensfläche). Während Substrat A* schon bei geringen Eindringtiefen von Et ≈ 35 µm den Normschaden
erfährt, geschieht dies bei der Sorte C* erst bei wesentlich größeren Tiefen von Et ≈ 41 µm. Substrat
B* liegt etwa in der Mitte zwischen beiden. Die bei B* und C* besonders hohen Werte der Technologie T2 sind auf das besonders geringe Verhältnis von Abplatzungs- zu Ablösungsfläche zurückzuführen. Aus dieser Ergebnisnormierung läßt sich erkennen, daß der HRC-Test nur bezogen auf eine einheitliche Hartmetallsorte durchführen läßt; ein Quervergleich zu anderen diamantbeschichteten Substraten ist fehlerbehaftet. Die Eindeutigkeit der gewonnenen normierten Ergebnisse macht jedoch
klar, daß der Einfluß der Schichtdicke unabhängig vom Substrat bei einer Prüflast von 150 kg von
untergeordneter Bedeutung ist. Dies liegt an der erheblich größeren Eindringtiefe gegenüber der
Schichtdicke.

Wegen des nicht akzeptablen Prüfkörperverschleißes in den Versuchen nach Rockwell C mit 150 kg
Prüflast, wurden zur Verschleißminderung Prüfkörper verschiedener Diamantqualitäten miteinander
verglichen. Dabei kamen sowohl polykristalline wie auch einkristalline Industriediamanten zum Ein-
satz. Unter den Einkristallen wurde zwischen beliebig und in Kraftrichtung gezielt (100)-orientierten
Diamanten unterschieden. Dabei zeigte sich die (100)-orientierte Variante als die verschleißfestere.
Das grundsätzliche Problem des Prüfkörperverschleißes läßt sich jedoch nur durch eine wirksame
Reduzierung der Prüflast erreichen. Im HRD-Einsatz (Prüflast 100 kg) konnten mit vorzugsorientierten
Diamanten bis zu 120 Eindrücke erzielt werden, ohne daß Ausbrüche an der Prüfkörperspitze zu ver-
zeichnen waren. Diese Aussage beschränkt sich jedoch auf neu hergestellte Prüfkörper, nachgeschlif-
fene weisen eine deutlich geringere, nicht vorhersagbare Haltbarkeit auf. Da bei einer Prüflast von
100 kg - wie oben erwähnt - die Differenzierbarkeit der Abplatzungsfläche nicht mehr für eine Beurteilung der Schichthaftung geeignet ist, wurde im sogenannten HRD-Test die Rißfläche zwischen der
Diamantschicht und dem Substrat als Meßgröße herangezogen. Bei dieser geringeren Prüflast ist das
Auftreten von Schüsselbrüchen stark vermindert.

7.1.4   Hauptversuche nach HRD

Zur Sichtbarmachung der Ablösungsfläche unter der Schicht beim HRD-Test wurden kriechfähige,
fluoreszierende Pigmentsuspensionen eingesetzt. Die Farbflüssigkeit drang zum einen in bestehende
Hohlräume ein. Zum anderen floß sie auf der Schicht vom leicht aufgewölbten Krater um den Eindruck
herum ab. Dies verstärkte den Farbkontrast im Sehfeld (Dunkelfeld) des Mikroskops und ermöglichte
eine bessere Vermessung der Schadensfläche. Im Gegensatz zum Verfahren nach Rockwell C wird
hier unter der Schadensfläche die Rißausdehnung in der Interzone verstanden, nicht die Abplatzungsfläche der Diamantschicht.

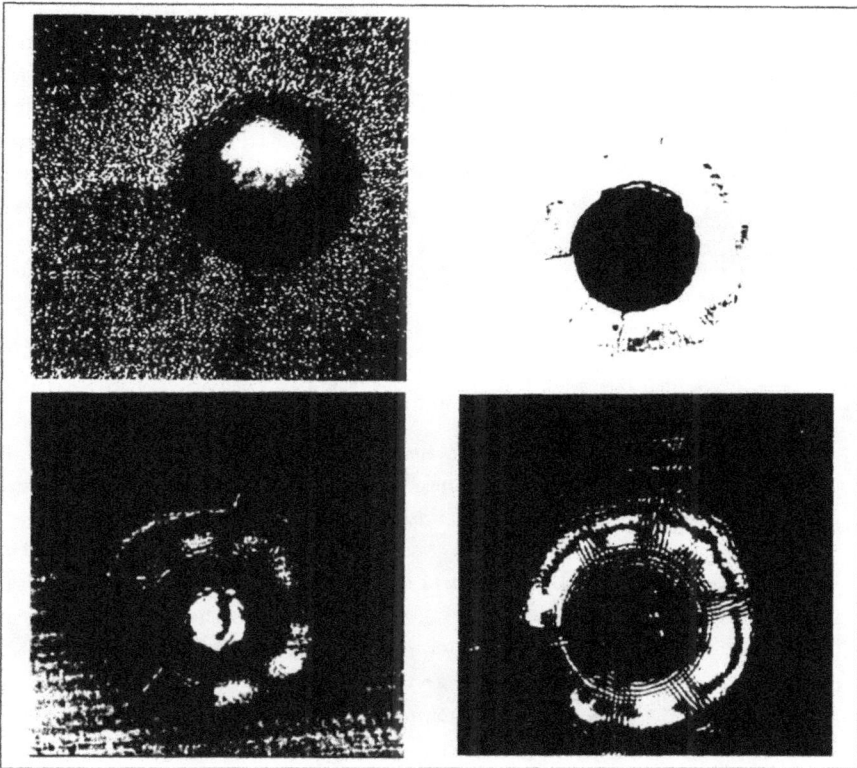

Abb. 7.1.11: o.l.: REM-Oberflächenaufnahme eines HRD-Eindrucks an einer Probe T2A (s = 5,5 µm):, o.r.: SAM-Tiefenaufnahmen Fokus an der Oberfläche, u.l.: Fokus bei 6,5 µm Tiefe, u.r.: Fokus bei 20 µm Tiefe im Hartmetall

Zur Bestätigung der korrekten Einschätzung der Rißfläche wurde der Schaden an einer Probe T2A aus dem Entwicklungsschritt ES Ia mittels der akustischen Rastermikroskopie (SAM) nachgeprüft. Für

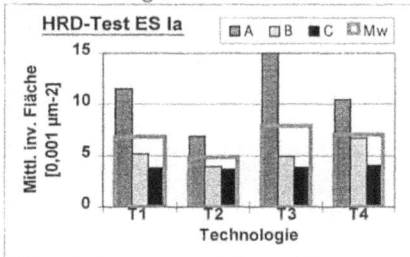

Abb. 7.1.12: Mittlere inverse Rißflächen der verschiedenen Proben (ES Ia) bei einer Prüflast von 100 kg (HRD-Test)

diese Messungen wurde ein Gerät des Typs ELSAM (Fa. Leitz) bei einer Schallfrequenz von 200 Mhz eingesetzt. Die Schallgeschwindigkeit im Kontaktmittel Wasser betrug 1600 m/s. Da die Schallgeschwindigkeit in Diamant bei etwa 6000-7000 m/s liegt, mußte die (auf Wasser bezogene) Fokustiefe, durch den Faktor 5-6 geteilt, abgeschätzt werden, um die reale Fokustiefe zu erhalten. Liegt der Fokus tiefer als eine Schadensfläche, so zeigen sich in der Abbildung des Rasterbildes Interferenzlinien aus Reflexionen aus der Fokustiefe und vom Schaden. Dargestellt werden können Fehler (Risse) parallel und senkrecht zur Bildebene. **Abb. 7.1.11** zeigt die so gewonnenen Bilder bei verschiedenen

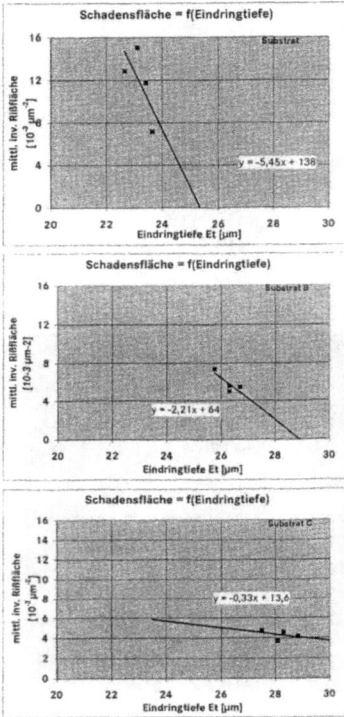

Tiefenfoki. Deutlich erkennbar ist, daß die Rißfläche den Anhebungsbereich der Schicht (lateral) aus der Lichtmikroskopie (hier: Hellfeld) nicht überschreitet. Interessanterweise weist das dunkel gefärbte Segment tatsächlich keine Ablösung der Schicht auf. /Par98/ bestätigt die Aussagekraft der akustisch ermittelten Rißausdehnung für Rockwelleindrücke in TiN- und Diamantbeschichtungen.

Die in **Abb. 7.1.12** dargestellten mittleren inversen Rißflächen aus den HRD-Versuchen weisen eindeutige, starke Einflüsse der Härteunterschiede der verschiedenen Hartmetallsubstrate auf (Et: C>B>A), wobei die Hartmetall-bezogenen Mittelwerte (Mw) entsprechend der Schichtdicke auf zwei verschiedenen Niveaus liegen. Zur Normierung der Schadensflächen sind in **Abb. 7.1.13** deren mittlere inverse Werte über der Eindringtiefe Et aufgetragen. Interessanterweise zeigt die Trendlinie der einzelnen Hartmetallsorten eine flachere Steigung bzw. ein weniger Et-sensibles Verhalten als bei den Abplatzungsflächen aus dem Verfahren nach Rockwell C. Auch hier zeigen die substratspezifischen, relativ breitgestreuten Bereiche der Eindringtiefe, daß die Substrate im beschichteten Zustand ausgeprägte Streuungen in der Härte aufweisen. Dies war bei der Härteprüfung mittels HRA (Prüflast: 60 kg) in Nebenversuchen nicht

Abb. 7.1.13: Abhängigkeit der mittleren inversen Schadensflächenwerte von der Eindringtiefe Et; oben: bei Proben mit dem Substrat A, mitte: dem Substrat B, unten: mit Substrat C (HRD-Test)

der Fall, so daß auch die Prüflast von 100 kg im HRD-Test noch als kritisch hoch angesehen werden muß für die Prüfung von beschichteten Hartmetallen, sofern die Prozeßeinflüsse aus Vorpräparation und Beschichtung (s. Kap. 6.2.2) die Stabilität der Interzone beeinträchtigen.

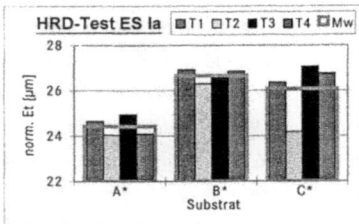

Abb. 7.1.14: Schadensnormierte Eindringtiefen (Prüflast 100 kg, HRD-Test)

Korrigiert man die Meßwerte der mittleren Schadensflächen mit Hilfe der gewonnenen Trendfunktion für alle Proben auf denselben Wert $5 \cdot 10^{-3}$ μm^{-2}, so erhält man das in **Abb. 7.1.14** wiedergegebene, verhältnismäßig schwächer differenzierte Bild. Darin ist der Einfluß der Beschichtungstechnologie relativiert, aber die fiktiven

Hartmetalle A*, B* und C* weisen deutliche Unterschiede aus. Die normierten Et-Werte beschreiben diejenige Eindringtiefe, die notwendig ist, um die Norm-Vorgabe der mittleren inversen Schadensfläche von $5 * 10^{-3}$ μm^{-2} zu erreichen. Danach zeigt Substrat B* die besten Werte, dicht gefolgt von Substrat C*. Substrat A* schneidet am schwächsten ab.

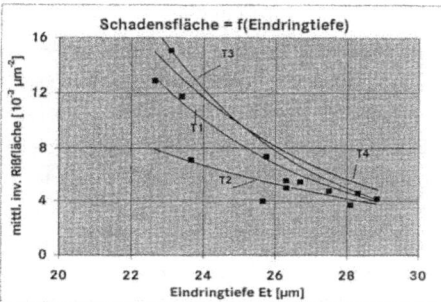

Abb. 7.1.15: Technologie-bezogene Trendlinien (Prüflast 100 kg, HRD-Test)

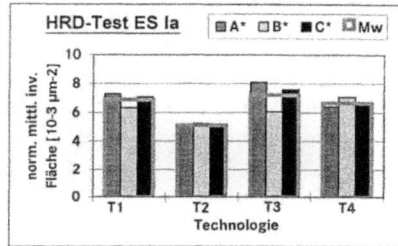

Abb. 7.1.16: Et-normierte Werte der mittleren inversen Schadensfläche (Prüflast 100 kg, HRD-Test)

Fokussiert man die Versuchsergebnisse auf die Einflüsse der Beschichtungstechnologien, so ergeben sich die in **Abb. 7.1.15** dargestellten neuen Trendlinien. Diese geben dabei die zu erwartenden Werte der mittleren inversen Schadensfläche in Abhängigkeit von der Substrathärte für jede Technologie wieder (der Co-Einfluß auf die Schichthaftung bleibt erhalten). Normiert man die Meßpunkte nun dergestalt, daß alle Meßpunkte parallel zur jeweiligen Trendlinie auf die einheitliche Eindringtiefe von Et = 26 µm zurückgeführt werden, so ergeben sich die modifizierten Ergebnisse entsprechend **Abb. 7.1.16**. Hierin sind die HM-Einflüsse (Härte) weitgehend unterdrückt, so daß der Einfluß der Beschichtungstechnologie dominiert. Unabhängig von der Schichtsicke (Angaben in Klammern) läßt sich die Schichthaftung anhand der inversen mittleren Schadensflächen folgenderweise klassifizieren: T3 (8,7) $\geq$ T1 (5,1) $\geq$ T4 (8,1) > T2 (5,1).

Die aus den beiden oben durchgeführten Normierungsverfahren resultierenden Verhältnisse der Hartmetall- bzw. Technologie-Qualitäten zueinander lassen sich auf die realen Verhältnisse nur dann ohne weiteres rücküberträgen, wenn sichergestellt ist, daß die Schadenszunahme unter dem Prüfkörper mit der Eindringtiefe (im betrachteten Tiefenbereich) weitgehend linear ist (Dazu muß von einem ausreichend guten Fließverhalten des plastizierenden Hartmetalls ausgegangen werden).

Dies kann als gegeben angenommen werden, wenn sich einerseits die Materialverdrängung durch die Kugelspitze des Rockwell-Diamantkonus und andererseits der maximale Durchmesser der Rißfläche in der Interzone proportional zur Eindringtiefe verhält. **Abb. 7.1.17 (oben)** zeigt das vom Prüfkörper theoretisch verdrängte Volumen über der Eindringtiefe (ideal-geometrische Berechnung). Man erkennt eine schwach potentielle Zunahme mit der Eindringtiefe, die jedoch für kleine Unterschiede in der Eindringtiefe als linear angenommen werden darf. Bezieht man dieses Volumen auf den mit der Eindringtiefe wachsenden Eindruckdurchmesser, so erhält man das in **Abb. 7.1.17 (mitte)** aufgezeichne-

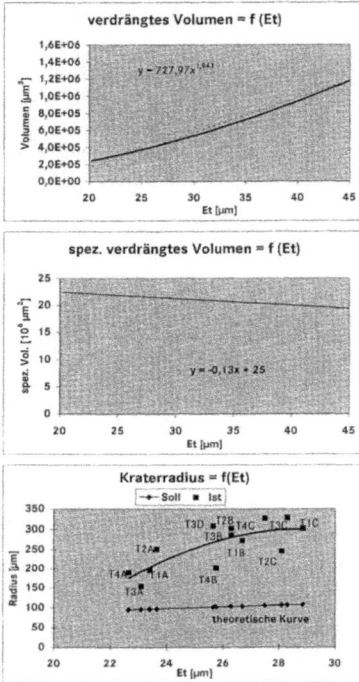

verdrängtes Volumen = f (Et)

$y = 727,97x^{(4,4)}$

spez. verdrängtes Volumen = f (Et)

$y = -0,13x + 25$

Kraterradius = f(Et)

Soll ■ Ist

theoretische Kurve

Abb. 7.1.17: oben: Theoretisches verdrängtes Probenvolumen in Abhängigkeit von Et, mitte: Theoretisches spezifisches Verdrängungsvolumen in Abhängigkeit von Et, unten: Theoretischer Eindruckradius und gemessener max. Rißradius in Abhängigkeit von Et (ES Ia)

te spezifische Volumen mit einer linearen, leicht fallenden Tendenz. Damit bestätigen sich die normierten Ergebnisse.

Hinsichtlich der Rißausweitung mit zunehmender Eindringtiefe ist in **Abb. 7.1.17 (unten)** der Eindruckradius dem gemessenen Schadensradius (Riß) gegenübergestellt. Danach folgen beide einem stetigen aber degressiven Anstieg. Der Trend des maximalen Schadensradius wächst im Vergleich zum Eindruckradius überproportional, d.h. die Schadensergebnisse des Substrates A verschlechtern sich bei der Normierung auf den Et-Wert von 26 µm in wesentlich stärkerem Maß als sich die Werte des Substrats C verbessern. Berücksichtigt man dies in **Abb. 7.1.16**, so steht Substrat A* gegenüber C* besser da, während sich C* gegenüber B* abschwächt. Die qualitative Aussage dieser Abbildung bleibt jedoch bestehen. Demnach wirkt sich bei B* bzw. B (3,6 Ma-% Co) gegenüber A* bzw. A (5,8 Ma-% Co) der geringe Co-Gehalt positiv auf die Schichthaftung aus. A (0,8 µm Korn) wiederum schneidet gegenüber C (1,2-2 µm Korn, 6 Ma-% Co) wegen der geringeren Substratduktilität schlechter ab.

7.1.5 HRD-Schadensbilder an Nichtdiamant-Vergleichsschichten

Um die Veränderung der Schadensausprägung beim HRD-Verfahrens für Schichtmaterialien mit größerer Duktilität oder größerer Sprödheit auszutesten, wurde die Untersuchung um verschiedenartige metallische wie auch amorphe Verschleißschutzschichten erweitert. Betrachtet man die α-C:H-Schicht in **Abb. A7.1.4a**, so finden sich auch hier zahlreiche konzentrische Risse sowohl im Hartmetallsubstrat wie auch in der völlig aufgelösten Schicht. Abplatzungen im Umfeld existieren hingegen nicht. Besser haftend zeigt sich die CrC/C-Beschichtung in **Abb. A7.1.4b**, die sich dem Krater vollends anpaßt und nicht abplatzt. Neben Rissen verursachen auch die Droplets kleine Schadstellen, Abplatzungen finden sich aber nur unmittelbar am Kraterrand. Ein ähnliches Verhalten zeigt die (Ti,Al)N-Schicht in **Abb. A7.1.4c**. Ihr Charakteristikum liegt dabei aber in Abschiefer-Brüchen an den

Stellen des Schichtverlustes am Kraterrand. Im Krater selbst wirkt die Schicht trotz der konzentrischen Schichtrisse anpassungsfähig. Dem Schadensbild der mit TiN+MoS$_2$ beschichteten Probe (**Abb. A7.1.4d**) lassen sich außer den verfahrenstypischen konzentrischen Rissen im Krater auch radiale Schleifspuren entnehmen, die auf eine Schlupfwirkung unter dem Prüfkörper hinweisen. Die ungerichteten feinen Risse außerhalb des Kraters sind vermutlich auf Schäden der TiN-Schicht im Untergrund zurückzuführen. Ebenso wenig lassen sich Schichtablösungen an der WC/C-Schicht erkennen (**Abb. A7.1.4e**). Topographiebedingt lassen sich nicht einmal die konzentrischen Verformungsrisse ausmachen. Lediglich am Kraterrand zeigen sich einige abgebröckelte Schichtkörner.

Duktile Schichten zeigen demnach insbesondere Rißschäden. Je größer der kristalline Anteil in amorphen Schichten ist, desto stärker stellt sich ein Schichtverlust im Umfeld des Prüfeindrucks ein. Weitläufige Schichtabplatzungen bzw. -ablösungen (lateraler Riß) treten vorzugsweise bei spröden aber kristallinen, also kohäsiv vergleichsweise stabilen, Schichten wie Diamant auf.

7.1.6 Fazit der Rockwellversuche

HRC-Test

- Ein Zusammenhang der Prüflastaufbring- und der -Haltezeit auf die Abplatzungsflächen im HRC-Test wurde nicht festgestellt.

- Mit zunehmender Prüflast ist ein weitgehend linearer Anstieg der Eindringtiefe des Prüfkörpers und der Abplatzungsfläche zu verzeichnen. Demnach sind Schadensergebnisse aus dem HRC-Test (Abplatzungsflächen) in Abhängigkeit von der Eindringtiefe zu bewerten.

- Die Proben aus den Beschichtungstechnologien T3 und T4 (ES Ia) weisen im HRC-Test allgemein geringere Schichtschäden auf als bei T1 und T2.

- Vergleiche verschiedener diamantbeschichteter Proben ist nur auf der Basis gleicher Substrate möglich.

- Wegen der großen Verhältnisses der Eindringtiefe zur Schichtdicke besteht kein Einfluß der Schichtdicke auf das Schadensergebnis.

- Wegen der kurzen Prüfköper-Lebensdauer sollte mit einer geringeren Prüflast als 150 kg gearbeitet werden. Hinsichtlich der Verschleißfestigkeit sind (100)-orientierte Prüfkörper zu bevorzugen.

HRD-Test

- Der Anhebungsbereich der Diamantschicht um den Prüfeindruck herum entspricht der lateralen Rißfläche in der Interzone.

- Die gemessenen Rißflächen weisen einen dominanten Einfluß der Eindringtiefe auf.

- Nach einer weitgehenden Relativierung des Einflusses der Beschichtungstechnologien weist das Substrat B wegen des geringen Co-Gehalts von 3,6 Ma-% die besten Haftfestigkeitswerte der Diamantbeschichtung auf, Substrat A (5,8 Ma-% Co, 0,8 μm Korn) die schlechtesten. Das Substrat C schneidet wegen des besseren Fließverhaltens (1,2-2 μm Korn, 6 Ma-% Co) besser als A ab.

• Die Bereinigung der Rißflächen um den Substrateinfluß (ES Ia) ergab Schichthaftfestigkeiten bzgl. der Beschichtungstechnologien (Schichtdicken) zu T3 (8,7) ≥ T1 (5,1) ≥ T4 (8,1) > T2 (5,1).

HRD an Nichtdiamant-Vergleichsschichten

• Hinsichtlich der Anfälligkeit der betrachteten Beschichtungen gegen Schichtverlust unter Indentation, nimmt die Ausdehnung des Schadens mit der kohäsiven Festigkeit und der Materialsteifigkeit zu.

7.2   Die Ritzversuche

Versuchstechnisch wurden die Ritzversuche mit einem Universal Hardcoating Testsystem (Fraunhofer-Institut für Produktionstechnik und Automatisierung in Stuttgart) durchgeführt. Die maximale Normallast beträgt hier 140 N. Die Zustellung des Prüfkörpers in Lastrichtung wird während des Prüfprozesses vom Prüfkopf ausgeführt, die laterale Ritzbewegung vom Probenkreuztisch. Für die systematischen Ritzversuche wurde ein Diamantkegel beliebiger Kristallorientierung mit einer Rockwell C-Geometrie verwendet. Zur Ermittlung der kritischen Last ist das Gerät mit einem Ultraschall-Aufnehmer zur Aufzeichnung der akustischen Emission AE, einem Druckkraftsensor zum Messen der Reibkraft Fr und einem Mikroskop zum optischen Erfassen der Ritzspur ausgestattet.

7.2.1   Varianten- und Parameterauswahl

Für die Durchführung des Ritztests standen mehrere Varianten zur Auswahl. Üblicherweise wird der Ritztest als geräteseitiger Standard-Ritztest (Lastrate 100 N/min   Verfahrgeschwindigkeit 10 mm/min) durchgeführt /DINVENV1071/. Allerdings tritt unter diesen Bedingungen bei der Prüfung von diamantbeschichteten Hartmetallen wegen der ungünstigen Beanspruchungsverhältnisse ein erhöhter Prüfkörperverschleiß auf. Zudem lassen sich wegen der kontinuierlichen Lasterhöhung lokale Haftfestigkeitsunterschiede über der Probenfläche schwer erfassen. Aus diesem Grund wurde in diesen Untersuchungen der Ritztest als Stufenritztest durchgeführt. Zur Auswahl standen dabei alle 12 Probenvarianten des Entwicklungsschrittes ES Ia.

Beim Stufenritztest wird die Last bis zu einem vorgegebenen Wert erhöht und anschließend über eine festgelegte Strecke konstant gehalten. Danach wird bei jedem weiteren Ritz in derselben Spur die zu erreichende Sollast stufenweise gesteigert, bis die Schicht versagt. Dies ist einerseits zur Verringeung des Prüfkörperverschleißes notwendig (die Diamantschicht wird dabei geglättet), andererseits aber auch hinsichtlich der konstanten Kontaktfläche zwischen Schneide und Span in der Anwendung sinnvoll. Die Lastrate, mit der die Last bei jedem Durchgang bis zum vorgegebenen Wert erhöht wird, ist bei allen Belastungsstufen gleich. Mit diesem Verfahren erreicht man, daß der Verschleiß des Prüfkörpers durch die Belastungen, die unterhalb der kritischen Last Lc der Diamantschicht liegen, verringert wird. Des weiteren gehen lokale Haftfestigkeitsunterschiede stärker in das Ergebnis ein, da eine längere Strecke mit der gleichen Prüflast überfahren wird.

Um den ungefähren Bereich der kritischen Lasten der zu untersuchenden Proben zu ermitteln, wurden einige Vorversuche als Standard-Ritztest durchgeführt. Dabei lagen die kritischen Lasten zwischen 50 N und 100 N. Da sich die Flächenpressung zwischen Prüfkörper und Probe durch den starken Prüfkörperverschleiß effektiv verringerte, mußten die Laststufen so gewählt werden, daß dieser Belas-

Tab. 7.2.1: Ritztest-Parameter

Tischgeschwindigkeit:	$v = 5$ mm/min
Lastrate:	$L = 120$ N/min
Ritzweg:	$x = 10$ mm
Belastungsstufen:	$F = 50, 75, 100, 140$ N

tungsverlust kompensiert wurde. Dadurch ergaben sich Sollaststeigerungen von etwa 25 N. Als letzte Laststufe wurde die maximal einstellbare Last von 140 N vorgewählt. In **Tab. 7.2.1** sind alle eingestellten Parameter aufgeführt:

Für die Ermittlung der kritischen Lasten kam nur die mikroskopische Untersuchung der Ritzspur in Frage, da das aufgezeichnete akustische Signal während des Ritzvorgangs zu große Schwankungen zeigte und im Stufenritzversuch mit steigender Bahnanzahl zu stark abfiel. Bei der Aufzeichnung der Reibkraft der verschiedenen Proben zeigten sich deutliche Schwankungen, die durch Riefen und Unebenheiten der Schichtoberfläche verursacht wurden. Aus diesem Grund mußte die Ermittlung der kritischen Last durch die Korrelation von Schadensbild und Normalkraftsignal erfolgen. Dazu wurde bei der mikroskopischen Untersuchung die Probe nach dem Ritzversuch unter ein Lichtmikroskop gefahren. Dort ließ sich gleichzeitig mit dem optischen Abfahren der Ritzspur mit Hilfe eines Cursors der gleiche Weg in der Kraft-Weg-Kurve auf dem Bildschirm verfolgen. In **Abb. A7.2.1** im **Anhang 7** ist das Kraft-Weg-Diagramm eines Ritztests zu sehen. An der Stelle des Schichtversagens schneidet der Cursor die Normalkraft und die kritische Last kann abgelesen werden. Dabei ist bei den kritischen Lasten ein deutlicher, verfahrensbedingter Einfluß zu erkennen. Während die Schichten der Beschichtungstechnologien T1 und T2 bereits während der Lasterhöhung bei 20 N bis 30 N versagen, wird bei den Technologien T3 und T4 eine kritische Last von 50 N erreicht. Die höheren kritischen Lasten bei den Verfahren T3 und T4 sind in erster Linie auf die größere Schichtdicke (8-10 μm gegenüber 5-6 μm) zurückzuführen, da bei größeren Schichtdicken größere Kräfte wirken müssen, um die gleichen Verformungen und Spannungen zu verursachen, als bei dünnen und weniger tragfähigen Schichten.

Bei den lichtmikroskopischen Untersuchungen der Schadensbilder des Ritztests zeigte sich ebenfalls ein verfahrensabhängiger Unterschied hinsichtlich der Versagensart. In den **Abb. 7.2.1** sind die charakteristischen Unterschiede in den Schadensbildern dargestellt. Während die Schichten bei den Technologien T1 und T2 (s. T1C) mit Ausnahme der Probe T1A adhäsives Schichtversagen aufwiesen, traten bei den Verfahren T3 und T4 sowohl adhäsives wie auch kohäsives Versagen auf. Des weiteren ist bei diesen Verfahren auch ein substratabhängiger Unterschied in den Schadensbildern zu sehen.

Die Probe T1C läßt gut die halbkreisförmigen Schichtabplatzungen links und rechts der Ritzspur erkennen(**Abb. 7.2.1**, *unten links*) , die durch Druckspannungen vor dem Prüfkörper entstanden und typisch für adhäsives Schichtversagen sind. **Abb. 7.2.1** *(oben links)* zeigt das Schadensbild der Probe T1A, bei der gut das kohäsive Schichtversagen innerhalb der Spur zu erkennen ist. Hieraus ist ein günstiger Einfluß der Feinstkörnung auf die adhäsive Schichthaftung zu erwarten.

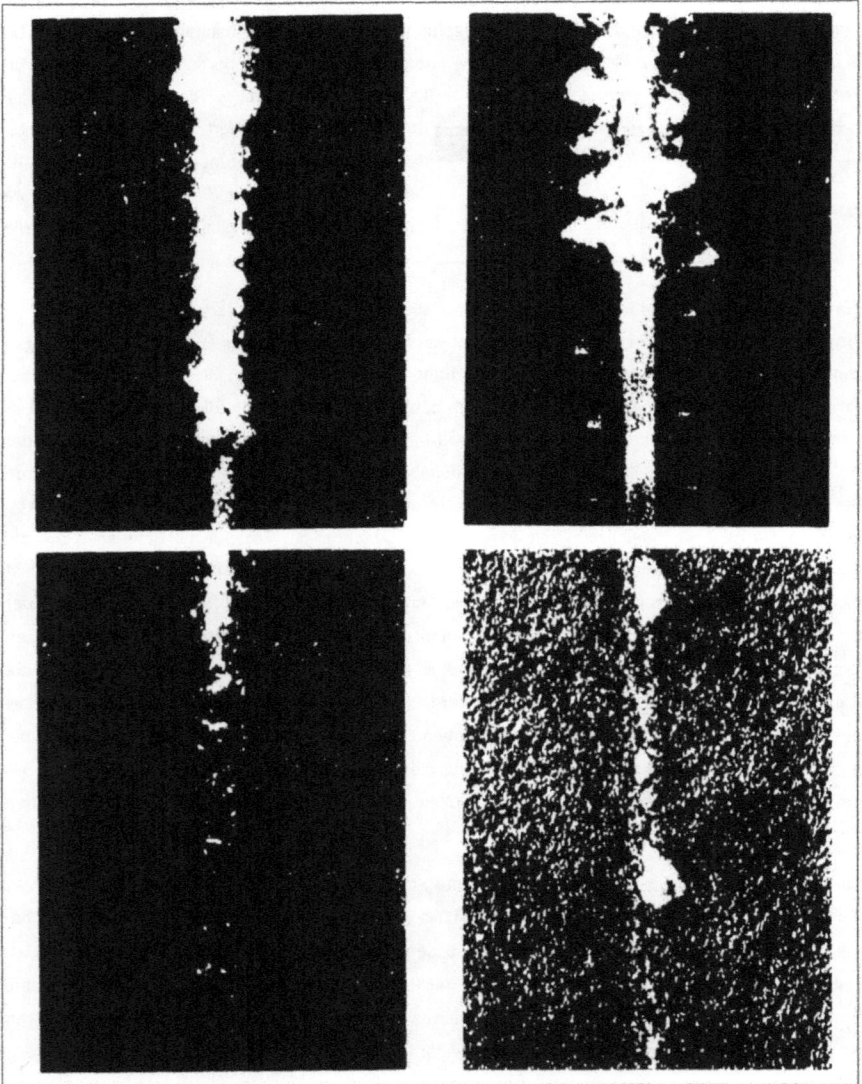

Abb. 7.2.1: Typischer Ritzschaden (ES Ia, LM 50:1): o.l.: T1A, o.r.: T4C, u.l.: T1C, u.r.: T3B

Stellvertretend für die Schadensbilder der Proben T3A, T3B, T4A und T4B ist in **Abb. 7.2.1** (*unten rechts*) die Probe T3B zu sehen. In dieser Abbildung erkennt man lokales, adhäsives Schichtversagen, das aber bei weitem nicht so ausgeprägt ist, wie bei den Beschichtungstechnologien T1 und T2. Im Gegensatz dazu zeigt sich bei den Proben des Substrates C, wie stellvertretend anhand der Wendeschneidplatte T4C in **Abb. 7.2.1** (*oben rechts*) zu sehen ist, kohäsives wie auch adhäsives Schichtversagen. Der substratbedingte Unterschied bei den Technologien T3 und T4 ist vermutlich auf die unterschiedlichen Schichtrauheiten und insbesondere die unterschiedlichen Eindringtiefen zurückzuführen.

7.2.2 Verschleißuntersuchungen an verschiedenen Diamantprüfkörpern

Wie sich gezeigt hat, stellt der Prüfkörperverschleiß beim Ritztest an Diamantschichten ein großes Problem dar. Aus diesem Grund wurde der Verschleiß von Prüfkörpern mit unterschiedlichen Eigenschaften ermittelt. Zum Einsatz kamen dabei in jeweils einem Versuch an einer Probe T4A (ES Ia) ein PKD-Prüfkörper, ein beliebig orientierten Diamantprüfkörper aber mit vergrößerter Oberflächenrauheit und ein Diamantprüfkörper in (100)-Orientierung. Eine Variation der Kristallorientierung hin zur stabilen (100)-Orientierung nutzt dabei den Vorteil der Anistropie der mechanischen Eigenschaften des Diamants aus. Eine erhöhte Oberflächenrauheit des Prüfkörpers kann zudem die Anteile des Mikropflügens bzw. -brechens während des Ritzvorgangs verstärken. Dadurch bauen sich vor dem Prüfkörper weniger hohe Gleitwiderstände durch die sogenannte „Bugwelle" auf.

Abb. 7.2.2: Verschleißfläche des PKD-Prüfkörpers nach einer Ritzung bei 50 N Sollast

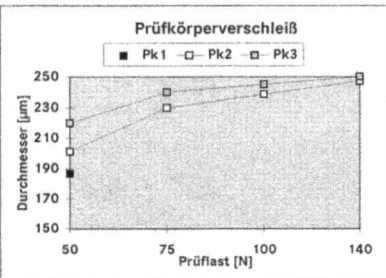

Abb. 7.2.3: Durchmesser der Verschleißfläche an der Pk-Spitze bei zunehmender Belastung im Stufenritztest
Prüfkörper 1= PKD, Pk 2 = D(100), Pk 3 = D_{rauh}

Die Ritzparameter entsprachen denen des Stufenritzversuchs. Bei der Durchführung wurde nach jeder Ritzung der Durchmesser der abradierten Verschleißfläche an der Prüfkörperspitze gemessen. **Abb. 7.2.2** zeigt die Verschleißfläche des PKD Prüfkörpers nach einer Ritzung bei 50 N Sollast. Das Ergebnis der gesamten Untersuchung ist in **Abb. 7.2.3** dargestellt.

Beim Prüfkörper Pk3 kam es bereits beim ersten Ritzdurchgang zum Schichtversagen, so daß nur der Wert bei 50 N existiert, der durch das vorzeitige Schichtversagen und den damit kürzeren Testweg günstig beeinflußt sein kann. Eine Versuchswiederholung lieferte das gleiche Ergebnis. Es kann daher damit gerechnet werden, daß der rauhere Prüfdiamant die kritische Last der Schicht reduziert. Dadurch ergibt sich ein geringerer Verschleiß am Prüfkörper selbst. Die Gefahr des Prüfkörperbruchs steigt jedoch durch mögliche Schadenseinwirkungen bei dem Schichtbruch. Der PKD-Prüfkörper hingegen weist aufgrund seiner geringen Festigkeit gegenüber dem Einkristallprüfkörper einen höheren Verschleiß auf. Insgesamt verspricht der Ritztest als Prüfverfahren zur Prüfung von Diamantschichten kein Potential. Dies liegt im grundsätzlich hohen Prüfkörperverschleiß und der dadurch schlechteren Reproduzierbarkeit der Ergebnisse begründet. Aus diesem Grund wurden nach den oben beschriebenen Vorversuchen keine Hauptversuche zur exakten Bestimmung der kritischen Lasten mehr durchgeführt.

7.2.3 Schadensbilder an Nicht-Diamantschichten

Obwohl der Ritztest für die Bewertung von Diamantschichten ausscheidet, wurden weitere Untersuchungen an Nicht-Diamantschichten für einen Vergleich mit den Ergebnissen des in Kap. 7.3 beschriebenen Kerbradtests durchgeführt.

Die Nichtdiamant-Vergleichsschichten (Ti,Al)N, α-C:H, WC/C, TiN+MoS$_2$ und CrC/C wurden zum Eigenschaftsvergleich mit den anderen Haftfestigkeitsprüfverfahren ebenfalls einem Ritztest unterzogen. Dabei wurden in Anlehnung an den Kerbradtest die Standardparameter für den Versuch gewählt. Die **Abb. A7.2.2a bis e** im **Anhang 7** zeigen die typischen phänomenologischen Befunde der Schichtschädigungen. **Abb. A7.2.2a** zeigt das großflächige Abplatzen der α-C:H-Beschichtung in der Ritzspurperipherie. Deutlich erkennbar ist auch die Instabilität des Substrats bei nur 30 N Prüflast. **Abb. A7.2.2b** verdeutlicht die Schmierwirkung der amorphen WC/C-Schicht. Die optisch locker-körnige Beschichtung plastiziert in jedem Korn. Trotz der Materialverdrängung kommt es nicht zur Freilegung des Substrates. Deutlich spröder verhält sich hingegen die CrC/C-Beschichtung in **Abb. A7.2.2c**. Zwar sind auch hier glatte Gleitspuren des Prüfkörpers erkennbar, aber im Umfeld der Spur zeigt sich sprödes Verhalten. Unerwartet schwach zeigt sich die Kombination von talgiger MoS$_2$- und TiN-Beschichtung (**Abb. A7.2.2d**), wo trotz extrem schmierender Wirkung des MoS$_2$ im Ritztest auch die TiN-Schicht weggerissen wird. Die (Ti,Al)N-Schicht in **Abb. A7.2.2e** weist als Hartstoff-Viellagenschicht nicht nur ein duktiles, sondern auch ein unter dem Prüfkörper stabiles Verhalten auf.

7.2.4 Fazit der Ritzversuche

- Die Erfassung des Schichtdurchbruchs bzw. -verlusts läßt sich bei diamantbeschichteten Hartmetalle nur über das Normalkraftsignal erfassen. Die Reibkraft und das Akustik-Signal unterliegen angesichts der hohen Härte und der Wiederabbildung der Substratoberfläche in der Schichtoberfläche zu großen Signalschwankungen.

- Die Proben des Entwicklungsschrittes ES Ia zeigten für die Beschichtungstechnologien T1 und T2 ein rein adhäsives Versagen im Ritztest, die der T3 und T4 adhäsiv-kohäsives Versagen.

- Der Prüfkörperverschleiß ist grundsätzlich inakzeptabel hoch. Am robustesten zeigte sich dabei noch der einkristalline Diamant mit (100)-Orientierung und gezielt rauher Oberfläche.

- Unter Druck- und Scherbeanspruchung zeigt die duktile Mehrlagenschicht (Ti,Al)N das beste Verhalten. Auch die vergleichsweise tragfähigen Festschmierstoffschichten sorgen durch ihr Verformungsverhalten für ein gutes Verschleißverhalten. Je spröder und kohäsiv schwächer die Schicht ist, desto stärker platzt sie ab. Hier zeigt sich die hohe Diamantstabilität gegenüber der amorphen allerdings auch dünneren) α-C:H-Schicht vorteilhaft.

7.3 Die Kerbversuche

7.3.1 Parameterwahl und Grundsatzversuche

Der Kerbradtest basiert in der Grundtechnologie auf der Kombination des Rockwell- und des Ritztests. Dabei liefert die motorisch lastgeregelte Härteprüfmaschine eine konstante Lastrate und ausreichend hohe Prüfkräfte für das zu Standardprüfkörpern vergleichsweise groß dimensionierte Prüfrad. Um einen Linienverlauf des Prüfweges dieses Prüfkörpers auf der Probe zu gewährleisten, wurde das Gerät mit einem zweiachsig motorisch verfahrbaren Kreuztisch ausgestattet. Dieser Kreuztisch war mit Hilfe von Schrittmotoren auf 10 µm genau positionierbar. Ausgehend von einem frei definierbaren Referenzpunkt auf der Probe konnten nun - wie beim Ritztest - mehrere parallele Prüfbahnen diskreter Länge numerisch programmiert werden. Durch ein exaktes Drehen der quadratischen Proben (Wendeschneidplatten) um 90° ergab sich die Möglichkeit, Bahnen über Kreuz zu legen. Die Vorwahl von Prüflastaufbring- und Prüflasthaltezeit sowie der frei bestimmbare Startzeitpunkt der Kreuztischbewegung erlaubten zudem Kerben mit wachsender oder mit konstanter Last zu fahren. Bei rascher Prüflastaufbringung und nachfolgend beginnender Tischbewegung ergaben sich auf der Kerbspur konstante Prüflasten. Startete der Tisch bereits bei Prüfkörperkontakt (auf der Probe), so

Tab. 7.3.1: Einstellbare Versuchsparameter beim Kerbradtest

Parameter	einstellbarer Wert
Prüflast	1/2/5/10/15/30/45/60/100/150 kg
Lastrate	beliebig
Vorlast (nach Bedarf)	0/ 3 / 10 kg
Bahngeschwindigkeit	5- 60 mm/min
Bahnlänge	beliebig
Bahnabstand	0,01 mm - beliebig
Bahnzahl	max. 8

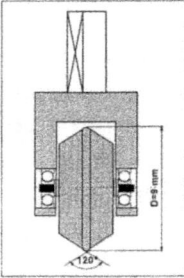

Abb. 7.3.1: Kerbrad

lieferte die voreingestellte Lastrate eine bis zur gewünschten Maximallast kontinuierlich steigende Prüflast. Wie beim Ritztest waren die dabei zugrunde gelegten Tischgeschwindigkeiten und Prüfwege sowie die bahnindividuelle Prüflast einstellbar. Am Ende der Prüfbahn hob der Prüfkörper automatisch von der Probe ab. **Tab. 7.3.1** gibt die einstellbaren Versuchsparameter wieder. Das Kreuzmuster der Bahnen (Bahnabstand 0,3 mm) unterschiedlicher Prüflast wurde gewählt, um ggf. ein halb-quantitative Auswertung nach dem Gitterschnittprinzip vornehmen zu können.

Der Prüfkörper bestand aus einem spielfrei wälzgelagerten Laufrad aus cBN mit einem (in Anlehnung an den Rockwell-Diamanten) Keilwinkel von 120°

(**Abb. 7.3.1**), wies jedoch an der Laufkante aus schleiftechnischen Gründen eine scharfgeschliffene

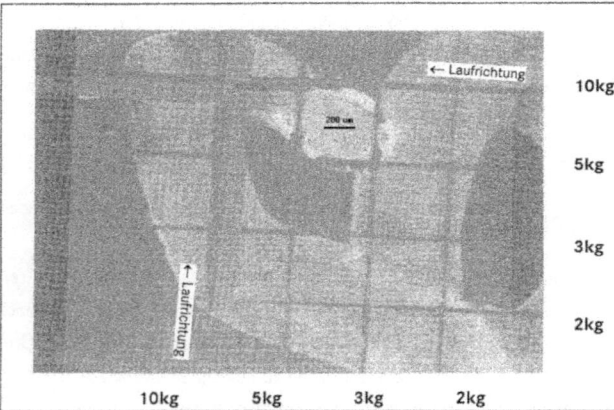

Abb. 7.3.2: typischer Kerbschaden an einer diamantbeschichteten Probe (lichtm. Aufnahme, Vergrößerung: 25x)

Kontur auf. Bei einem Durchmesser des Laufrades von 9 mm vollendete sich eine vollständige Radumdrehung verschleißgünstig erst nach etwa 4 Prüfbahnen.

Entscheidend für den Prüfkörperverschleiß an diamantbeschichteten Proben ist die Wahl des Materials. Kommerziell leicht verfügbar sind für diesen Zweck neben dem für die Versuche verwendeten cBN Wendeschneidplatten verschiedener Qualität, die sich auf die gegebene Prüfkörperform laserbohren und schleifen sowie anschließend auf die metallische Laufachse auflöten lassen. Dabei können (der Reihenfolge nach im Verschleißwiderstand steigend) hochfeste Hartmetalle, verstärkte Nitridkeramiken und hochwertige cBN-Materialien verwendet werden. Oxidkeramische Werkstoffe neigen zu thermisch induzierten Rissen und sind schlecht lötbar.

Die Haftfestigkeitsprüfung an den verschiedenartig beschichteten Proben wird im folgenden nur phänomenologisch dargestellt, das heißt hinsichtlich der Charakteristika der Schadensbilder. Die diamantbeschichteten Hartmetalle waren alle vom Typ B. In einem Vorversuch wurden zwei grundlegend unterschiedlich strukturierte Beschichtungen mit einem scharf geschliffenen Prüfrad qualitativ getestet. **Abb. 7.3.2** zeigt ein polykristallin diamantbeschichtetes Hartmetall B (ES IIa), das im Kreuzkerbmuster (Lasten 2, 3, 5, 10 kg) geprüft wurde. Bereits bei einer Prüflast von 3 kg zeigen sich erste Stellen mit Schichtverlust. Mit zunehmender Last beginnen - in Laufrichtung gesehen - die

2kg

2kg

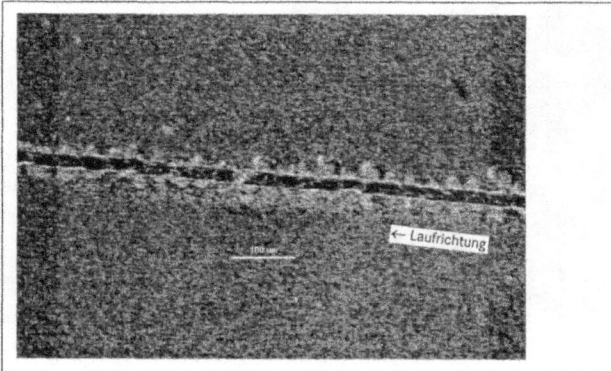

Abb. 7.3.3: typischer Kerbschaden an einer α-C:H-beschichteten Probe (lichtm. Aufnahme); Bild oben: Kerbradspur (Vergr.: 100x), Bild unten: Ritzspur (50x)

Schichtabplatzungen früher. Sie gehen meist von Spurkreuzungen aus, da hier die zweite, kreuzende Spur auf Vorschäden der Schicht im Bereich der ersten trifft.

Abb. 7.3.3 *(Bild oben)* zeigt das Abplatzungsverhalten einer überwiegend amorph strukturierten α-C:H-Beschichtung auf einem Hartmetall C. Bereits bei der kleinsten Laststufe (2 kg) finden sich entlang der Kerbspur spröde, halbrund ausgeplatzte Schädigungsmarken. Vergleicht man dieses Bild mit der Ritzspur auf der gleichen Probe (Ritztest, ähnliche Prüflast von 15 N) in **Abb. 7.3.3** *(Bild unten)*, so liegt der einzige erkennbare Unterschied im Schadensaus-

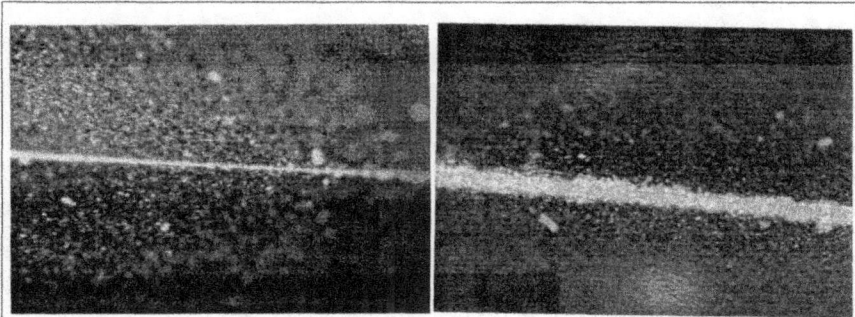

Abb. 7.3.4: Laufkante des cBN-Kerbrades in neuem (Bild links) Zustand und nach 15 Umdrehungen auf Diamant bei Prüflasten von bis zu 30 kg (lichtm. Aufnahme, Vergrößerung: 50x)

maß. Da der Kerbradtest auf seine Eignung zur Prüfung der Haftfestigkeit von diamantbeschichteten Hartmetallen hin entwickelt wurde, muß bei der Laufkante des Prüfrades Rücksicht auf den verschleißanfälligen Scharfschliff genommen werden. Durch die Rauheit und die Härte der Schicht hinterläßt der cBN-Prüfkörper Spuren des Abriebs (schwarze Partikel) auf der Diamantschicht. **Abb. 7.3.4** enthält eine Gegenüberstellung einer neuen Laufkante zu einer, die nach 15 Umdrehungen auf polykristallinem Diamant verschlissen war. Weiterhin wurden bei Verwendung des scharf geschliffenen Rades aufgrund der hohen Flächenpressung verstärkt Ausplatzungen an spröden Substraten

Tab. 7.3.2: Prüfbedingungen für Diamantschichten im Kerbradtest

Lastrate	0 kg/s		Prüfkörper	cBN
Prüflast	konstant	5, 10, 20, 30 kg	Prüfkörper-∅	9 mm
Spurabstand	0,3 mm	gekreuzt	Tischgeschw.	10 mm/min

festgestellt. Der Laufkantenzustand zeigte im weiteren nur noch wenig Veränderung, so daß damit vergleichende Versuche an einer Probe des Typs T4B (ES Ia) und einer Probe B1 (ES IIb) im Kreuzkerbversuch durchgeführt wurden. Die Prüfbedingungen sind in **Tab. 7.3.2** zusammengefaßt.

Während die Probe T4B im gesamten Kerbkreuz und darüber hinaus Schichtabplatzungen aufwies (**Abb. 7.3.5**), konnten bei der Probe B1 (Schichtdicke s≈16 μm) lediglich kerbenparallele Risse detektiert werden (**Abb. 7.3.6**). Diese verlaufen überwiegend interkristallin. Ob Schadensbilder auch bei noch dickeren Diamantschichten

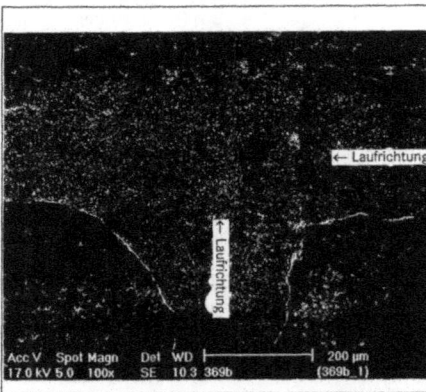

Abb. 7.3.5: Typischer Kerbschaden an einer Probe T4B (ES Ia, REM-Aufnahme)

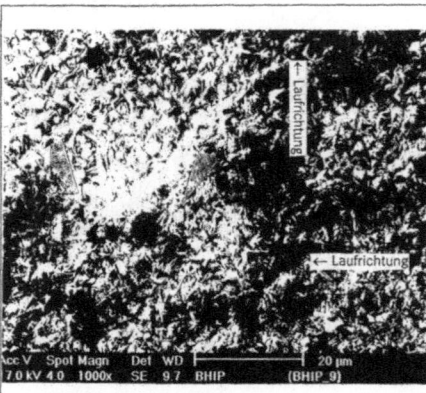

Abb. 7.3.6: Typischer Kerbschaden an einer Probe B1 (30 kg Last, ES IIb, REM-Aufnahme)

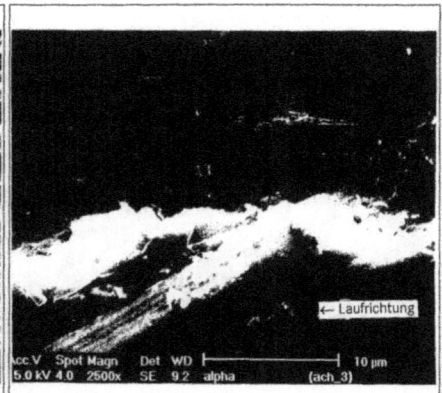

Abb. 7.3.7: Typischer Kerbschaden an einer α-C:H-beschichteten Probe (REM-Aufnahme)

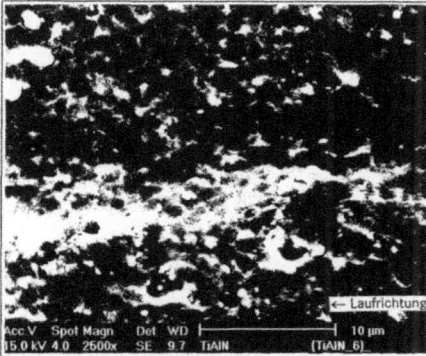

Abb. 7.3.8: Typischer Kerbschaden an einer (Ti,Al)N-beschichteten Probe (REM-Aufnahme)

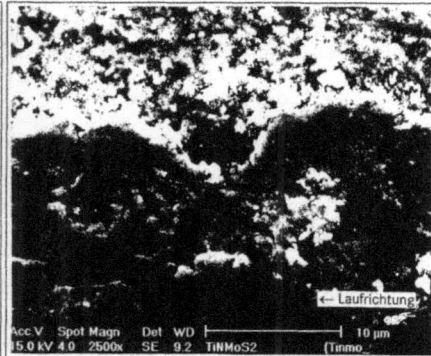

Abb. 7.3.9: Typischer Kerbschaden an einer TiN+MoS$_2$-beschichteten Probe (REM-Aufnahme)

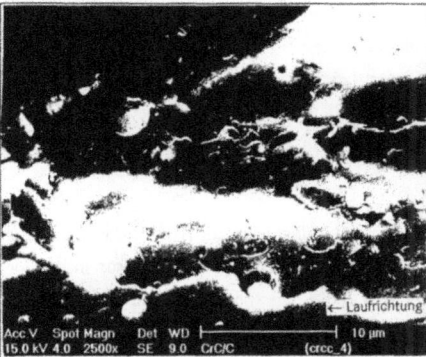

Abb. 7.3.10: Typischer Kerbschaden an einer CrC/C-beschichteten Probe (REM-Aufnahme)

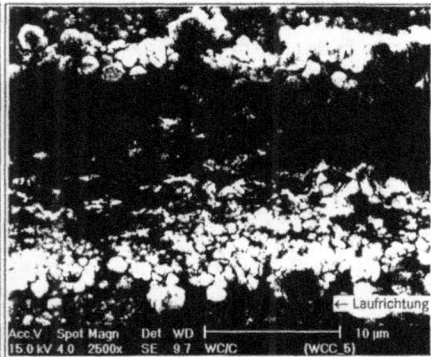

Abb. 7.3.11: Typischer Kerbschaden an einer WC/C-beschichteten Probe (REM-Aufnahme)

erreicht werden können, war wegen der Prüflastbegrenzung durch die Prüfkörperfestigkeit nicht nachweisbar. Ebenso stößt dieses Prüfverfahren bei sehr dünnen amorphen oder metallisch zähen Schichten wie α-C:H und TiN an seine Einsatzgrenzen. Zeigt die α-C:H-Beschichtung (Substrat C) noch klare Abplatzungsschäden (**Abb. 7.3.7**), so plastiziert die (Ti,Al)N-Beschichtung (Substrat C) nur noch (**Abb. 7.3.8**). Dies gilt in letzterem Fall sogar bei Einsatz scharfgeschliffener Laufkanten. Das Schadensbild der α-C:H-Schicht zeigt außerhalb der Kerbe und des Materialaufwurfs bereits spurparallele Risse (**Abb. 7.3.7**). Derartiges findet sich bei der (Ti,Al)N-Schicht nur am inneren Kerbenrand.

Beim Kerbradtest zeigt der MoS$_2$-Belag auf der TiN-Beschichtung seine volle Wirkung darin, daß er die Trägerschicht nicht freigibt (**Abb. 7.3.9**). Ganz anders verhält sich die CrC/C-Beschichtung. Sie vermag unter rollreibender Belastung nicht ausreichend zu plastizieren und platzt auch im Umfeld spröde ab (**Abb. 7.3.10**). Resistenter zeigt sich hingegen die WC/C-Schicht in **Abb. 7.3.11**. Im Kerbenrandbereich bröckeln einige der blumenkohlartigen Körner aus, während sich alle in der Spur befindlichen

Körner dem äußeren Zwang durch das Kerbrad anpassen und sich plastisch verformen. Risse sind nicht zu detektieren. Dies kann jedoch an der zerklüfteten Oberflächestruktur liegen.

7.3.2 Fazit der Kerbversuche

• Der Kerbradtest zeigt aufgrund der geringeren Reibbeanspruchung und der über dem Prüfradumfang wechselnden Kontaktfläche gegen polykristalline Diamantschichten trotz geringerer Prüfkörperhärte eine größere Prüfkörperstandzeit als der Ritztest. Dennoch ist er Prüfkörperverschleiß auch hier grundsätzlich zu hoch.

• Die Einsatzgrenzen dieses Verfahrens liegen einerseits bei sehr harten und tragfähigen Schichten wie Diamant bei maximalen Schichtdicken von mehr als 15 μm (Prülastbegrenzung wegen Prüfkörperbeanspruchung), andererseits bei dünnen, metallischen oder noch duktileren Schichtwerkstoffen als TiN (Rollkerbungen verursachen nur eine geringe Scherspannung für das Aufreißen der Schicht).

• Das Prüfkonzept des Kerbrasters zeigt sich bei dünneren Diamantschichten als interessante Klassifizierungsmöglichkeit für die adhäsive Schichthaftung, da sich eine Flächenschädigung der Diamantschicht zwischen den Spuren einstellt.

• Bei anderen hart-spröden und amorphen Schichten liefert dieses Prüfverfahren vergleichbare Schadensbilder bzw. -charakteristika wie der Ritztest.

• Unter Druck- und Scherbeanspruchung zeigt die duktile Mehrlagenschicht (Ti,Al)N das beste Verhalten. Auch die vergleichsweise tragfähigen Festschmierstoffschichten sorgen durch ihr Verformungsverhalten für ein gutes Verschleißverhalten. Je spröder und kohäsiv schwächer die Schicht ist, desto stärker platzt sie ab. Die Scherbelastung unter dem Prüfrad ist gegenüber dem Ritztest deutlich geringer, so daß die TiN-Schicht der TiN+MoS$_2$-beschichteten Probe nicht abplatzt.

7.4 Die Strahlverschleißversuche

Als Versuchsanlage stand ein Gerät des Typs Dentastrahl Combi (Fa. Krupp Medizintechnik) zur Verfügung, das mit einer speziellen Proben-/ Düsenhalterung, einer regelbaren Probenheizplatte und einer programmierbaren Zeitschaltung für den Prüfstrahl nachgerüstet wurde. **Abb. 7.4.1** zeigt die Strahlversuchsanlage. Dieses Gerät war serienmäßig mit drei Strahlmitteltanks ausgerüstet, die bei entsprechender Anwahl einstellbar elektromagnetisch gerüttelt wurden. Die Druckluftbeaufschlagung im Tank war regelbar und wurde vor Versuchsbeginn für alle Tanks kalibriert, indem der Druckverlust in Zu- und Abflußleitungen konstruktiv vereinheitlicht wurde. Das Strahlmittel wurde mit Hilfe des Transportgases durch einen Schlauch zu einer zylindrischen Keramikdüse transportiert, die sich in einstellbarem Abstand zur Probe befand, und anschließend im verbrauchten Zustand durch einen integrierten Sauger weitgehend entfernt. Bei einem Strahlwinkel von 90° lag die Probe - an zwei Ecken geklemmt - mit der Rückenfläche an der Heizplatte, bei Strahlwinkeln von 5°, 30° und 60° hingegen wurde sie mit einer entsprechenden, nicht heizbaren Vorrichtung unterlegt (s. **Abb. 7.4.2**).

7.4.1 Voruntersuchungen

Wie in Kap. 5.4 bereits beschrieben, bestimmen die Partikelmasse, der Anstrahlwinkel und die Strahlgeschwindigkeit die Verschleißrate. Umgebungsbedingungen wie die Reaktivität der Atmosphäre und die Temperatur (Prüflingstemperatur) können insbesondere oxidativ das Verschleißergebnis beeinflussen.

Versuchstechnisch bedeuten diese Einflußfaktoren bei einer Druckluftstrahlanlage die folgenden Einstellparameter:

Abb. 7.4.1: Versuchsanlage des Strahlverschleißtests

Abb. 7.4.2: Probenhalterungen des Strahlverschleißtests

- Material und Kornform des Strahlmittels (Kugel oder kantiges Korn),
- Korngröße und Korngrößenverteilung,
- Strahldruck, Düsenabstand (zur Probe) und Anstrahlwinkel,
- Art des Transportgases und Probentemperatur.

Eine systematische Untersuchung der Flächenhomogenität ergab bei diamantbeschichteten Hartmetall-Wendeschneidplatten auf der Spanfläche eine von außen nach innen abnehmende Schichthaftung,

Tab. 7.4.1: Materialkennwerte verschiedener Strahlmittel

Strahlmittel	Körnung [µm]	Kornform	Härte [HV]	mittl. Masse [0,001 µg]	Dichte [g/cm³]
Al_2O_3	90-125	kantig	2100	2,57	
Al_2O_3	53-74	kantig	2100	0,54	3,9
$Al_2O_{3(Edelkorund)}$	35-40	kantig	2100	0,11	
SiC 180	75-105	kantig	2600	1,22	3,2
SiC 150	62-88	kantig	2600	0,74	
B_4C 150	53-90	kantig	3000-4000	0,49	2,5
Glas	90-150	kugelig	700-950	2,26	2,5

so daß zur Gewährleistung von gleichartigen Probeneigenschaften der hier beschriebene Test an radialsymmetrisch gleichentfernten Stellen zur Spanfläche durchgeführt wurde. Als Vergleichsgröße diente dabei die Strahldauer bis zum Durchbruch der Schicht im Bereich des Strahlflecks. Dieser Zeitpunkt konnte während des Strahlens an einer plötzlich auftretenden Lumineszenz des freigelegten und bestrahlten Hartmetallsubstrats erkannt werden.

Die Verschleißausbildung an Oberflächen unter der Strahlbelastung durch Festkörperpartikel wird in erster Linie durch das Härteverhältnis der Kontaktpartner und durch deren Oberflächenstruktur bestimmt. Besitzen die Strahlpartikel die deutlich geringere Härte, so treten Verschleißerscheinungen solange auf, bis die Rauheitsspitzen des Prüflings eingeebnet sind. Dies kann durch die Scharfkantigkeit des Strahlmittels noch verstärkt werden (es sei der Einweggebrauch des Strahlmittels vorausgesetzt). Aus diesem Grund wurde ein Vergleichsversuch mit den in Tab. 7.4.1 aufgeführten Strahlmitteln durchgeführt.

Der Härte und der Kornmasse nach zufolge war mit einem zunehmenden Verschleißangriff auf die diamantbeschichtete Probe (ca. 8000HV) in der Reihenfolge

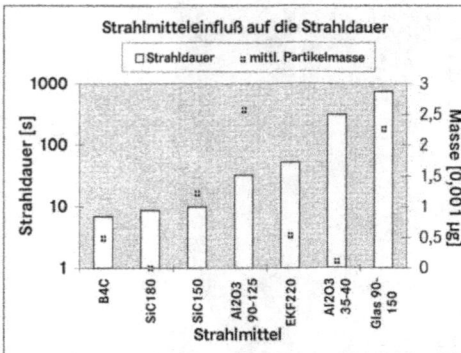

Abb. 7.4.3: Durchstrahldauer an einer diamantbeschichteten Hartmetallprobe T1A (ES Ia) mit verschiedenen Strahlmitteln im Vergleich

SiC180 > SiC150 > B_4C150 > Al_2O_3 90-125 > Al_2O_3 53-74 > Al_2O_3 35-40 > Glas zu erwarten. Dies wurde an einer Probe T3D (ES Ia) experimentell bestätigt. Wie **Abb. 7.4.3** zeigt, gab es kaum Strahlzeitunterschiede bei den zwei SiC-Strahlmitteln, was darauf hinweist, daß dem Korngewicht erst an zweiter Stelle nach der Härte eine Bedeutung zukommt, insbesondere bei stark abrasiv wirkenden Strahlmitteln. Mit den Glasperlen wurde trotz der relativ großen Masse innerhalb angemessener Versuchszeiten (<1000 s) kein Schichtversagen verursacht.

Eine mikroskopische Betrachtung ergab darüber hinaus einen klaren Unterschied im Verschleißfortschritt zwischen dem oxidischem und dem härteren karbidischen Strahlmittel. Stellte sich bei ersterem vor dem Schichtdurchbruch lediglich eine Glättung der Schichtrauheitsspitzen ein, so gruben die karbidischen Partikel zusätzlich einen Krater in die Diamantschicht, verringerten so die Schichtdicke und erhöhten die Spannungsintensität in der Interzone. Da polykristalline Diamantschichten mit ca. 8000 HV eine wesentlich höhere Härte als die Strahlmittel besitzen, handelt es sich dabei aber in beiden Fällen um eine Verschleißtieflage (s. Theorie Kap. 5.4).

Die Variation des geräteseitig einstellbaren Strahldrucks zwischen 2 bar und 7 bar zeigte auf das Strahlergebnis nur einen geringen Einfluß. Dies ist wahrscheinlich auf eine systemimmanente Drosselwirkung zurückzuführen. Daher wurde der Strahldruck für die gesamten Versuche generell auf 4 bar (dynamisch) eingestellt.

Hingegen zeigte der Abstand der Düse zur Probe im Bereich 1 bis 5 mm einen deutlichen Einfluß auf die Strahldauer. Dies lag zum einen in der Strahldivergenz begründet, die sich trotz der zylindrischen Düsenform durch die Partikelkollisionen im Strom ergab, und zum anderen aus dem Verlust an translatorischer Energie in Richtung auf die Probe durch die zwangsläufig auftretenden Partikelstöße untereinander.

Eine qualitative Untersuchung des Einflusses des Anstrahlwinkels auf die Verschleißprüfung ist in Kap 7.4.3 dargestellt. Für keramische Probenwerkstoffe mit hoher Härte (z. B. Diamantschichten) wird im Fall von Verschleißtieflage-Beanspruchungen der Mechanismus der Oberflächenermüdung angenommen. Deshalb erfolgten die Schichthaftungsprüfungen durchweg bei einem Anstrahlwinkel von 90°. Der senkrechte, gasgeförderte Partikelstrahl bildet ein Staugebiet im Mittelpunkt des Strahlflecks aus

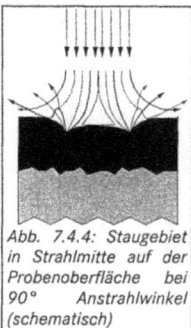

Abb. 7.4.4: Staugebiet in Strahlmitte auf der Probenoberfläche bei 90° Anstrahlwinkel (schematisch)

und erodiert auf diese Weise ein ungleichmäßiges Profil aus der bestrahlten Oberfläche heraus (s. schematische Darstellung in **Abb. 7.4.4**)

Dadurch tritt der erste Schichtdurchbruch immer auf dem Strahlfleckumfang auf und weitet sich nachfolgend über den gesamten Strahlfleck aus. Bei einem Düsenabstand von 2mm bildet sich ein Spotdurchmesser entsprechend dem der Düsenaustrittsöffnung ab. Ein Sonderversuch mit unterschiedlichen Anstrahlwinkeln und unterschiedlichen Schichtwerkstoffen wird hinsichtlich der Schadensbilder am Ende dieses Kapitels im Vergleich mit anderen Schichtmaterialien beschrieben.

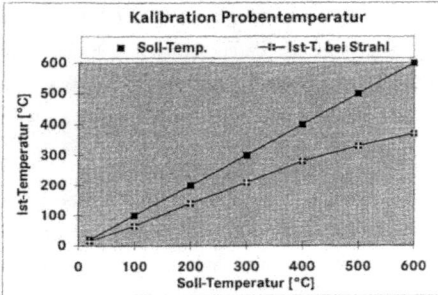

Abb. 7.4..5: Kalibrationskurven der Probentemperatur im Strahlverschleißtest (Ar-Strahl, 4 bar dyn., Düsen-∅ 0,8 mm, 2mm Düsenabstand)

Für Versuche zum Einfluß der Probentemperatur auf das Verschleißverhalten der diamantbeschichteten Hartmetalle wurden die Temperatur der Heizplatte und der Probe sowohl in Ruhezustand wie auch unter der Anstrahlung des kühlenden Transportgases untersucht. Dazu wurde in eine Wendeschneidplatte parallel zur Spanfläche eine Bohrung erodiert. Mittels eines Thermoelements konnte nun die Probentemperatur im Abstand von 0,5 mm von der Oberfläche gemessen werden (**Abb. 7.4.5**). Mit Hilfe dieser Kalibrationsversuche wurde die Proben-Isttemperatur während des Strahlvorgangs bestimmt und in der Ergebnisdarstellung der Heißstrahlversuche entsprechend korrigiert.

Die Verschleißrelevanz der Probentemperatur stellt sich je nach Beschaffenheit des Partikel-Transportgases ein. **Abb. 7.4.6** verdeutlicht, daß der oxidierende Einfluß des Luftsauerstoffs einen erheblichen Einfluß auf die Strahldauer hat. Demnach finden in der Kontaktzone unter den eingestrahlten Partikeln Graphitisierungs- bzw. Oxidationsprozesse an der Diamantschicht statt und beschleunigen den Schichtverschleiß. REM-Aufnahmen der Diamantschichtoberflächen bezeugen diesen Unterschied (**Abb. 7.4.7**). Nach 60 s und 120 s Strahlzeit bei Raumtemperatur und mit oxidischem Korn zeigt der mit Luft bestrahlte Bereich deutlich stärkere Glättungserscheinungen als der mit Argon bestrahlte (Abb. o.l.) und (Abb. o.r.). Ist ersterer nach 120 s bis auf eine leichte Welligkeit eingeebnet

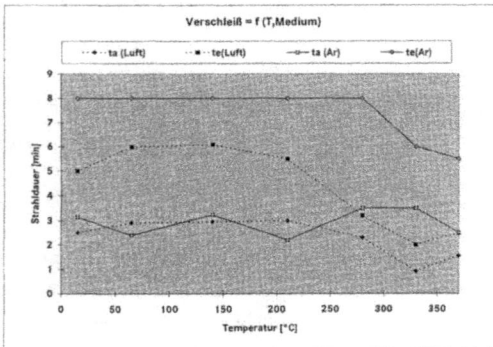

Abb. 7.4.6: Strahldauer in Abhängigkeit von der Probentemperatur und des Strahltransportmediums Luft bzw. Argon (ta = Strahldauer bis zum ersten Schichtdurchbruch, te = Strahldauer bis zur Freilegung des gesamten Strahlflecks)

(Abb. m.l.), so weist letzterer noch Reste der Rauheitsspitzen auf (durch Festsetzen von Al_2O_3 weiß erkennbar, Abb. m.r.).

Wie der Abbildung unten links zu entnehmen ist, hinterläßt das Strahlen mit Al_2O_3 keinerlei sichtbare Rißstrukturen in der Diamantschicht. Bei Raumtemperatur sorgt also nicht oxidatives Transportgas (z. B. Argon) für erheblich längere Strahlzeiten bis zum Schichtdurchbruch. Erst bei höheren Probentemperaturen gleichen sich die Rißstrukturen in der Diamantschicht.

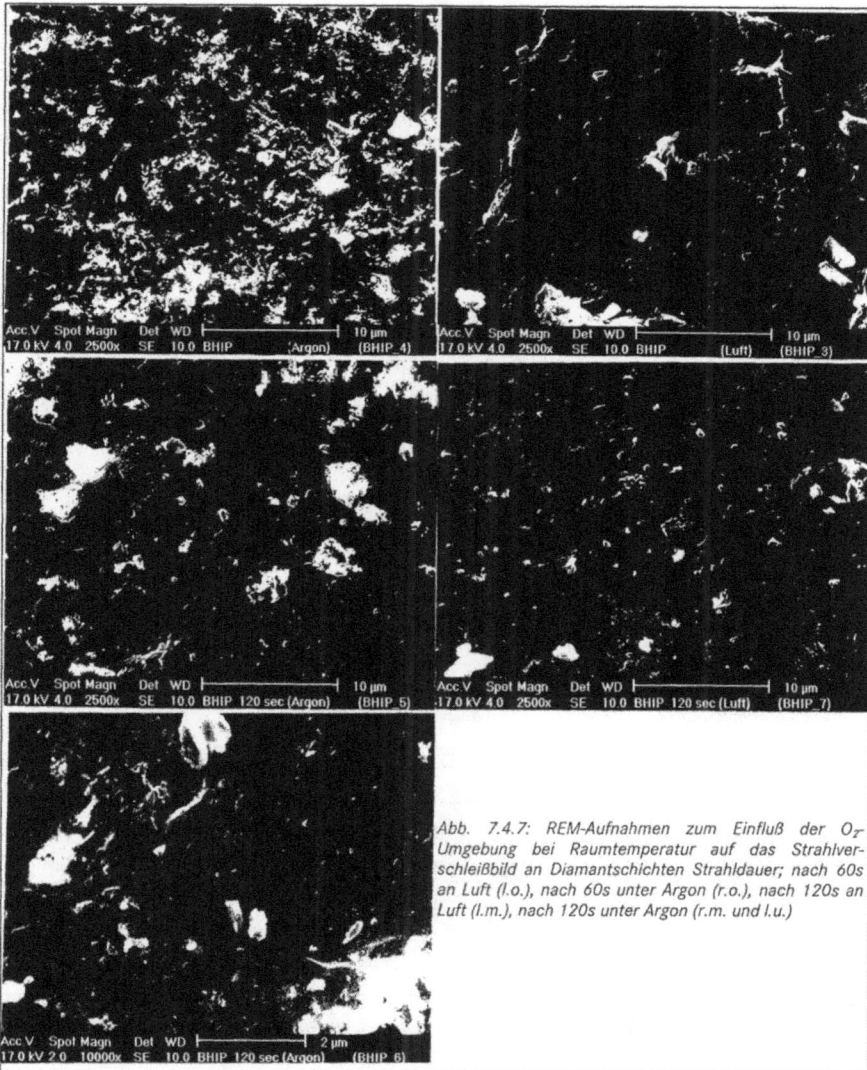

Abb. 7.4.7: REM-Aufnahmen zum Einfluß der O_2-Umgebung bei Raumtemperatur auf das Strahlverschleißbild an Diamantschichten Strahldauer; nach 60s an Luft (l.o.), nach 60s unter Argon (r.o.), nach 120s an Luft (l.m.), nach 120s unter Argon (r.m. und l.u.)

Strahlzeiten unabhängig vom Gas an. Ob es sich hierbei um Einflüsse einer verstärkten, thermomechanisch induzierten Graphitisierung und/oder eine zunehmende Oxidation des Diamants durch Sauerstoff aus der verwendeten Oxidkeramik (Al_2O_3) handelte, konnte im Rahmen dieses Versuchs nicht abschließend geklärt werden. Wie der Strahldauerabfall für die vollständige Freilegung des Strahlflecks auf der Probe (te) bei zunehmender Temperatur verdeutlicht, zeigt das Substrat eine mit der Temperatur abnehmende Festigkeit bzw. einen abfallenden Erosionswiderstand. Dies zeigt sich in der nachlassenden Tragfähigkeit für die Diamantschicht. Letztendlich muß im Hinblick auf einen zerspanungsrelevanten Labortest prinzipiell von einer oxidierenden Umgebung ausgegangen werden.

7.4.2 Hauptversuche

Für die systematisch durchgeführten Strahlversuche an diamantbeschichteten Hartmetallen bei Raumtemperatur ergab sich aus den Vorversuchen die Unterscheidung in eine schichtabtragende Prozeßführung mit karbidischem Korn und/oder oxidierender Umgebung und in eine überwiegend oberflächenzerrüttende Variante mit oxidischem Korn unter Argonumgebung. Die Gesamtaufstellung der Versuchsparameter ist der **Tabelle 7.4.2** zu entnehmen.

Nachdem im Entwicklungsschritt ES Ia die Strahlverschleißversuche zunächst mit sehr abrasivem SiC 180 im Luftstrahl durchgeführt wurden (Einzelergebnisse s. **Anhang 7, Abb. A7.4.1**), ergab sich eine

Tab. 7.4.2: Parameter der Hauptversuche im Strahlverschleißtest

Entwicklungsschritt	ES Ia	ES Ib - IIb	ES III
Strahlmittel	SiC 180	Al_2O_3 90-125	Al_2O_3 90-125, B_4C 150
Strahldruck		4 bar dyn.	
Anstrahlwinkel		90°	
Transportgas	Luft	Argon	Argon, Luft
Abstand Düse -Probe		2 mm	
Probentemperatur		Raumtemperatur	
Prüfort		Spanfläche, Bereich der Schneidecke	
Testzahl je Probe		mind. 3	

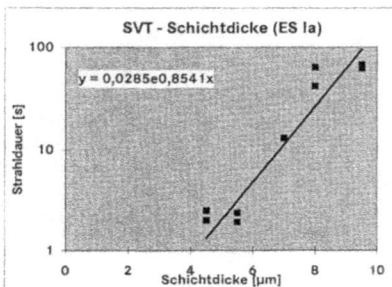

Abb. 7.4.8: Abhängigkeit der Strahldauer von der Schichtdicke (SiC180 an Luft, ES Ia)

explizite Abhängigkeit der Strahldauer von der Schichtdicke. **Abb. 7.4.8** verdeutlicht diesen Zusammenhang, der sich aus dem erosiven Abtrag der Schicht ergibt.

Diese Abhängigkeit legt eine Bereinigung der Strahldauerergebnisse um den Schichtdickeneinfluß nach der Methode der kleinsten Fehlerquadrate nahe. Stellt man die beiden Parameter einander gegenüber, so liefert die aus den Wertepaaren gewonnene Trendlinie eine exponentielle Funktion, die zur weitgehenden Korrektur der Strahldauerwerte aus diesem Versuch geeignet erscheint. Die um die Schichtdickenunterschiede bereinigten Strahldauerwerte sind in **Abb. 7.4.9** wiedergegeben. Danach zeigt sich, daß bei den sehr dünnen Schichten der Beschichtungstechnologien T1 und T2 (s = 5,1 µm) einzig die Schichtdicke die Strahldauer bestimmt. Die Technologien T3 (8,7 µm) und T4 (8,1 µm) geben angesichts der insgesamt längeren Strahldauer einen Einfluß der

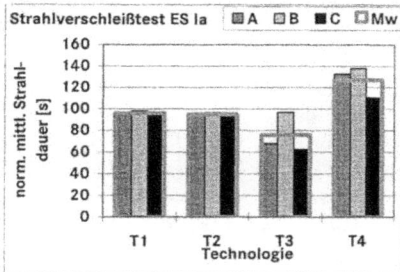

Strahlverschleißtest ES Ia   ▨A ▢B ▪C ▢Mw

norm. mittl. Strahldauer [s]

160
140
120
100
80
60
40
20
0

T1   T2   T3   T4
Technologie

Abb. 7.4.9: Strahldauerergebnisse, bereinigt um den Schichtdickeneinfluß (ES Ia)

Substratsorte wieder. Dabei ergibt sich das klare Haftfestigkeitsranking zu B >> A > C, wobei T3B die vergleichsweise geringere Schichtdicke gegenüber T3A und T3C besitzt. Da sich bei T1 und T2 kein Substrateinfluß erkennen läßt, muß auch von einem entscheidenden Einfluß der Keimdichte/Schichtstruktur ausgegangen werden.

Zur Unterstützung der Entwicklung einer stabileren Interzone wurde in den weiteren Versuchen zum weniger abrasiven, weicheren Al_2O_3 90-125 in Argonumgebung gewechselt, um die zerrüttende Wirkung an der Interzone in den Vordergrund zu stellen. Dies ermöglichte wegen der zwangsläufigen Hochskalierung der Strahlzeiten außerdem eine bessere Differenzierbarkeit der Ergebnisse. Aus diesem Grund und wegen der sicheren Konstanz der Randbedingungen wurden alle Proben bei Raumtemperatur getestet. Um im Entwicklungsschritt ES III die "Durchreibdauer" (Erosionsbeständigkeit) der Diamantschicht wieder mit in das Strahlergebnis einzubeziehen, wurde zusätzlich ein Versuch mit B_4C-Korn bei Umgebungsluft ergänzt.

Wurde das Strahlergebnis im Entwicklungsschritt ES Ia (Strahldauerergebnisse s. **Abb. A7.4.2 im Anhang 7**) bei entsprechend abrasivem Angriff durch die Schichtdicke und Morphologie bestimmt, so ließ sich dies für den Entwicklungsschritt ES Ib (Argon, Al_2O_3-Korn) nicht nachvollziehen. Zur näheren Beleuchtung dieses Sachverhalts wurden die Proben des ES Ib der in Kap. 5.2.4.2 beschriebenen E-Modul-Messung unterzogen, da in beiden Fällen auf den entscheidenden Einfluß der Stabilität der Interzone abgezielt wurde. **Abb. 7.4.10** gibt deren Zusammenhang in einfach-logarithmischer Darstellung wieder. Hier läßt sich eine weitgehende Korrelation der Strahldauer mit den probenspezifisch gemessenen E-Moduli erkennen. Wie bei der Erläuterung der E-Modul-Werte in Kap. 6.2 schlägt sich auch in der Gegenüberstellung mit der Strahldauer die Überbetonung der E-Modul-Werte der Substratsorte C nieder. Dies liegt im Berechnungsverfahren des E-Moduls begründet. Dieses Verfahren geht davon aus, daß die verschiedenen Hartmetallsorten dieselben Absorptionseigenschaften für Oberflächenwellen besitzen und daß damit die über der Meßstrecke eintretende Phasenverschiebung vergleichbar ist. Doch das Absorptionsverhalten wird im vielfachen MHz-Bereich (Meßbereich des Verfahrens) durch die Morphologie des Substrates beeinflußt. Unterschiedliche Korngrößen korrespondieren dabei zwangsläufig mit ver-

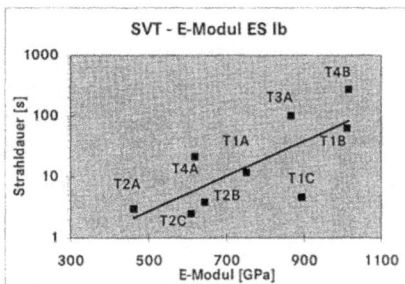

SVT - E-Modul ES Ib

Strahldauer [s]

1000

100

10

1

T4B
T3A
T1A
T1B
T4A
T2A
T2B
T1C
T2C

300   500   700   900   1100
E-Modul [GPa]

Abb. 7.4.10: Strahldauer, aufgetragen gegen den gemischten E-Modul (ES Ib)

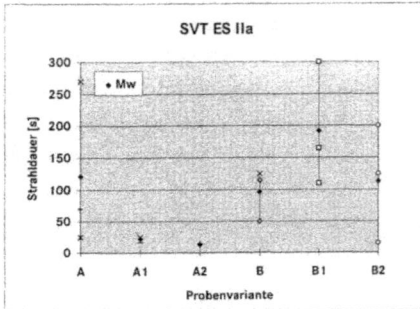

Abb. 7.4.11: Strahldauerergebnisse des ES IIa

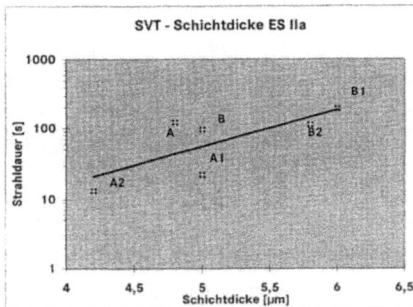

Abb. 7.4.12: Strahldauer, aufgetragen über der Schichtdicke (ES IIa)

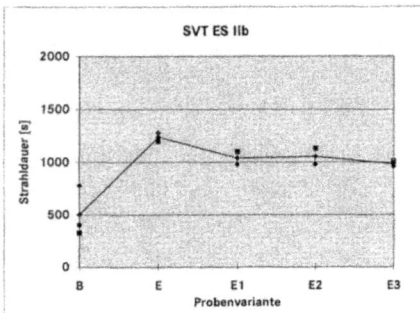

Abb. 7.4.13: Strahldauerergebnisse des ES IIb

schiedenen Wellenlängen. Dementsprechend liefert das Substrat C mit der größten Streubreite der Korngröße (1,2-3 µm) die im Mittel größte Meßunsicherheit.

Die Strahlverschleißversuche an den Proben des Entwicklungsschritts ES IIa liefern stark differenzierte Ergebnisse (**Abb. 7.4.11**). Bei einer ähnlichen und durchweg sehr geringen Schichtdicke weisen zum einen die Modifikationen der Co-ärmeren Hartmetallsorte B die eindeutig besseren Ergebnisse auf, zum anderen kristallisiert sich unter diesen das geHIPte Substrat B1 als dasjenige heraus, das die stabilste Interzone bietet. Da sich bei durchweg dünnen Schichten (5-6 µm) und wenig Wertepaaren eine Korrekturfunktion (Unterdrückung des Schichtdicken-Effekts) nicht sicher genug ermitteln läßt, bietet sich hier keine Normierungsmöglichkeit wie für den ES I in Abb. 7.4.9. Betrachtet man **Abb. 7.4.12**, so muß das schwächere Abschneiden des A-Substrates auch auf die durchgehend um ca. 1 µm geringere Schichtdicke zurückgeführt werden.

Betrachtet man die Ergebnisse des Strahlverschleißtests des Entwicklungsschritts ES IIb (Schichtdicke s ≈ 16 µm, **Abb. 7.4.13**), so bieten die verschiedenartig modifizierten Substrate der Sorte E (E1 bis E3) mit den sehr grobkörnigen Interzonen ein indifferentes Bild. Lediglich E selbst hebt sich als geringfügig stabiler darüber ab. Gegenüber dem Basissubstrat B wird jedoch der Haftfestigkeitsgewinn durch die Verwendung der modifizierten Hartmetalle deutlich.

Beim Entwicklungsschritt ES III mit der größeren Schichtdicke (Schichtdicke s ≈ 23 µm) zeichnet sich ein ähnliches Bild auf einem höheren Strahlzeitniveau ab (**Abb. 7.4.14**). Interessanterweise vergeht vom Schichtdurchbruch bis zur Freilegung des gesamten Strahlflecks bei der Sorte E3 ein deutlich

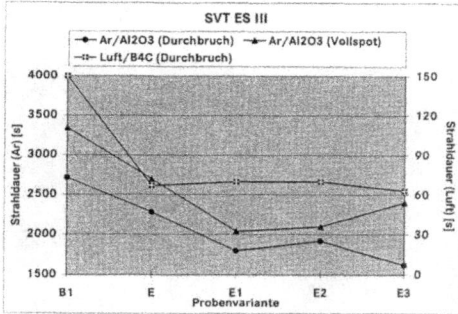

Abb. 7.4.14: Strahldauerergebnisse des ES III

längerer Zeitraum als bei den übrigen Modifikationen. Die Probe B1 übertrifft die E-Modifikationen um etwa 100%. Zu beachten ist hier sicherlich die deutlich größere Rauheit der verschiedenen E-Proben. Dies spielt offensichtlich auch eine entscheidende Rolle unter abrasiv/oxidierenden Bedingungen (Luft, B_4C). Die auf der rechten Ordinate aufgetragenen Werte sind für die E-Modifikationen identisch, während B1 erheblich langlebiger dasteht. Insgesamt sind die in diesem Versuch erreichten Strahldauerwerte dramatisch geringer.

7.4.3 Anstrahlwinkelvariation und Nichtdiamant-Vergleichschichten

In dieser Untersuchung sind der Diamantschicht der Variante E (ES IIb) die in Kap. 6.2.6 beschriebenen Nicht-Diamantschichten gegenübergestellt, um die Anwendbarkeit des Strahlverschleißtests bei anderen Schichtcharakteren wie erhöhter Duktilität oder Sprödheit auszutesten. Die Strahlparameter sind bis auf den Anstrahlwinkel identisch zu den Standardparametern. Als Anstrahlwinkel wurden die Werte 5°, 30°, 60° und 90° gewählt; die einheitliche Strahldauer betrug 15 Sekunden. Die **Abb. 7.4.15 - 7.4.20** zeigen sowohl die unversehrten Referenz- wie auch die bestrahlten Oberflächen (Die leichte Unschärfe ergibt sich aus der Nichtbesputterung mit Gold zugunsten einer unverfälschten Oberfläche). Bei der Diamantschicht nimmt mit wachsendem Anstrahlwinkel der Abtrag der stark zergliederten Schichtbestandteile zwischen den gut ausgebildeten Kristalliten zu, während die Kristallite selbst völlig unversehrt blieben (**Abb. 7.4.15**). Die α-C:H-Schicht ist bereits bei einem Anstrahlwinkel von 5° durchverschlissen. Sie weist spröde abgeschuppte Schichtreste auf (**Abb. 7.4.16**). Bei allen anderen Anstrahlwinkeln kommt es sofort zum vollen Schichtverlust. Robuster zeigt sich diesbezüglich die CrC/C-Beschichtung (**Abb. 7.4.17**). Sie weist beim Winkel von 5° einen leicht glättenden Abtrag auf und ist bei 90° kontinuierlich ausgedünnt worden, so daß an einigen Stellen das Substrat durchschimmert. Ein vergleichbares Verhalten legt auch die WC/C-Schicht dar, die bei steigendem Winkel einen wachsenden Verlust der Blumenkohl-ähnlichen Oberflächenstruktur verzeichnet (**Abb. 7.4.18**). Ein anderes Verschleißverhalten bietet hingegen die Probe mit der TiN+ MoS_2 -Beschichtung (**Abb. 7.4.19**). Bei 5° bilden sich in der talgartigen Schmierstoffschicht deutliche Oberflächenwellen in Strömungsrichtung aus, in deren Täler die Doppelschicht bis auf das Substrat entfernt ist. Hingegen vermag die TiN-Schicht bei 90° Anstrahlwinkel dem Partikelangriff mehr Widerstand entgegenzusetzen. Sie ist an den dunklen Bereichen erkennbar, während die hellen Bereiche Reste der Schmierschicht darstellen. Die Multilayer-(Ti,Al)N-Beschichtung (**Abb. 7.4.20**) zeigt unter 5° Anstrahlwinkel lediglich oberflächliche Riefen, die sich bei 30° bereits zu tiefen Furchen verstärken, die streckenweise auch das Substrat freilegen. Bei 90° wird die Schicht massiv bis zu Anerosion des Substrates abgetragen und zeigt dabei eine Glättung wie nach einer Politur.

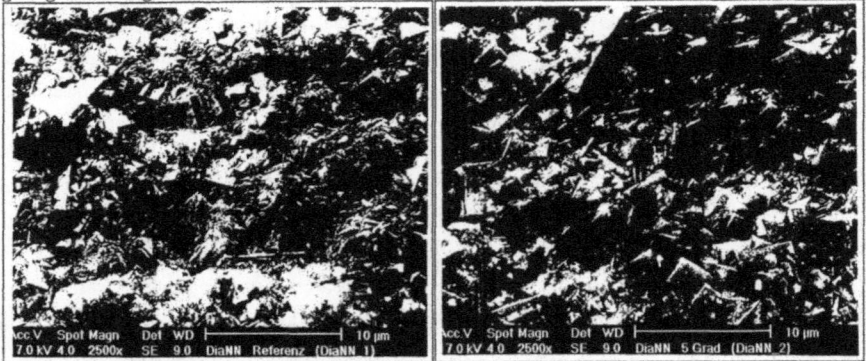

Abb. 7.4.15: REM-Aufnahme der Diamantbeschichtung (E, ES IIb); links: Referenzoberfläche, rechts: gestrahlte Oberfläche (Strahlwinkel 5°)

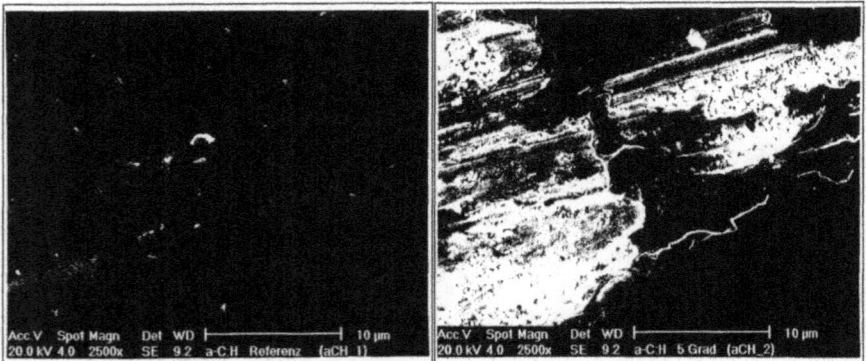

Abb. 7.4.16: REM-Aufnahme der α-C:H-Beschichtung; links: Referenzoberfläche, rechts: gestrahlte Oberfläche (Strahlwinkel 5°)

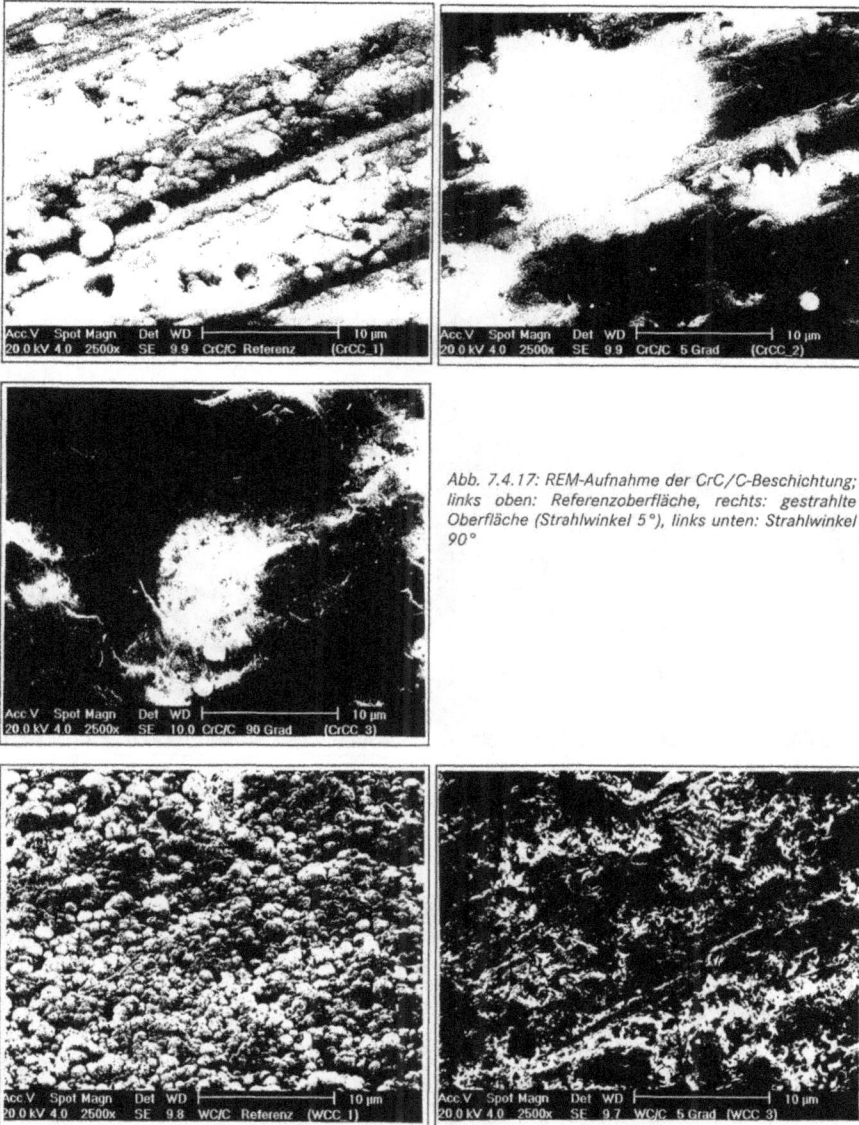

Abb. 7.4.17: REM-Aufnahme der CrC/C-Beschichtung; links oben: Referenzoberfläche, rechts: gestrahlte Oberfläche (Strahlwinkel 5°), links unten: Strahlwinkel 90°

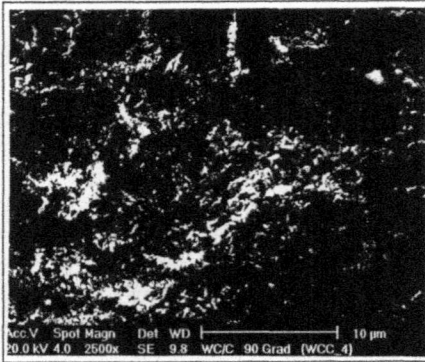

Abb. 7.4.18: REM-Aufnahme der WC/C-Beschichtung; links oben (S.129): Referenzoberfläche, rechts oben (S.129): gestrahlte Oberfläche (Strahlwinkel 5°), links: Strahlwinkel 90°

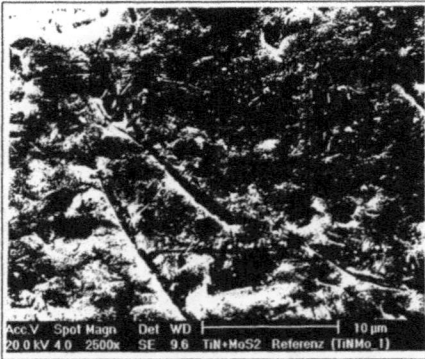

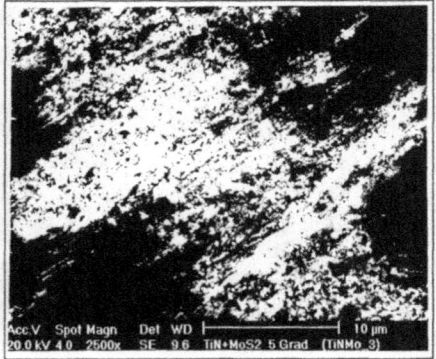

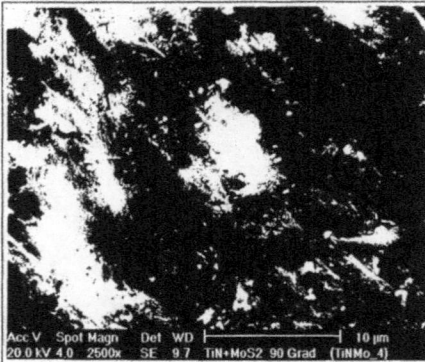

Abb. 7.4.19: REM-Aufnahme der TiN+MoS₂-Beschichtung; links oben: Referenzoberfläche, rechts: gestrahlte Oberfläche (Strahlwinkel 5°), links unten: Strahlwinkel 90°

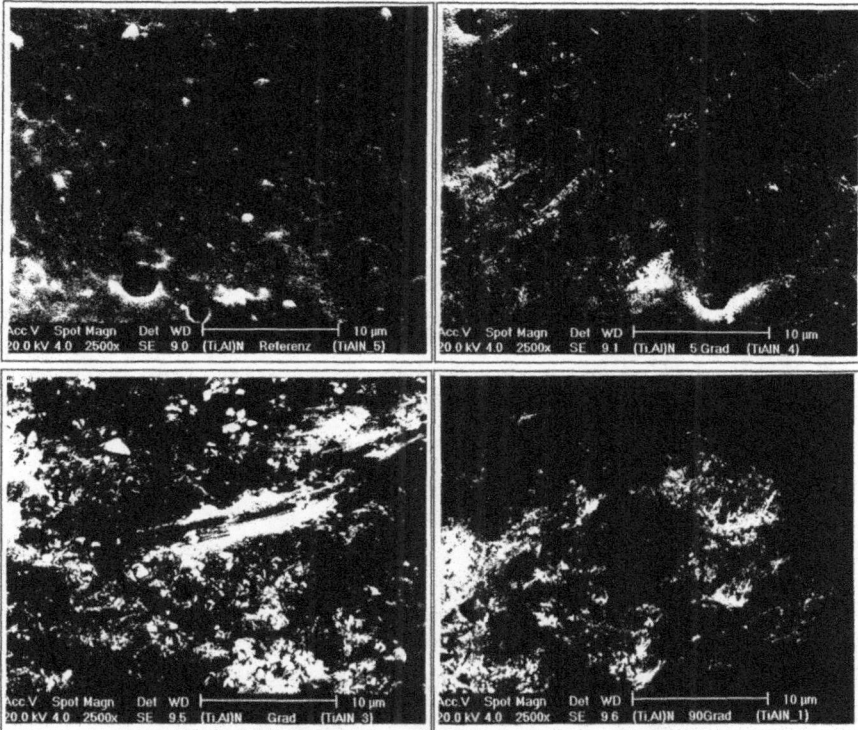

Abb. 7.4.20: REM-Aufnahme der (Ti,Al)N-Beschichtung; links oben: Referenzoberfläche, rechts oben: gestrahlte Oberfläche (Strahlwinkel 5°), links unten: Strahlwinkel 30°, rechts unten: Strahlwinkel 90°

7.4.4 Fazit der Strahlverschleißversuche

- Bei der Auswahl des Strahlmittels (als Kontaktpartner für Diamant) ist auch im Prallstrahl die Härteeinfluß größer als der der Partikelmasse.

- Beim Strahlen mit Al_2O_3-Partikeln wird bei Raumtemperatur im wesentlichen eine Glättung der Diamantrauheit erzielt, während karbidisches Strahlmittel die Schicht abträgt. In beiden Fällen handelt es sich um eine Verschleißtieflage.

- Eine oxidierend wirkenden Umgebung beschleunigt den Schichtabtrag massiv.

- Diamantbeschichtete Hartmetall-Wendeschneidplatten aus dem HCDCA-Verfahren besitzen eine vom Rand zur Probenmitte abnehmende Haftfestigkeit

- Bei der dünnen Diamantschichten (< 6μm) gibt einzig die Schichtdicke den Ausschlag für die Strahldauer bis zum Schichtverlust.

• Bei dickeren Schichten hat sich für die Beschichtungstechnologien T3 und T4 (ES la) ein Ranking des Hartmetalleinflußes von B >> A > C ergeben.

• Der weniger abrasive Test mit oxidischem Strahlkorn liefert Ergebnisse (ES lb), die gut mit den gemessenen E-Modulwerten korrelieren. Die E-Modulwerte bewerten die Stabilität der Interzone.

• Bei den kornvergröberten Sorten (E-Modifikationen) stellt die große Schichtrauheit einen ungünstigen Einflußfaktor auf die Strahldauer dar.

• Außer der TiN-Schicht halten die Nicht-Diamantschichten, die amorpher/schmierstoffartiger Natur sind (α-C:H, WC/C, CrC/C, MoS_2) oder keramische Anteile ((Ti,Al)N) besitzen, der Prallstrahlbeanspruchung unter den gegebenen Versuchsbedingungen nicht stand. Die (Ti,Al)N-Multilayer-Schicht vermag als einzige Nicht-Diamantschicht dem extremen Schrägstrahl (5°) zu widerstehen. Ein direkter Vergleich dieser Schichten zur Diamantschicht ist wegen der wesentlich geringeren Schichtdicken nicht möglich.

7.5   Die Kavitationserosionversuche

Die im Rahmen dieser Arbeit aufgebaute Kavitationerosion-Versuchseinrichtung bestand aus drei Elementen, dem Ultraschallgenerator USG 1802 (Fa. Maffei), der Beschallungseinrichtung und des indirekt arbeitenden Kühlaggregats. Der USG 1802 besaß eine maximale Eingangsleistung von 1800 W und war über ein Leistungsstellrad und eine Pegelanzeige diesbezüglich einstellbar. Seine Arbeitsfrequenz lag mit angekoppelter Schwingeinheit bei 21,4 kHz. Die Schalleinrichtung umfaßte den Schallkopf USK 1000, der in einem höhenverstellbaren Stativ fixiert war, ein Kopplungsstück und eine Stufensonotrode, sowie ein indirekt gekühltes Wasserbad mit einer positionsfesten Probenhalterung. Der Schallkopf war über ein Prisma ausgerichtet und in seiner Höhe - bezogen auf den Probenhalter bzw. die Probe - zum einen grob positionierbar und mit einem Anschlag zu sichern. Zum anderen konnte er mit einer Mikrometerschraube nachkorrigiert werden, damit zwischen der Sonotrode und der Probe ein definierter Spaltabstand einstellbar war. Zur Konstanthaltung der Schwingeigenschaften der Schalleinheit wurden der Schallkopf und die Sonotrode druckluftgekühlt. Die Anlage ist in **Abb. 7.5.1** dargestellt.

Der Probenhalter bestand aus einem fest ausgerichteten Arm, der vom Stativ in das Wasserbad führte. Am Ende des Arms konnte passgenau ein Steckklotz eingesetzt werden, der die Probe trug. Dieser quaderförmige Steckklotz wurde an der Oberseite von einem U-Profil umschlossen, das an der Innenseite mit Moosgummi gefüttert und an den Flanken mit Klemmschrauben am Quader zu arretieren war. Zwischen dem Moosgummi und der Quaderoberseite wurden die Proben geklemmt. Im U-Profil wurden entsprechend dem Sonotrodendurchmesser Bohrungen eingebracht, durch die die Sonotrodenspitze zur Probe eingestellt werden konnte. Die gesamte Probenhalterung befand sich etwa 15 mm unter der Wasseroberfläche in einem höhenverstellbaren Glasbehälter. Dieser wurde mit deionisierten Wasser gefüllt, das zuvor eine Stunde lang mittels Ultraschall entgast worden war. Ein Tauchkühler gewährleistete eine nahezu konstante Wassertemperatur ($\Delta T < 10°$). Der Tauchkühler wurde durch ein geregeltes, heiz- und kühlbares Aggregat versorgt, und die gesamte Schalleinheit und das Wasserbad von einem schallgedämmten Schrank umschlossen.

Als Sonotroden wurden dreifache Stufensonotroden aus TiAlV6 verwendet. Zusammen mit einem zweistufigen Kopplungsstück erreichte die Amplitude an der Sonotrodenspitze einen Wert von 30 µm. Dieser Wert wurde nach dem Einschwingen der Anlage mit Hilfe einer Meßuhr (Auflösung 0,001 mm) und deren Tasterträgheit nachgeprüft. Die Amplitude überschreitet damit den üblichen Wert der ASTM G32-85 /ASTMG32/ von 20 µm zur Prüfung des Widerstandes gegen Kavitationserosion deutlich. Vorversuche mit einer Amplitude von 20 µm hatten jedoch

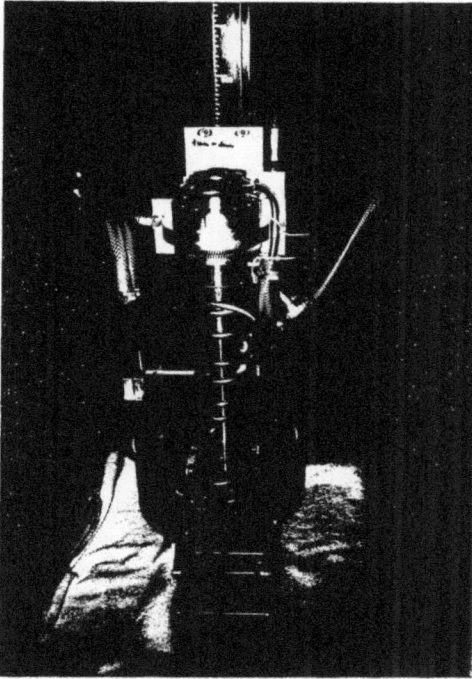

Abb. 7.5.1: Aufbau der Kavitationserosion-Versuchsanlage

selbst für diamantbeschichtete Hartmetallproben mit sehr schlechter Schichthaftung nach Versuchszeiten von 15 h nicht zu sichtbaren Schichtschäden geführt. Wie in /Schu67, Thi64, Wie68/ beschrieben, steigt die Werkstoffzerstörung mit zunehmender Schwingamplitude stetig an. Dies geschieht durch das Anwachsen der Blasenradien und die daraus resultierenden größeren Druckstöße, sowie die erhöhte Blasenbildungsrate. Aus diesem Grund wurde eine größere eingekoppelte Energie mittels einer höheren Schwingungsamplitude gewählt. Dies konnte angesichts der begrenzten Festigkeit der Schraubverbindungen in der Schwingungseinheit nur durch einen entsprechend kleinen Spitzendurchmesser der Sonotrode von 9,5 mm erreicht werden. Bei diesem dünnen Durchmesser war die Sonotrode gleichzeitig in ihrer Frequenzabstimmung (Sonotrodenlänge) robust gegen eine Nachglättung der prüfenden Sonotrodenstirnfläche (Die Rauheit dieser Stirnfläche sollte nach ASTM G32-85 einen Wert von Rq = 0,8 µm nicht überschreiten). Weiterhin wurde die Sonotrode wie auch das Kopplungsstück und der Schallkopf während des Betriebes druckluftgekühlt, damit sich die Schwingungseigenschaften durch eine unkontrollierte Aufheizung während der Versuchsdurchführung nicht änderten. Bei den übrigen Einstellgrößen wie der Spitzenrauheit der Sonotrode, dem Abstand Sonotrode-Probe, der Schwingungsfrequenz, dem Umgebungsmedium und dessen Temperatur wurden die Versuchsbedingungen dem Entwurf zu einer Norm für die Haftfestigkeitsprüfung mit dem Ultra-

Tab. 7.5.1: Versuchsparameter des Kavitationserosionversuchs, 15[5]40 bedeutet: von 15 bis 40 min in 5 min-Intervallen

Sonotrode	∅ 9,5 mm	Nennleistung	1800 W
Spaltabstand	0,5 mm	Leistungsaufnahme	ca. 200 W
Schwingungsfrequenz	21,4 kHz	Kontrollintervalle [min]	2[2]12,15[5]40,
Schwingungsamplitude	30 µm		40[10]100, 120[60]900

schall-Kavitationstest /IST97/ angepaßt. Die beschichteten Proben wurden in ihrer ursprünglichen Oberflächenrauheit belassen. Dies war einerseits notwendig, da eine Politur der Oberfläche zwangs-läufig zu einer undefinierten Verringerung der Schichtdicke geführt hätte, und andererseits die natür-

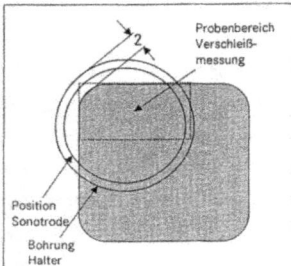

liche Schichtrauheit als verschleißrelevanter Parameter im Zerspanungseinsatz der untersuchten beschichteten Wende-schneidplatten zu betrachten ist. **Tabelle 7.5.1** gibt einen Überblick über alle gewählten Versuchsparameter, **Abb. 7.5.2** über Position und Größe des beschallten und des vermessenen Probenoberflächenbereichs (Größe ca. 0,5 x 0,8 mm).

Abb. 7.5.2: Position Sonotrode-Probe und Oberflächenmeßbereich

Die beschichteten Proben wurden in den Kontrollintervallen lichtmikroskopisch auf eine mögliche Verschleißausbildung hin untersucht. Dazu wurde das in Kap. 7.1 beschriebene Bilder-fassungssystem eingesetzt. Mit Hilfe der Bildverarbeitungs-software wurde der im Dunkelfeld erzeugte Hell-Dunkel-Kontrast des Oberflächenprofils der geteste-ten Probe flächenanteilig vermessen. Der prozentuale Anteil der Dunkelfläche (für jede Probe schema-tisch neben dem REM-Bild skizziert) stellte dabei den durch Kavitationserosion abgetragenen Bereich dar. Voraussetzung für diese Korrelation war eine vorhergehende Kalibration des Kontrastschwellwer-

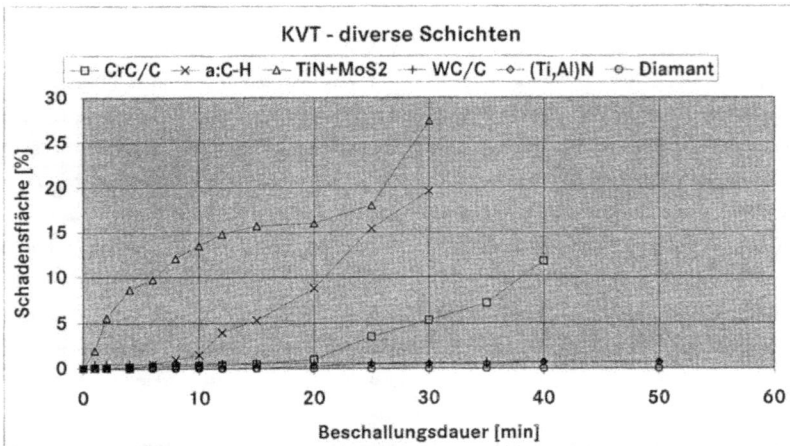

Abb. 7.5.3: Entwicklung der Schadensfläche verschiedenartiger Beschichtungen im Kavitationserosionstest in Abhängigkeit von Beschallungsdauer

tes auf die natürliche Rauheit der technischen Oberfläche einer jeden Beschichtung.

Die diamantbeschichtete Probe war vom Typ E3 (ES IIb). Alle anderen Beschichtungen wurden auf Hartmetallen der Sorte C mit kommerziellen Verfahren der jeweiligen Hersteller aufgebracht und besaßen unterschiedliche Schichtdicken und -rauheiten (s. Kap. 6.2.6). Die erodierten Flächenanteile sind prozentual in **Abb. 7.5.3** über der Schalldauer aufgetragen. Der Zustand der Diamantschicht änderte sich über die dargestellten 50 min hinaus bis zur Beschallungsdauer von 900 min nicht. Die REM-Aufnahmen der erodierten Schichtoberflächen sind für alle untersuchten Beschichtungen in den **Abb. 7.5.4 - 7.5.8** zu sehen. **Abb. 7.5.4** zeigt den Zustand der Diamantschicht nach 15 h Beschallungsdauer. In dieser Zeit hat sich lediglich eine Zersplitterung der Kanten einzelner Diamantkornspitzen erreignet, die Körner selbst blieben unverändert geschlossen im Schichtverbund.

Die α-C:H-Beschichtung (**Abb. 7.5.5**) zeigt hingegen großflächige Abplatzungen, die an einer Schadensstelle beginnen. Dies ist an der weitgehend unversehrten Substratoberfläche zu erkennen. Zuvor traten jedoch kohäsive Schichtverluste auf, die sich als ein stufiger Übergang der kavitationserodierten Oberfläche zum unversehrten Bereich darstellte. Die CrC/C-Schicht wurde hingegen gemäß **Abb. 7.5.6** durch einen kontinuierlichen Abtrag zerstört. Neben Resten der dropletartigen Erscheinungen, die interessanterweise ebenfalls eine kontinuierliche Erosion aufweisen, fällt auch der bevorzugte Abtrag entlang der erhabenen Schleifstrukturen des Hartmetalls auf. Die WC/C-Beschichtung (**Abb. 7.5.7**) zeigte nach einer verzögerten Inkubation eine zunehmende Zahl sehr kleiner und mit dem Messerfassungssystem nicht genau erfassbaren Abplatzungen, so daß das Substrat in kleinen Bereichen bis auf einen Restschleier von der Schicht befreit ist. Die MoS$_2$-Beschichtung wird trotz des talgigen Weichschmierstoffcharakters durch die Beschallung abgetragen. Hier muß jedoch von einer starken Lösungswirkung des umgebenden Wassermediums ausgegangen werden. Das darunterliegende TiN zeigte nach der Freilegung eine rote, korrosive Verfärbung und wurde an einigen Stellen durchbrochen. **Abb. 7.5.8** zeigt eine solche Stelle. Die (Ti,Al)N-Beschichtung zeigte ebenfalls diesen Rotschimmer, der sich mit Hilfe eines Alkohols jedoch abreiben lies. Diese Beschichtung zeigte bereits nach 10 min erste Risse, die sich nach 20 min bereits zu kleinen Abplatzbereichen ausgeweitet hatten. Dieser Trend setzte sich bis zum Versuchsende bei 100 min fort. Wegen der Viellagenstruktur konnte der überwiegende Teil dieser Veränderungen der Oberfläche, der nicht durch die ganze Schicht hindurchreichte, meßtechnisch nicht korrekt erfaßt werden. **Abb. 7.5.9** zeigt, daß sich jedoch auch einige kleine Schichtdurchbrüche ereignet haben.

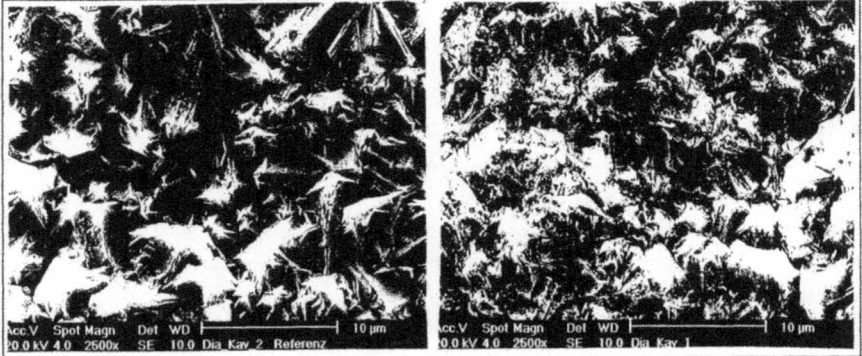

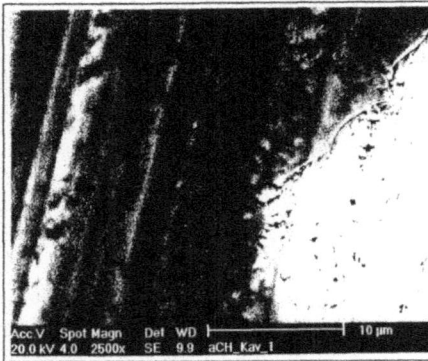

Abb. 7.5.4: REM-Aufnahme der Diamantbeschichtung (E, ES IIb); links: Referenzoberfläche, rechts: beschallte Oberfläche (Schalldauer: 900 min)

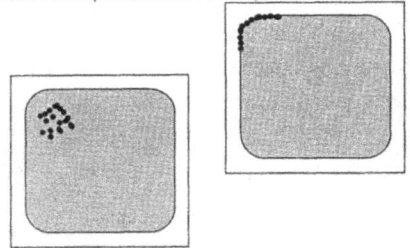

Abb. 7.5.5: REM-Aufnahme der α-C:H-Beschichtung: beschallte Oberfläche (Schalldauer: 30 min)

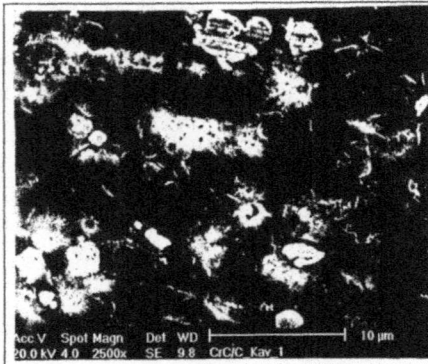

(Die schematischen Darstellungen der Probenspanfläche zeigt die Lage der nach Versuchsende vorhandenen Abplatzungen und Erosionen)

Abb. 7.5.6: REM-Aufnahme der CrC/C-Beschichtung: beschallte Oberfläche (Schalldauer: 40 min)

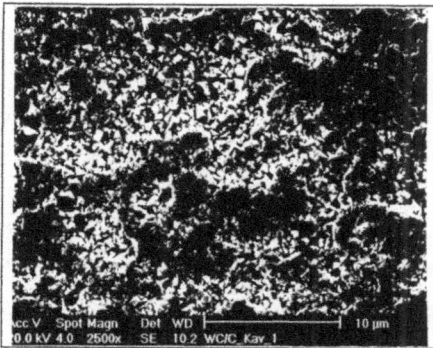

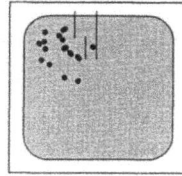

Abb. 7.5.7: REM-Aufnahme der WC/C-Beschichtung: beschallte Oberfläche (Schalldauer: 100 min)

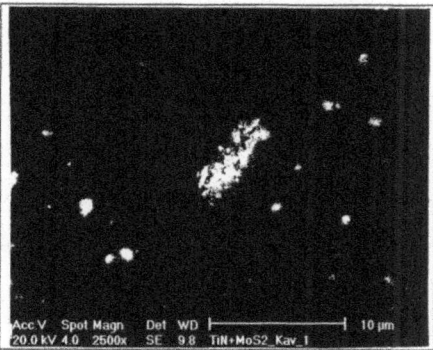

Abb. 7.5.8: REM-Aufnahme der TiN+MoS$_2$-Beschichtung: beschallte Oberfläche (Schalldauer: 30 min)

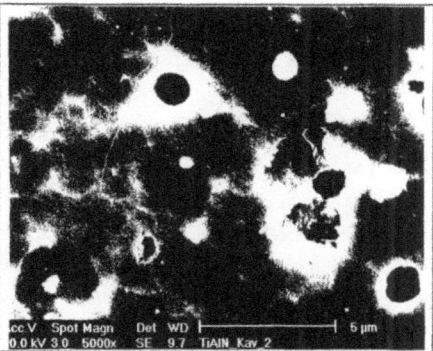

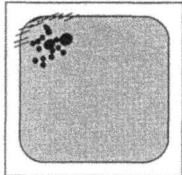

Abb. 7.5.9: REM-Aufnahme der (Ti,Al)N-Beschichtung: beschallte Oberfläche (Schalldauer: 50 min)

Fazit der Kavitationserosionversuche

- Die Diamantschicht zeigte mit kleinen Kristallkantenabsplitterungen den größten Verschleißwiderstand, dicht gefolgt von der Viellagenschicht aus (Ti,Al)N, deren innere Struktur einer massiven Rißausbreitung standhielt.

- Je spröder die Nicht-Diamantschichten sind (am meisten die α-C:H-Schicht), desto rascher tritt eine Kavitationserosion ein.

- Alle Proben zeigten an den Kanten leichte Beschädigungen. Hier ist das umgebende Blasenfeld undefiniert.

7.6   Die Impulsversuche

Für die Impulstestversuche wurde ein Impulstester (RWTH Aachen, Inst. f. Werkstoffwissenschaften) eingesetzt, der in reproduzierbaren Pulsen eine Hartmetallkugel ($\varnothing$ = 5mm) auf die zu prüfende, trockene Oberfläche schlug. Fest verbunden mit einem Kraftaufnehmer und einer Stoßmasse wurde diese in einer Buchse geführt, während die Stoßkraft und die Stoßzahl von einem Rechner erfaßt und geregelt wurden. Die Erzeugung geschah durch einen Elektromagneten, der die Baugruppe Permanentmagnet, Kraftaufnehmer (Quarzkristallmeßring) und Hartmetallkugel in Schwingungen versetzte. Über den Spulenstrom des Elektromagneten wurden die Schwingungsfrequenz und die Stoßkraft eingestellt. Die schematische Darstellung des Versuchsgerätes ist in Kap. 5.6 dargestellt. **Tabelle 7.6.1** zeigt die gewählten Versuchsparameter.

Tab. 7.6.1: Versuchsparameter der Impulsversuche

Parameter	Einstellwert
Schlagfrequenz	50 Hz
Schlagkraft	700, 900, 1000 N
Lastspielzahl	max. $6 \cdot 10^7$
Kontrollintervalle	nach 350000, 700000, $1 \cdot 10^6$, $1 \cdot 10^7$, $6 \cdot 10^7$ Lastwechseln

Die Durchführung des Impulstests diente zum einen der generellen Überprüfung einer möglichen Tauglichkeit dieses Verfahrens auf die Schichthaftungsprüfung an diamantbeschichteten Hartmetallen. Zum anderen sollte in Anlehnung an das Belastungsregime im Fräsen gegebenenfalls der Widerstand der Diamantschicht und der Interzone gegen den komplexen Mechanismus der Oberflächenzerrüttung von der ersten Schädigung bis zum totalen Versagen bewertet werden. Dazu wurden die Proben in regelmäßigen Abständen (Lastspielzahlen) mikroskopisch auf Veränderungen an der Oberfläche hin untersucht und danach zur Weiterprüfung zentriert wieder in das Versuchsgerät eingesetzt. Verwendet wurden für diese Versuche je eine "schwache" Probe der Sorte T2A und eine "stärkere" Probe der Sorte T3A aus dem Entwicklungsschritt ES Ia. Die Klopfstellen lagen - analog der Spankontaktstelle in der Anwendung - im Bereich der Schneidecke.

Bei der Probe T2A konnte nach $1 \cdot 10^6$ Lastwechseln bei L=700N keine Schädigung festgestellt werden. Erst bei einer Prüflast von L=900N zeigten sich im Kontrollintervall nach 700.000 Schlägen erste

Beschädigungen (**Abb. 7.6.1**), die nach $1*10^6$ Schlägen - dies entspricht einer Prüfdauer von 5,5 h - zu klaren Abplatzungen führten (**Abb. 7.6.2**). Das freigelegte Substrat zeigte Zerrüttungen in der Oberfläche, die angesichts des Schadensverlaufs bereits vor dem Schichtverlust entstanden sind. Interessanterweise sind auch im nahen Umfeld der Klopfstelle weitere Stellen mit Schichtverlust zu finden.

Hingegen konnten bei der Probe T3A weder bei L=900N nach $6*10^7$ Schlägen (Prüfdauer ca. 333 h, **Abb. 7.6.3**), noch nach $1*10^6$ Schläge bei L=1000N Beschädigungen der Schicht entdeckt werden (Die sich abzeichnende Kontaktstelle wurde durch den Abrieb der HM-Klopfkugel verfärbt). Auf weitere Versuche wurde wegen der langen Prüfzeiten verzichtet.

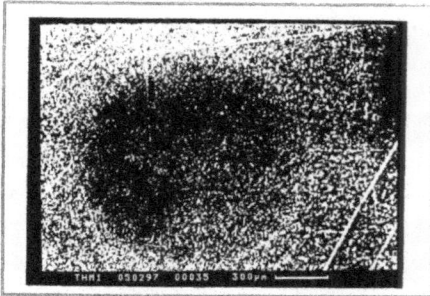

Abb. 7.6.1: Spanfläche der Probe T2A nach $7*10^5$
Lastwechseln bei L=900N

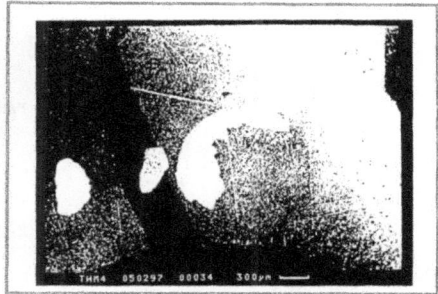

Abb. 7.6.2: Spanfläche der Probe T2A nach $1*10^6$
Lastwechseln bei L=900N

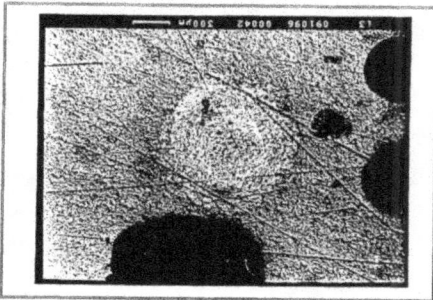

Abb. 7.6.3: Spanfläche der Probe T3A nach $6*10^7$
Lastwechseln bei L=900N

Fazit der Impulsversuche

- Eine Interzonenzerrüttung , die nachfolgend zu einem Schichtverlust führt, stellt sich bei diamantbeschichteten Hartmetallproben auch bei einer schlechten Substratvorbehandlung (ohne Co-
Ätzung) und geringer Schichtdicke (ca. 5 μm) erst nach 700.000 Schlägen ein. Für besser haftende Schichten ist der Test nicht anwendbar.

7.7   Die Thermoschockversuche

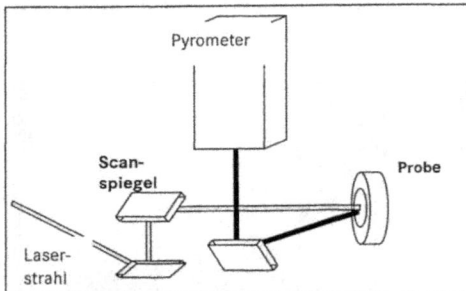

Abb. 7.7.1: Aufbau des Thermoschocktests (schematisch)

Das Prinzip des Thermoschockversuchs besteht in einer schnellen, gepulsten, lokalen Werkstoffaufheizung mit Hilfe eines leistungsstarken Laserstrahls und der anschließenden Selbstabschreckung des Prüflings. Dabei erlaubt der Einsatz eines Hochgeschwindigkeitspyrometers die Erfassung der Oberflächentemperatur und damit die Bestimmung der zeitabhängigen Materialbeanspruchung. **Abb. 7.7.1** zeigt den schematischen Aufbau der Versuchsapparatur. Zur Probenaufheizung wurde ein Nd:YAG-Festkörperlaser (Fa. Haas Laser GmbH, Typ.LAY1000, Wellenlänge 1,06 μm), zur Temperaturerfassung ein Pyrometer des Typs BP100 verwendet. Das Pyrometer arbeitete im Wellenlängenbereich von 2 bis 5 μm, mit einem Meßfleck von etwa 2 mm Durchmesser und einer Meßfrequenz von 10^4 Hz. Den Temperaturdaten wurde ein Emissionskoeffizient der Probe von e = 1 zugrunde gelegt. Die bedeutete, daß die realen Temperaturen bei einem Koeffizienten e < 1 tendenziell höher anzusiedeln waren. Für eine bessere örtliche Auflösung der Temperaturverteilung im Strahlfleck wurde in Einzelfällen ein Thermographiesystem des Typs THV 900 SW/FT (Fa. AGEMA Infrared Systems) hinzugezogen.

Abb. 7.7.2: Test-
bereich auf der
Spanfläche

Der Heiz- und Meßfleck wurde auf der quadratischen Spanfläche der Wendeschneidplatte so plaziert, daß er weitgehend deckungsgleich mit der Kontaktzone "Span-Schneide" in den Fräsversuchen war (**Abb. 7.7.2**). Durch die Wahl der Einkopplungsfläche, der Pulsfrequenz und der Pulsdauer wurde die Thermoschockprüfung den Randbedingungen der diamantbeschichteten Schneidwerkzeuge in den nachfolgend beschriebenen Zerspanungsversuchen angenähert. **Tabelle 7.7.1** zeigt die eingestellten Versuchsparameter der Strahlregelung:

Tab. 7.7.1: Versuchsparameter beim Thermoschocktest

Pulsfrequenz	200 Hz	Laserleistung	1 kW
Pulsdauer	2 ms	Spot-∅	2 mm

Das Versuchsregime orientierte sich dabei an der gezielten Variation der maximalen Oberflächentemperatur und der Anzahl der Zyklen. Traten in den Versuchen Probentemperaturen größer 850°C auf, so kam es meist zur Oxidation der Diamantschicht. Die Pulsfrequenz und die Pulsdauer entsprachen dem Schneideneingriff bei der Fräsbearbeitung von AlSi10Mg wa im Gleichlauf.

Im Unterschied zum Realfall liegt beim Thermoschocktest der Wärmeeinkopplungspunkt unter der Diamantschicht auf der Substratoberfläche. Dies liegt in der Transparenz der Diamantschicht für die Wellenlänge des gewählten Lasers begründet. Berücksichtigt man jedoch die extrem hohe Wärmeleitfähigkeit der polykristallinen Diamantschicht von etwa 1000 W/mK (in Wachstumsrichtung, quer dazu nur ca. 500 W/mK, je nach Korngröße) /Güt99/, so dürfte sich dieser Unterschied nur marginal auf die praxisorientierte Aussage der Versuchsergebnisse auswirken. Die Temperaturmessungen erfolgten systembedingt ebenfalls an der Grenzfläche der Diamantschicht zum Hartmetall. Das schnelle Aufheizen und Abkühlen im zeitlichen Temperaturprofil unter der gepulsten Lasereinkopplung ist in **Abb. 7.7.3** exemplarisch wiedergegeben.

Bei einer längeren Versuchsdauer heizten sich wegen des Ungleichgewichts von Wärmezu- und -abfuhr allgemein die Proben stark auf. Dieser Effekt konnte mit Hilfe einer Wasserkühlung der Probe reduziert werden (**Abb. 7.7.4**), so daß sich die mittlere Probentemperatur der geschätzten Temperatur beim Fräsen von 350°C annäherte. Die **Abb. 7.7.5** verdeutlichen die Temperaturverteilung im Strahlflecks während des Versuchs und danach. Das maximale Temperaturniveau des Flecks ergab sich aus der eingestellten Laserleistung, die Temperaturverteilung aus dem Leistungsdichteprofil des Strahls. Die nach Versuchsende innerhalb weniger Millisekunden abgebaute Temperatur fließt überwiegend in das Hartmetallsubstrat ab. Dies ist an der geringen lateralen Ausbreitung des Wärmeflecks zu erkennen. **Abb. 7.7.6** gibt den zeitlichen Verlauf des Temperaturprofils wieder. Mit der typischen Wärmeleitfähigkeit für polykristallinen Diamant erhält man bei einer Impulsdauer von 2 ms eine Eindringtiefe des Temperaturfeldes in Diamant von etwas mehr als 1 mm; bei Wolframkarbid ergeben sich etwa 150 µm.

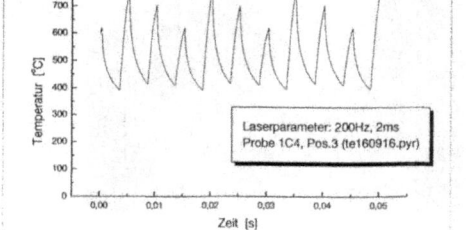

Abb. 7.7.3: Temperaturverlauf in der Probe unter Laserpulsbeaufschlagung

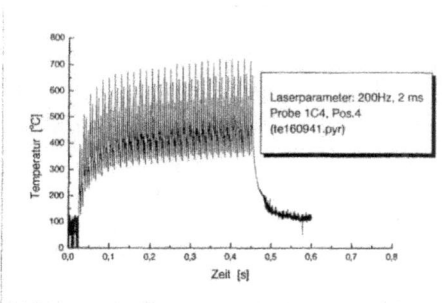

Abb. 7.7.4: Mittlerer Temperaturanstieg in der Probe unter Dauer-Laserbeaufschlagung

Bei der geringen Wärmekapazität von Diamant hat diese keinen Einfluß auf die Aufheiztiefe des Hartmetalls. Wegen der geringen Schichtdicke der vorliegenden Diamantschichten ergibt sich trotz der guten Wärmeleitfähigkeit außerdem eine irrelevante laterale Wärmeabfuhr.

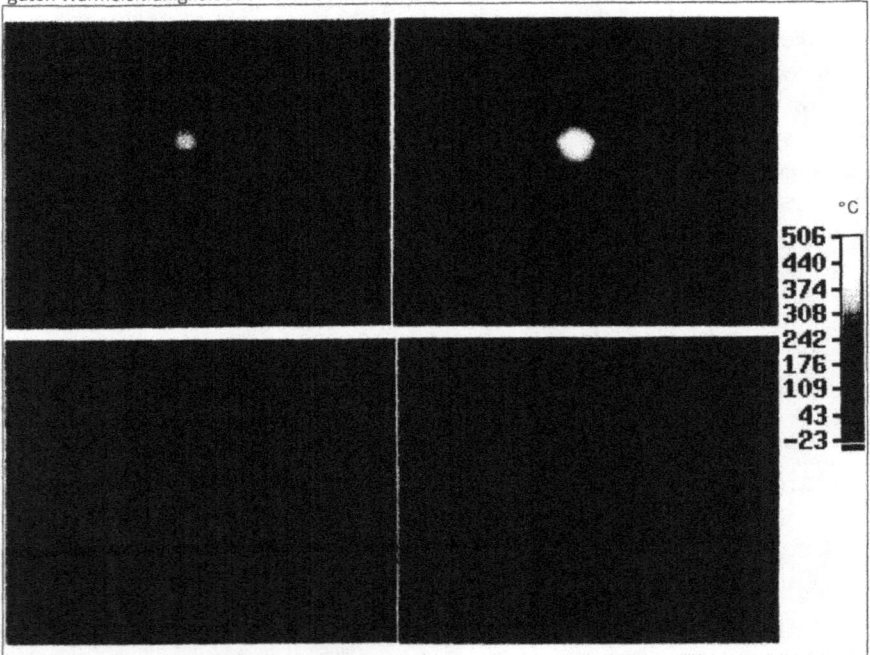

Abb. 7.7.5: Temperaturverteilung im Strahlflecks während des Versuchs und danach (Falschfarbendarstellung, Pulsdauer 2 ms, Versuchsdauer: 100 Pulse = 0,5 s); o.l.: kurz nach Beginn (0,5s), o.r.: 0,17s später,u.l.: unmittelbar nach Ende der Zyklierung, u.r.: 0,2s später

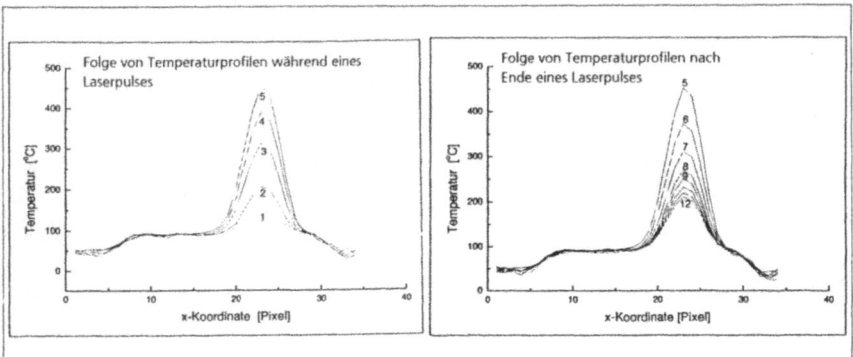

Abb. 7.7.6: Zeitlicher Verlauf des Temperaturprofils über dem Strahlfleckdurchmesser links: zu Beginn der Aufheizphase, rechts: direkt nach der Abkühlphase (1 Pixel = 0,5 μm, Zeitintervall step-to-step: 450 μs)

Die Thermozyklierversuche wurden an verschiedenen Proben des ES Ib durchgeführt. In **Tab. 7.7.2** sind die Parameter und die Ergebnisse der Probe T1A wiedergegeben.

Tab. 7.7.2: Ergebnis der Thermozyklierversuche an einer Probe T1A (ES Ib)

Max. Temperatur	Zyklenzahl	Befund
900	1000	Im Spotzentrum Dunkelfärbung der Schicht
900	10000	Im Spotzentrum Schicht entfernt
850	10000	Im Spotzentrum leichte Dunkelfärbung der Schicht
850	13000	Im Spotzentrum Dunkelfärbung mit beginnendem Schichtabtrag
800	49200	Aufhellung im Spotzentrum

Die **Abb. 7.7.7** zeigt beispielhaft eine lichtmikroskopische Aufnahme des durch 1000 Zyklen mit Tmax=900°C belasteten Oberflächenbereichs. Deutlich erkennbar ist die dunkle Färbung der Schichtoberfläche. Nach 10000 Zyklen hat sich bereits die in **Abb. 7.7.8** erkennbare Schichtoxidation eingestellt. Für die Probe T1B sind die Ergebnisse in **Tab. 7.7.3** zusammengestellt. **Abb. 7.7.9** zeigt die durch 56500 Thermozyklen bei 800°C oxidierte Diamantschicht im Zentrum des belasteten Bereichs

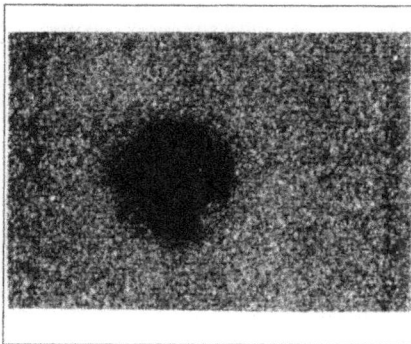

Abb. 7.7.7: Probe T1A (ES Ib): Lichtmikroskopische Aufnahme des durch 1000 Zyklen mit Tmax=900°C belasteten Diamantschichtbereichs (LM 200:1)

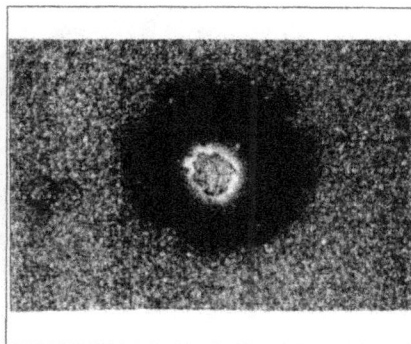

Abb. 7.7.8: Probe T1A (ES Ib): Lichtmikroskopische Aufnahme der durch 10000 Zyklen mit Tmax=900°C erodierten Oberfläche (LM 200:1)

der Schichtoberfläche. **Tab. 7.7.4** enthält die Ergebnisse einer Probe T1C. Deren Zustand nach 10000 Zyklen bei Tmax=900°C ist **Abb. 7.7.10** zu entnehmen. In **Abb. 7.7.11** findet sich ein ähnlicher Schadenszustand nach einem Langzeitversuch von 240000 Zyklen bei 720°C.

An den bezeichneten Stellen wurden Ramanspektroskopische Messungen durchgeführt. Dabei bedeutet

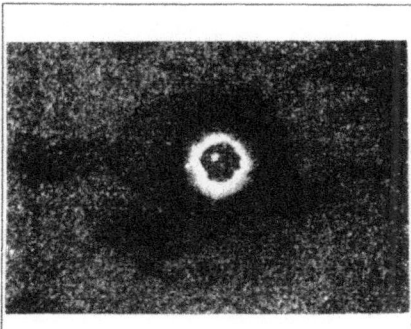

Abb. 7.7.9: Probe T1B: Durch 56500 Thermozyklen bei 800°C erodierte Diamantschicht im Zentrum des belasteten Bereichs (LM 200:1)

Tab. 7.7.3: Versuchs-/Ergebnisparameter der Probe T1B (ES Ib)

Max. Temperatur	Zyklenzahl	Befund
900	1000	Im Spotzentrum leichte Dunkelfärbung der Schicht
900	10000	Im Spotzentrum Schicht entfernt
850	9400	Im Spotzentrum Dunkelfärbung der Schicht mit hellem Zentrum
800	10000	Im Spotzentrum leichte Dunkelfärbung
800	20500	Im Spotzentrum leichte Dunkelfärbung
800	56500	Im Spotzentrum Schicht entfernt

Tab. 7.7.4: Versuchs-/Ergebnisparameter der Probe T1C

Max. Temperatur	Zyklenzahl	Befund
900	1000	Im Spotzentrum Dunkelfärbung der Schicht
900	10000	Im Spotzentrum Dunkelfärbung der Schicht mit hellem Zentrum
850	10000	Im Spotzentrum Dunkelfärbung der Schicht
850	30000	Im Spotzentrum Dunkelfärbung der Schicht mit hellem Zentrum
800	53600	Im Spotzentrum Dunkelfärbung der Schicht

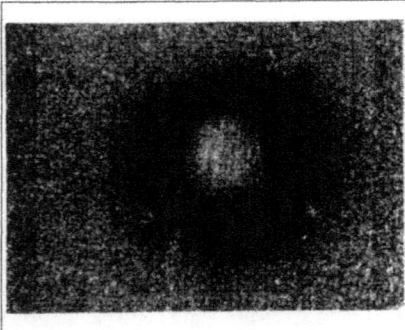

Abb. 7.7.10: Probe T1C: Zustand nach 10000 Zyklen bei Tmax=900°C (LM 200:1)

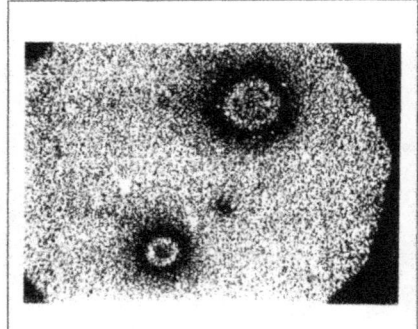

Abb. 7.7.11: Probe T1C: Zustand nach einem Langzeitversuch von 240000 Zyklen bei 720°C (LM 120:1)

- R: Randgebiet, vom Thermoschock unbeeinflußte Diamantschicht,

- Z: Zentrum verbliebener oxidierter Schicht (Rand des durch Laserschock optisch veränderten Gebiets) und

- K: Krater, Zentralbereich mit abgetragener Schicht.

In **Abb. 7.7.12** sind die Spektren der drei Zonen im gleichen Maßstab (*Bild links*), sowie die zum Profilvergleich auf die Höhe des Diamantpeaks der unbeeinflußten Schicht (in R) normierte Auftragung dargestellt (*Bild rechts*). Im Bereich der optischen Veränderung Z wurde die Raman-Intensität stark herabgesetzt, im Güteverhältnis des Diamantpeaks ($1335 \ cm^{-1}$) zum amorphen Band (um $1500 \ cm^{-1}$) jedoch nicht verändert. Lediglich der Peak des mikrokristallinen Diamants bei $1134 \ cm^{-1}$ tritt stärker hervor. Im Krater des Prüfflecks befinden sich offensichtlich noch Reste der Diamantschicht, die sich in der Güte nicht von der unversehrten Schicht unterscheiden. Demnach kommt es durch die

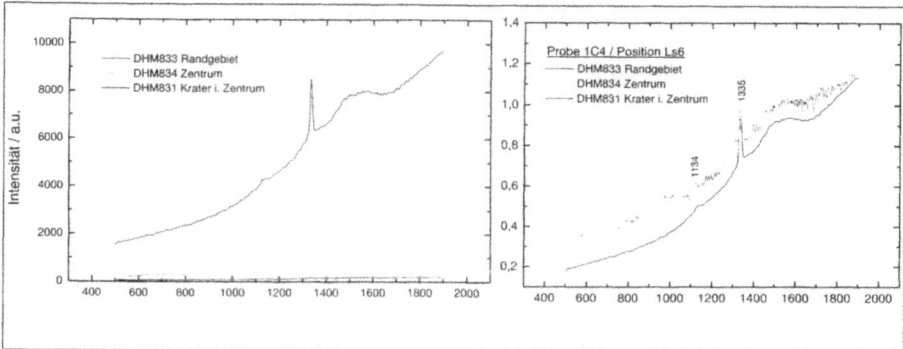

Abb. 7.7.12: Ramanspektrum des Zentrums der Probe T1C in identischem Maßstab (links) und in normiertem Maßstab (rechts)

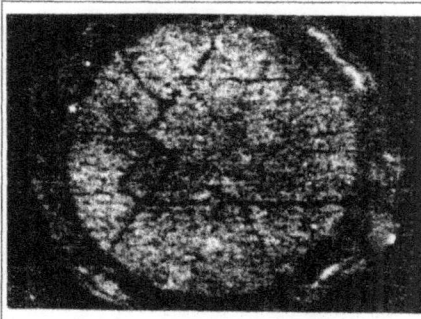

Abb. 7.7.13: Thermoschockgeschädigte Hartmetall-oberfläche der Probe T1C (LM 500:1)

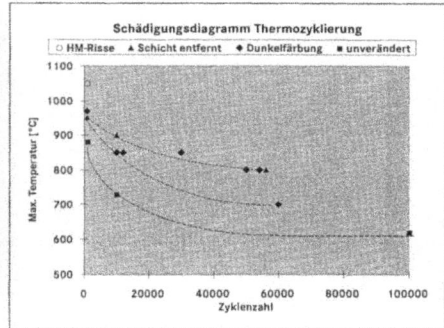

Abb. 7.7.14: Schädigungsdiagramm der Thermo-schockversuche

Laserbestrahlung primär zu einer Oxidation der Diamantschicht, der eine Graphitisierung vorangegangen sein kann. Hinsichtlich der Schädigungsausprägung kann zwischen den verschiedenen diamant-beschichteten Proben keine signifikanten Unterschiede im Schädigungsverhalten festgestellt werden. Klassifiziert man die Schadensart und trägt sie über der Zyklenzahl und der Probentemperatur T_{max} auf, so ergibt sich das in **Abb. 7.7.14** wiedergegebene sogenannte Schädigungsdiagramm.

Fazit der Thermozyklierversuche

Für alle untersuchten Proben lassen sich die folgenden Grundaussagen zum Schädigungsverhalten machen:

- Bei Zyklierversuchen mit Probentemperaturen bis 700°C lassen sich in angemessener Zeit keine Schädigungsanzeichen erkennen. Es stellt sich lediglich eine Dunkelfärbung der Oberfläche ein. D.h. eine anwendungsrelevante Prüfung (Thermo-Ermüdung) der diamantbeschichteten Hartmetalle für das Fräsen ist nicht möglich.

- Durch den Belag auf der Oberfläche wird zunehmend Laserleistung an der Oberfläche absorbiert. Die dann einsetzende Aufhellung des Zentrums stellt den Beginn der Diamantoxidation dar. (Vgl. **Abb. 7.7.10**). Dadurch sind die Schädigungsvorgänge Erosion, Oxidation und Graphitisierung nicht mehr differenzierbar.

- Bei längeren Zyklierzeiten oder höheren Probentemperaturen kommt es zum Abtrag der Schicht und zur Freilegung des Hartmetallsubstrats. Bei Probentemperaturen oberhalb 950°C bilden sich in der Hartmetalloberfläche interkristalline Risse. Dies ist in **Abb. 7.7.14** dargestellt.

8 Die Zerspanungsversuche

8.1 Die Werkstückstoffe

8.1.1 Die Herstellung und die metallurgischen Befunde

Als Werkstückstoffe für die Zerspanungsversuche wurden die Gußwerkstoffe AlSi10Mg wa und AlSi17MgCu4 verwendet. Diese Werkstoffe werden bei DaimlerChrysler in Motor- Zylinderköpfen der 4- und 6-Zylinder-Benzinmotoren mit 2 und 4 Ventilen bzw. für Achtzylindermotoren verwendet. Der untereutektische Werkstoff AlSI10Mg wa wird bei etwa 730°C im Sandgußverfahren hergestellt. Zur Einstellung eines geeigneten Gefügezustandes wurden sogenannte Abschreckplatten zur gezielten Abkühlung eingesetzt. Bei Legierungen dieses Typs folgt nach langsamer Abkühlung und 3-4 stündigem Rekristallisationsglühen bei 510 bis 530°C eine ca. 20- stündige Ausscheidungshärtung bei 150 °C. Die Zugfestigkeit liegt bei etwa R_m = 160 N/mm^2, die Bruchdehnung bei ca. A_5 = 0,7%. Der übereutektische Al-Guß AlSi17MgCu4 unterscheidet sich gegenüber dem untereutektischen in der 5- stündigen Ausscheidungshärtung bei 230°C und in der Zugfestigkeit von 150 N/mm^2.

Die **Abb. 8.1.1** -**8.1.2** zeigen die Gefügeschliffe von zwei der drei verwendeten AlSi10Mg wa-Chargen. **Abb. 8.1.1** repräsentiert die erste Charge der Drehrohlinge, **Abb. 8.1.2** die erste Charge der Fräsrohlinge. Dabei ergibt sich ein herstellungstechnischer Unterschied im Gefüge zwischen den Dreh- und den Fräsrohlingen. Zudem weisen die verschiedenen Chargen für das Drehen bzw. für das Fräsen unterschiedliche Festigkeiten auf (s. **Tab. 8.1.1**). Das Gefüge ist sehr inhomogen. Neben den deutlich hervortretenden, weißen AlMg- Dendriten ist das eutektische AlSi- Gefüge in den schwarzgepunkteten Flächen zu erkennen. Die vorteilhafte kugelförmige Struktur erhalten die feinen Silizium- Ausscheidungen durch die Beimengung geringer Mengen an Natrium. Darüber hinaus liegen langgestreckte Ausscheidungen aus Eisen oder Eisenverbindungen sowie Poren vor. Das Gefüge der verwendeten AlSi17MgCu4-Charge ist in **Abb. 8.1.3** wiedergegeben. Gegenüber

Tab. 8.1.1: Die Brinellhärten der verarbeiteten Chargen in $HB_{2,5/187,5}$

Charge	Werkstoff	Härte	Verwendung
Charge1 (Drehen1)	AlSi10Mg wa	105	ES Ia
Charge2 (Drehen2)	AlSi10Mg wa	115	ES Ib
Charge3 (Fräsen/Bohren1)	AlSi10Mg wa	95-105	ES Ia
Charge 4 (Fräsen/Bohren2)	AlSi10Mg wa	113-121	ES Ib
Charge 5 (Fräsen)	AlSi17MgCu4	93-110	ES II-III

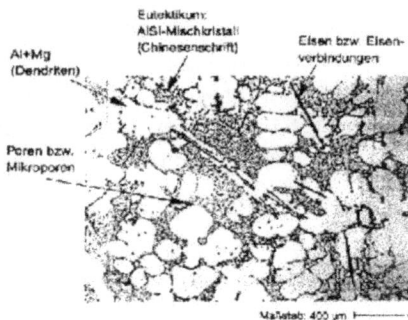

Abb. 8.1.1: Das Gefüge der Legierung AlSi10Mg wa (Charge 1)

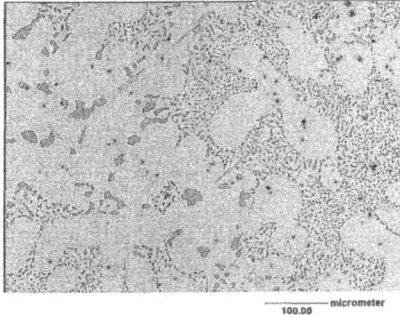

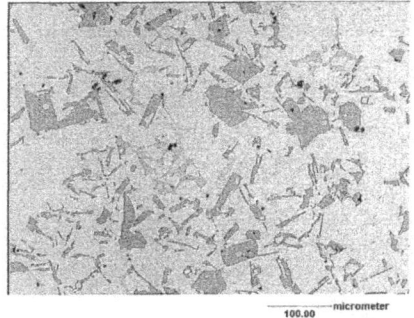

Abb. 8.1.2: Das Gefüge der Legierung AlSi10Mg wa (Charge 3)

Abb. 8.1.3: Das Gefüge der Legierung AlSi17MgCu4 (Charge 5)

Tab. 8.1.2: chem. Analysen der Al-Gußchargen

Analyse	Si	Fe	Mg	Cu	Ti	Mn	Zn
Charge 1	9,661	0,211	0,201	0,098	0,077	0,048	0,038
Charge 3	10,08	0,15	0,39	0,004	0,060	0,009	0,026
Charge 4	9,81	0,34	0,29	0,03	0,10	0,17	0,042
Charge 5	16,41	0,33	0,51	4,77	0,07	0,10	0,05

Analyse	Na	Sr	Ni	Cr	Pb	P	Sn
Charge 1	0,047	0,00?	0,004	0,001	0,001	0,0008	
Charge 3		0,002	0,011	–	–		0,003
Charge 4		0,002	0,009	0,002	0,003		0,004
Charge 5		0,002	0,008	0,005	0,023		0,013

der untereutektischen Legierung erkennt man deutlich den Unterschied in den Si-Ausscheidungen. Eine Spektralanalyse lieferte die folgenden Massenanteile der einzelnen chemischen Elemente:

8.1.2 Die Abmessungen der Werkstücke

Die Rohlingsmaße der verwendeten Gußwellen bzw. -platten sind in **Tab. 8.1.3** wiedergegeben. Während die Drehrohlinge (Wellen) durch Abdrehen auf den Durchmesser von 110 mm egalisiert wurden, wurden die Fräs- und Bohrrohlinge vor Versuchsbeginn mit einem Messerkopf vorgefräst und an den Seiten auf die unten angegebenen Maße abgelängt. Das bei den Bohrversuchen in der Gußlegierung erzeugte Bohrbild ist in **Abb. 8.1.4** dargestellt. Die Bohrtiefe betrug 55 mm.

Tab. 8.1.3: Rohlingsmaße

Verfahren	Länge:	Breite:	Dicke:
Drehen	500 mm	⌀120 mm	–
Fräsen/Bohren	410 mm	186 mm	60 mm

8.1.3 Die Versuchsmatrix

Wenn in der Beschreibung der Ergebnisse nicht anders angegebenen, wurden mindestens 3 identische Versuchsreihen (gleiche Schneidplattenvarianten) durchgeführt. Die nachfolgend beschriebenen Ergebnisse umfassen die in **Tab. 8.1.4** dargestellten Zerspanungsversuche:

Tab. 8.1.4: Matrix der Entwicklungsschritte in den verschiedenen Zerspanungsversuchen

Verfahren	Entwicklungsschritt				
	Ia	Ib	IIa	IIb	III
Fräsen	X	X	X	X	X
Drehen	X	X			
Bohren	X				

Darin kommt dem Fräsen die größte Bedeutung zu, da es hinsichtlich des Einsatzes von Wendeschneidplatten in der Getriebe- und Motorenfertigung den größten Anwendungsbereich findet. Die Dreh- und Bohrversuche dienten der Ergänzung der anwendungstypischen Schneidenbeanspruchungen um andersartige Lastcharakteristika (siehe Kap. 4.2 und 4.3), damit die Schichthaftungsprüfverfahren in ihren Eigenschaften praxisrelevant bewertet werden können.

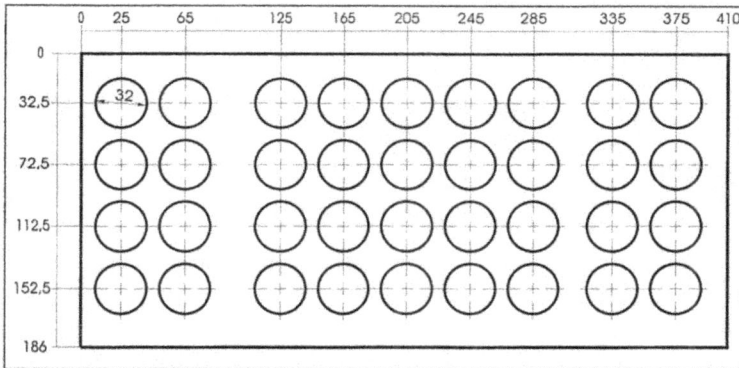

Abb. 8.1.4: Das durch die Bohrversuche in AlSi10Mg wa erzeugte Bohrbild

8.2   Die Fräsversuche

8.2.1   Versuchsbedingungen

In diesen Versuchen wurde in Anlehnung an konkrete Prozesse der Getriebegehäuse- und Zylinderkopffertigung der Stirnplanfräsprozeß eingesetzt. Die bei den Zerspanungsversuchen verwendete Fertigungsmaschine war ein Fräsautomat des Typs nb-h 150 der Firma Hüller Hille mit den folgenden technischen Daten:

Tab. 8.2.1: Technische Daten des Bearbeitungszentrums:

Größe		Werte
Drehzahl:		25-5500 U/min
Arbeitsleistung bei 100% ED:		max. 27 kW
Nenndrehmoment an Spindel bei 100% ED:		max. 850 Nm
Vorschubkraft in X-, Y-, Z- Achse bei 100% ED:		ca. 15000 N
Verfahrwege:	X- Achse:	800 mm
	Y- Achse:	630 mm
	Z- Achse:	630 mm
Kühlmittelanlage:	Äußere und innere Kühlmittelzufuhr	
	Förderleistung:	30 l/min bei 10 bar
		bzw. 40 l/min bei 8 bar

Für die Durchführung der Fräsversuche wurde ein Messerkopfgrundkörper der Firma Plansee TIZIT verwendet (**Abb. 8.2.1**). Der Fräser ist für den gleichzeitigen Einsatz von 10 Wendeschneidplatten vom Typ SPGN 120308 ausgelegt.

In den verschiedenen Teilversuchen wurde er jeweils mit einer bzw. fünf der zu untersuchenden Schneidplatten bestückt. Um bei einfacher Besetzung und einem eventuellen Versagen der Testplatte eine Beschädigung des Fräsergrundkörpers auszuschließen, wurde im Folgeklemmplatz hinter der Testplatte eine Hartmetallplatte eingefügt. Das radiale Zurückversetzen dieser Platte vermied eine Beteiligung am Zerspanungsvorgang unter den normalen Versuchsbedingungen.

Bei der Ermittlung optimaler Schnittparameter für die Durchführung der Fräsversuche in AlSi10Mg wa erwies es sich als sinnvoll, die durch die Bohrversuche vorbearbeiteten Werkstücke wegen der Potenzierung der Schnittunterbrechungen für die Fräsuntersuchungen heranzuziehen. Die sich dabei erge-

Abb. 8.2.1: Stirnplan-Messerkopffräser der Versuche

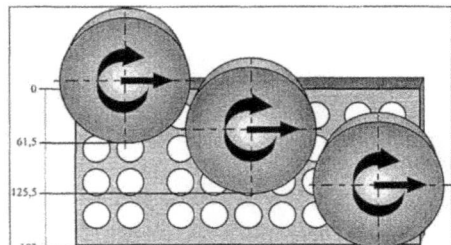

Abb. 8.2.2: Fräsbahnen bei der Bearbeitung von AlSi10Mg wa

benden geometrischen Bedingungen und die für die Versuche gewählten Eingriffsbreiten sind für den Gußwerkstoff in **Abb. 8.2.2** aufgezeigt. In den Versuchen mit AlSi17MgCu4 wurde mit einer umgekehrten Schnittbahnenfolge (Gegenlauffräsen) und ohne Bohrungen gearbeitet. Die Daten des Fräsers und der Schnittbedingungen sind **Tab. 8.2.2** bzw. **Tab. 8.2.3** zu entnehmen.

Tab. 8.2.2: Abmessungen des Fräsers

Fräswerkzeug	
Durchmesser d_1	160 mm
Durchmesser d_2	167 mm
Einstellwinkel κ	75°
Axialer Spanwinkel	+5°
Radialer Spanwinkel	+2.5°

Tab. 8.2.3: Schnittwerte im Fräsen

Schnittwerte	AlSi10Mg wa	AlSi17MgCu4
Schnittgeschw. v_c	2750 m/min	1200 m/min
Vorschub f_z	0,64 mm	0,1 mm
Schnittiefe a_p	4 mm	1 mm
Kühlschmierung	keine	keine

Als Versagenskriterium für die Versuche im Entwicklungsschritt ES I (AlSi10Mg wa) wurde das Auftreten der ersten Schichtabplatzung herangezogen, für die Schritte ES II und ES III die Überschreitung einer Verschleißmarkenbreite von 250 μm. **Abb. 8.2.3** belegt die Übereinstimmung der Abplatzungsfläche (lichtmikroskopische Oberflächenaufnahme) mit der Ablösungsfläche der Diamantschicht (SAM-Aufnahme aus einer Meßtiefe kurz unter der HM-Oberfläche) an der Schneidkante.

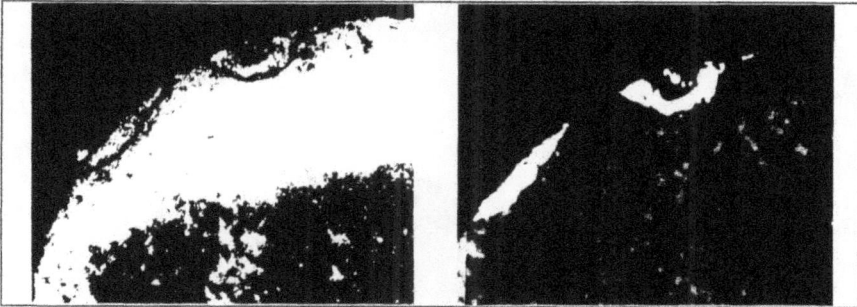

Abb. 8.2.3: Gegenüberstellung des oberflächlichen Diamantschichtschadens (links, lichtm.) und des Tiefenschadens (rechts, SAM-Aufnahme)

8.2.2   Die Versuchsergebnisse

Die mittleren Standwege im Fräsen der Gußlegierung AlSi10Mg wa zeigen für die Proben des Entwicklungsschritts ES Ia für alle Beschichtungstechnologien (T1 bis T4) einen eindeutigen Einfluß der Hartmetallsorte. Dabei läßt sich das Standvermögen in der Reihenfolge A > B > C klassifizieren. Dies entspricht exakt der Härtefolge der diamantbeschichteten Schneidplatten (s. **Abb. 8.2.4**). Einzig die Variante T4A

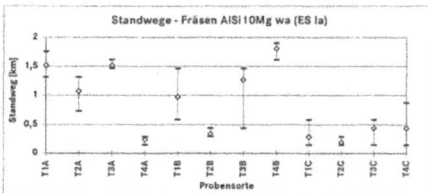

Abb. 8.2.4: Fräsergebnisse des ES Ia in AlSi10Mg wa

bildet mit unterdurchschnittlichen Leistungen eine Ausnahme. Die Variante T4B lieferte die eindeutig besten Ergebnisse. Gleichzeitig fällt der Mittelwert (Mw) der Technologie T4 hinter den der T3 und der T1 zurück, so daß sich die Klassifizierung zu T3 > T1 > T4 > T2 ergibt. Für die Hartmetalle B und C ergeben sich hierbei untereinander analoge Verhältnisse zu den Schichtdicken.

Tab. 8.2.4: Schneidkanten-versatz an einer unbeschich-teten HM-Wendeschneidplatte

Vorschubweg	SKV
0,4 m	ca. 6 µm
0,8 m	ca. 15 µm
1,2 m	ca. 18 µm
1,6 m	ca. 25 µm

Beim Versuch diese Al-Gußlegierung mit PKD-Wendeschneidplatten mit den gleichen Schnittwerten zu fräsen, stellte sich schon beim ersten Kontakt des Werkzeuges mit dem Werkstück ein Bruch der Platten ein. Dieser verlief direkt in Verlängerung der eingelöteten PKD- Schneidecke durch das Substrat. Beim Einsatz des unbeschich-teten HM (Substrat C) zeigte sich sofort ein sehr starker Abrasions-verschleiß, der mit dem Vorschubweg ständig zunahm. Bei der Zer-spanung der Al-Gußlegierung AlSi10Mg wa stellte sich somit ein starker Schneidkantenversatz (SKV, s. **Tab. 8.2.4**) ein.

Bei den Standwegergebnissen der Fräsversuche in AlSi10Mg wa mit den Proben des Entwicklungs-schritts ES Ib, d. h. ungestrahlten Substraten, zeichnen sich in **Abb. 8.2.5** andere Verhaltensweisen ab als bei den obig beschriebenen Ergebnissen. Hier dominieren die B-Substrate, so daß sich hin-

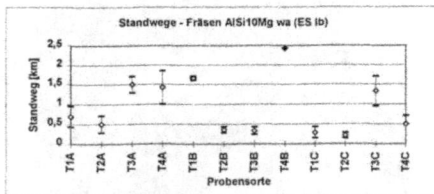

Abb. 8.2.5: Fräsergebnisse des ES Ib in AlSi10Mg wa

sichtlich der Hartmetall-Sorten die Klassifizie-rung B > A > C ergab. Dies ist wiederum iden-tisch mit der (veränderten) Härtefolge der dia-mantbeschichteten Substrate (s.a. Kap. 6.1.2.1 u. Kap. 6.2.4.1). Ein Einfluß der bei diesen Proben geringen Schichtdicke von 5-7 µm auf den Technologie-bezogenen Mittelwert (Mw) ist jedoch nicht erkennbar.

In der Gegenüberstellung der Ergebnisse der beiden Versuche der Entwicklungsschrittes ES Ia und ES Ib fiel zunächst ein erheblicher Unterschied im Niveau der Standwege auf. Dabei resultiert das höhere Niveau der Proben aus Ib jedoch vorrangig aus der geringeren Härte der neu verwendeten Gußcharge. Unabhängig davon hat die Probenvariante T4B in beiden Versuchsreihen die besten Standwege er-bracht.

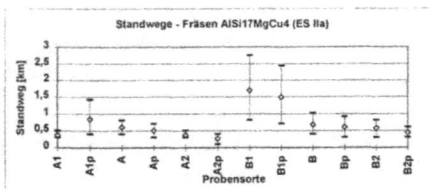

Abb. 8.2.6: Standwege im Fräsen des ES IIa in Al-Si17MgCu4

In den weiteren Fräsversuchen mit den Ent-wicklungsschritten ES II und ES III kam wegen der größeren abrasiven Wirkung die übereutek-tische Gußlegierung AlSi17MgCu4 zum Einsatz. Dazu wurde vom Gleichlauffräsen zum Gegen-lauffräsen gewechselt, um den Eintrittstoß der Schneide am Werkstück zu verringern. Für den

Entwicklungsschritt ES IIa stand die Modifikation der Hartmetall-Eigenschaften einerseits, sowie die Optimierung der Schichtrauheit auf der Spanfläche zugunsten der Verschleißbeständigkeit /Sch92/ andererseits im Mittelpunkt der Interesses. Aus **Abb. 8.2.6** sind die Standwege und deren Streuungen der einzelnen Probenvarianten zu entnehmen. Sie repräsentieren den Endzustand der Freiflächenverschleißentwicklung, die im **Anhang 8 (Abb. A8.1.1)** explizit abgebildet sind. Dabei stellt sich - mit Ausnahme der Variante A1p - ein durchschnittlich schwächeres Abschneiden der auf der Spanfläche nachpolierten Schneidplatten gegenüber der geschliffenen Oberfläche heraus. Ebenso schnitten die untersinterten Varianten X2 gegenüber den Standard-Varianten erwartungsgemäß schlechter ab. Bei den geHIPten Varianten X1 zeigt sich die Variante A1 eher nachteilig, die polierte Ausführung A1p jedoch stabiler als der Standard. Letzteres findet sich auch bei den Varianten B1p und B1 wieder. (Demzufolge ist bei A1 von Ausreißern auszugehen.) Gegenüber der Referenzplatte aus PKD schneidet diese beste Variante B1 deutlich schlechter ab. Die PKD-Schneide wies nach 14 m Vorschubweg erst einen langsam gewachsenen Freiflächenverschleiß von 40 µm auf. Gegenüber dem unbeschichtet getesteten Hartmetall HMC wurde eine mittlere Standwegverbesserung um den Faktor 8 erreicht.

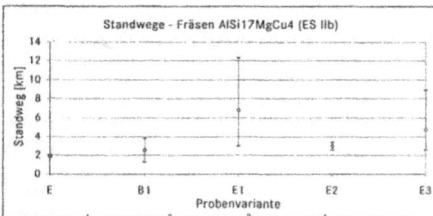

Abb. 8.2.7: Standwege im Fräsen des ES IIb in Al-Si17MgCu4 (Gegenlauf)

Die im letzten Versuch beste Variante B1 wurde für die weiteren Versuche mit geläppter Spanfläche übernommen. Da die Robustheit des Hartmetallsubstrates in den bisherigen Versuchen eine große Rolle für das Standvermögen spielte, wurden im Entwicklungsschritt ES IIb neue Modifikationen auf Basis des Hartmetalls HL05 (Bezeichnung E bis E3) entwickelt und der Variante B1 gegenübergestellt. Die Varianten E bis E3 besaßen wegen der thermochemischen Vergröberung der Oberflächenkörner eine deutlich größere Schichtrauheit als die geläppte Variante B1. Die Verschleißmarkenbreite entwickelte sich entsprechend **Abb. A8.2.2** im **Anhang 8**. Die dazugehörigen Standwege sind **Abb. 8.2.7** zu entnehmen. Danach ordnen sich die Haftfestigkeiten zu E1 > E3 > E2 ≈ B1 ≥ E. Auffällig sind dabei die großen Streuungen der Varianten E1 und E3.

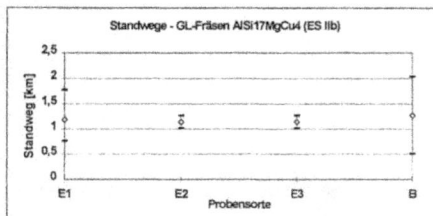

Abb. 8.2.8: Standwege im Fräsen des ES IIb in Al-Si17MgCu4 (GL = Gleichlauf)

Zum Vergleich der Standwegpotentiale bei anderen Schnittbeanspruchungen wurden in einem Stichversuch dieselben Proben im Gleichlauf getestet. Die stärkere Beanspruchung der Schneiden führte durchweg zu einer deutlichen Standwegreduzierung, wie **Abb. 8.2.8** zu entnehmen ist. Auf diesem, bei allen Proben einheitlichen Standniveau reduzieren sich die Streuungen deutlich.

Der Entwicklungsschritt ES III diente gegenüber dem Schritt ES II zur Vergrößerung der Schichtdicke

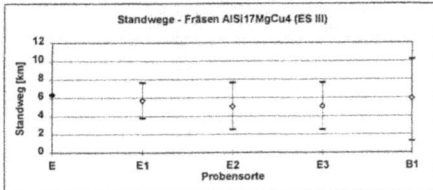

Abb. 8.2.9: Standwege im Fräsen des ES III in Al-Si17MgCu4 (Gegenlauf)

durch u. a. eine um 50%ige Erhöhung der Beschichtungsdauer. Betrachtet man die Standwege in **Abb. 8.2.9**, so bestimmen die enormen Streuungen das Bild. (Im Fall der Variante E wurde nur ein Versuch gefahren; Verschleißentwicklung s. **Abb. A8.1.3** im **Anhang 8**) Offensichtlich sind bei dieser Schichtdicke die Einflüsse der einzelnen Substrate stark in den Hintergrund getreten, obwohl die Standwege gegenüber dem Entwicklungsschritt ES IIb auf etwa demselben Niveau liegen.

8.2.3   Fazit der Fräsversuche

• Bei einer geringen Schichtdicke von ca. 6 μm dominiert im Gleichlauffräsen der untereutektischen Legierung AlSi10Mg wa die Härte der diamantbeschichteten Hartmetalle die Haftfestigkeit der Beschichtung (ES Ia und b). Die PKD-Schneide brach unter den gewählten Schnittbedingungen sofort aus, das unbeschichtete Hartmetall lieferte aufgrund eines starken Abrasionsverschleißes erheblich schlechtere Ergebnisse als die diamantbeschichteten Hartmetalle.

• Die Variation der Sinterqualität der Substrate A und B (ES IIa) ergab beim Gegenlauffräsen von AlSi17MgCu4 eine Standwegverbesserung in Richtung untersintert < Standard < geHIPt. Der PKD lieferte mit Abstand die besten Standwegergebnisse; gegenüber dem unbeschichteten Hartmetall erbrachten die diamantbeschichteten Hartmetalle eine Standwegverbesserung um eine Faktor von bis zu 8.

• Bei Schichtdicken größer 10 μm stellten sich bei den Oberfllächenkorn-vergröberten Hartmetallvariationen Ei im Gegenlauffräsen von AlSi17MgCu4 deutlich größere Standwegstreuungen ein als beim ES IIa. Die größere Beanspruchung beim Schneideneintritt in das Werkstück beim Gleichlauffräsen wirkte sich ungünstiger auf das Standvermögen aus als der Austrittsstoß beim Gegenlauffräsen.

• Bei Schichtdicken größer 20 μm (ES III, Substrate E_i) traten die größten Ergebnisstreuungen auf. Gleichzeitig trat der Einfluß der Substrate in den Hintergrund.

8.3   Die Drehversuche

8.3.1   Die Versuchsbedingungen

Die Drehversuche wurden im Längsschnitt an einer CNC-gesteuerten Drehmaschine (Fa. Gildemeister, Typ N.E.F.CT40, CNC-Steuerung EPL2) mit einer Leistung von 34 kW und einer maximalen Drehzahl von 3600 U/min durchgeführt. Dazu wurden bei der Zerspanung der Gußlegierung AlSi 10 Mg wa in Anlehnung an bisherige Untersuchungen die Parameter entsprechend **Tab. 8.3.1** gewählt:

Tab. 8.3.1: Versuchsparameter im Drehen

Verfahren:	Drehen im konti-nuierlichen Schnitt
Schnittgeschwindigkeit:	v_c = 500 m/min
Schnittiefe:	a_p = 1 mm
Vorschub:	f = 0,1 mm/U
max. Schnittzeit:	70 min
Kühlschmierung:	keine
Einstellwinkel	κ = 75°
Neigungswinkel	λ = 0°
Spanwinkel	γ = 6°

Mit dem kontinuierlichen Schnitt sollte gegenüber dem Fräsprozeß ein charakteristischer Unterschied in der Werkzeugbeanspruchung untersucht werden. Die Schnittiefe von 1 mm ist dabei das notwendige Minimum, um bei einem Eckenradius der Schneidplatte von 0,8 mm eine kontrolliert gleichmäßige Spanbildung zu erzeugen. Die maximale Schnittzeit von 70 min wurde als für eine erfahrungsgemäß zu erwartende repräsentative Standzeit des diamantbeschichteten Werkzeugs vorgewählt.

Die Schneidplatten wurden nach 2, 4, 6, 8, 10, 15, 20 und alle weiteren 10 min bis zur maximalen Dauer von 70 min Schnittzeit lichtmikroskopisch auf Verschleiß und Versagen kontrolliert. Zum Erreichen der Standzeit wurde die erste substratfreilegende Schichtabplatzung gewählt. Aufgrund der deutlichen Ergebnisstreuungen bei einigen Proben wurden dazu 3 parallele Versuchsreihen mit verschiedenen Schneidplatten des Entwicklungsschritts ES Ia durchgeführt. Generell wurden zur Vermeidung eines Einflusses des aktuellen, sich verändernden Wellendurchmessers die 12 verschiedenen Schneidplatten Bahn für Bahn nacheinander zum Drehen eingesetzt.

8.3.2 Die Versuchsergebnisse

Die Drehversuche mit Proben des Entwicklungsschritts ES Ia lieferten ausgesprochen Beschichtungstechnologie-abhängige Standzeiten. Wie **Abb. 8.3.1** zu entnehmen ist, besteht der grundsätzliche Trend T4 > T3 > T1 ≈ T2. Bei den "stärkeren" Technologien T3 und T4 dominiert jeweils das Substrat B, die Variante T4B bietet dabei die besten Standzeitwerte. (Die Streuung nimmt allgemein mit der Standzeit zu.) Bis auf den Besserbewertung der Technologie T4 gegenüber T3 erkennt man in den Standzeitergebnissen den Einfluß der Schichtdicke (**Abb. 8.3.3**)

Die Proben des Entwicklungsschritts ES Ib bestätigen diese Verhältnisse (**Abb. 8.3.2**) weitgehend. Die Varianten mit dem Substrat A sind jedoch standzeitbezogen den B-Proben ebenbürtig. Das weit tiefere Standzeitniveau dieses Versuchs resultierte dabei aus der höheren Härte der nachgelieferten Gußcharge. Die geringen Trend-Unterschiede der zwei Versuche führen in **Abb. 8.3.4** zu einer engen Gruppierung der Wertepaare um die Winkelhalbierende.

Fazit der Drehversuche

Die Schneidplatten der Technologien T3 und T4 (ES Ia und Ib) mit der vergleichsweise höheren Schichtdicke von 8-9 µm und der feinkörnigeren Diamantkristallstruktur dominieren in der Standzeit

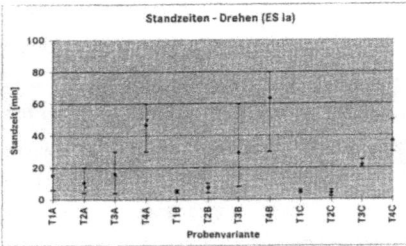

Abb. 8.3.1: Drehergebnisse des ES Ia in AlSi10Mg wa

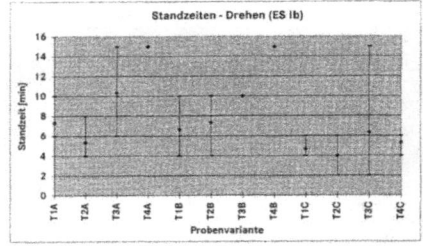

Abb. 8.3.2: Drehergebnisse des ES Ib in AlSi10Mg wa

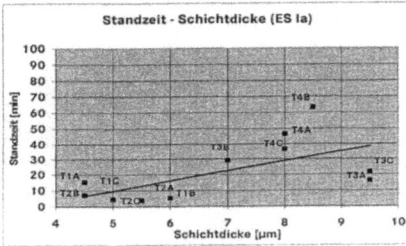

Abb. 8.3.3: Drehstandzeiten (ES Ia) in Abhängigkeit von der Schichtdicke

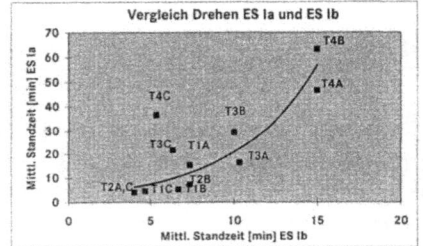

Abb. 8.3.4: Standzeiten von ES Ia und ES Ib, gegeneinander aufgetragen

gegenüber den Platten von T1 und T2 (Schichtdicke ca. 6 µm). Dabei ergab sich die Reihenfolge der Beschichtungstechnologien zu T4 > T3 > T1 ≈ T2.

8.4   Die Bohrversuche

8.4.1   Die Versuchsbedingungen

Bei dem in den Bohrversuchen ins Volle eingesetzten Bohrhalter handelt es sich um ein Produkt der Firma Widia mit einem   Durchmesser von 32 mm für den gleichzeitigen Einsatz zweier Wendeschneidplatten vom Typ SCMW 120408 (**Abb. 8.4.1**).

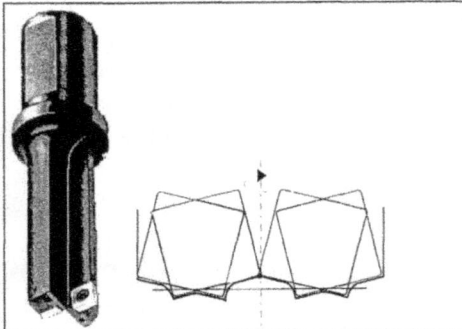

Abb. 8.4.1: Bohrer der Bohrversuche und erzeugter Bohrungsgrund (Abbild der rotierenden Schneiden)

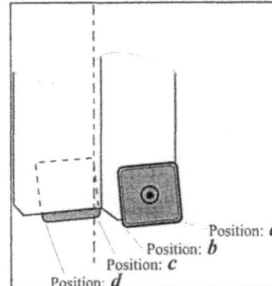

Abb. 8.4.2: Bezeichnung der Positionen der einzelnen Schneidecken

Bei den Bohrversuchen wurde der Bohrer mit zwei Schneidplatten bestückt, so daß pro Versuch zwei Schneidecken pro Wendeplatte, insgesamt also vier Schneidecken, zum Einsatz kamen. Da die Schnittbedingungen sich von Position zu Position hinsichtlich der Zerspanungskraft und der Schnittgeschwindigkeit stark unterscheiden, mußte bei der Auswertung die im Versuch eingenommene Position einer Schneidecke berücksichtigt werden. Die Bezeichnung der Positionen der Schneidecken ist aus diesem Grund in **Abb. 8.4.2** wiedergegeben.

Diese Versuche wurden in AlSi10Mg wa durchgeführt. Der erste Versuch erfolgte mit einem Vorschub von 0,1 mm pro Umdrehung, einer einstufigen Bohrtiefe von 55 mm und einer Schnittgeschwindigkeit von 553 m/min im Trockenschnitt.

Die Zerspantemperatur stieg unter diesen Schnittbedingungen so stark an, daß die Späne verklumpten und die Spannuten zusetzten. Auf der Spanfläche der Schneidplatten bildeten sich zudem Aufschmierungen und starke Aufbauschneiden, die die Spanbildung in negativem Sinn beeinflußten. Auch Ausspanstufen nach 2 und 5 mm Bohrvorschub erwiesen sich als unzureichend, einen einwandfreien Spanabfluß zu gewährleisten. Aus diesem Grund wurden alle weiteren Versuche mit einer Innenloch-Kühlschmierung durchgeführt. Neben einer besseren Spanabfuhr ergab sich in der Bohrung eine deutlich verbesserte Oberflächengüte. Weiterhin traten keine Aufbauschneiden mehr auf dem Werkzeug auf, die Aufschmierungen auf den Spanflächen der Schneidplatten wurden stark reduziert. Um mit vertretbarem Aufwand Verschleiß- bzw. Versagensergebnisse erhalten zu können, wurde der Vorschub von 0,1 auf 0,57 mm pro Umdrehung vergrößert. Die Bildung von Aufschmierungen auf den Spanflächen der Schneidplatten nahm zu den höheren Vorschüben hin weiter ab. Wegen der begrenzten Maschinenleistung im Dauerbetrieb wurde eine Ausspanstufe in halber Bohrtiefe in den Bohrprozeß integriert. **Tab. 8.4.1** zeigt die endgültigen Versuchsparameter.

Tab. 8.4.1: Ermittelte Schnittparameter für die Versuchsreihen

max. Schnittgeschwindigkeit (größter ⌀)	553 m/min (entspricht 5500 U/min)
Vorschub	0,57 mm pro Umdrehung (3150 mm/min)
Innere Kühlschmiermittelzufuhr	10 bar, 30 l/min
Ausspanung	bei 27,75 mm (Mitte der Bohrungstiefe)

8.4.2 Die Versuchsergebnisse

In der Darstellung der Standwegergebnisse der Bohrversuche (Entwicklungsschritt ES la, Bohren von AlSi10Mg wa) ist sinnvollerweise nach äußeren (a, d) und inneren Schneidecken (b, c) zu unterscheiden. Dies liegt in deren unterschiedlicher Beanspruchung begründet. Während die Schnittgeschwindigkeit zum Außendurchmesser des Bohrers hin zunimmt, verstärkt sich zur Drehachse hin die Vorschubkraft erheblich. In der Mehrzahl der Fälle versagten die Schneidecken an der Position a, dann an der Position d. Während bei c die meisten inneren Ecken versagten, gab es bei b kaum Schadensfälle. Die **Abb. 8.4.3** stellt die Ergebnisse der äußeren Ecken dar. Danach gab es bei den meisten Varianten mindestens einen Versuch, in dem die vorgegebene Maximalzahl der Löcher von 49 unversehrt

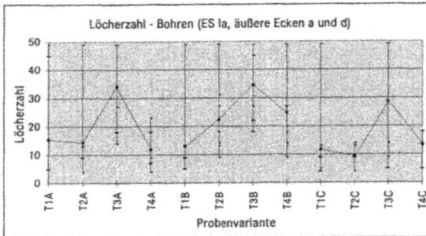

Abb. 8.4.3: Einzelergebnisse der äußeren Ecken (a, d) im Bohren von AlSi10Mg wa

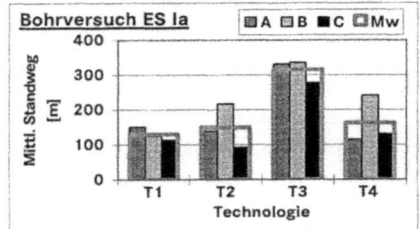

Abb. 8.4.4: Mittlere Standwege der äußeren Ecken (a, d) im Bohren von AlSi10Mg wa

erreicht wurde. Im Mittel versagten die Schneiden jedoch wesentlich früher, so daß sich für die einzelnen Hartmetallsubstrate die Mittelwertkurven entsprechend ergaben. Betrachtet man die Standwege der äußeren Ecken in **Abb. 8.4.4**, so dominiert die Beschichtungstechnologie T3 mit Abstand. Die übrigen Mittelwerte befinden sich annähernd auf gleichem Niveau. Dabei fällt das Co-arme Substrat B bei den Beschichtungstechnologien T2 und T4 positiv auf. Im wesentlichen bestätigten die Ergebnisse der inneren Ecken diese Verhältnisse. Eine abschließende Aussage hierzu ist jedoch wegen der unzureichenden statistischen Absicherung nicht möglich, da die Schneidplatten oft vorzeitig wegen eines Schadens an der anderen (äußeren) Schneidecke ausgetauscht wurden.

Fazit der Bohrversuche

- Die Schneidplatten der Beschichtungstechnologie T3 (sauerstoffhaltiges Prozeßgas) und der im Mittel größten Schichtdicke (8,7 μm) zeigen die besten Standwege.

- Tendenziell weisen die Schneidplatten mit dem Substrat B (Feinstkorn, geringer Co-Gehalt: 3,6 Ma-%) die besseren Standwege auf.

- Wegen der stark unterschiedlichen Beanspruchung der Schneidecken an den Positionen a bis d sollte in der Praxis eine Optimierung der Schneidengeometrie für jede Position erfolgen.

8.5   Das Benchmarking im Fräsen

Zur abschließenden Bewertung des Qualitätsniveaus der Schneidstoffentwicklung wurden kommerzielle diamantbeschichtete Hartmetall-Wendeschneidplatten bezogen und einem trockenen Gegen-

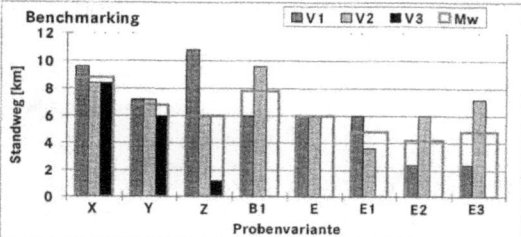

Abb. 8.5.1: Vorschubwege der im Benchmark getesteten Probenvarianten

Tab. 8.5.1: Schichtdicken im Benchmarking

Probenvariante	Schichtdicke	Substratcharakteristikum
X	30 µm	Oberflächenvergröberung
Y	34 µm	Oberflächenvergröberung
Z	23 µm	bindergradiert gesintert
B1	24 µm	geHIPt
E	23,5 µm	Oberflächenvergröberung
E1	25,6 µm	Oberflächenvergröberung
E2	24,8 µm	Oberflächenvergröberung
E3	23,7 µm	Oberflächenvergröberung

lauffräsversuch in AlSi17MgCu4 unterzogen (analog den Systemversuchen). **Abb. 8.5.1** zeigt die erreichten Vorschubwege der zugekauften Varianten X, Y und Z, sowie vier dem Entwicklungsschritt ES III entstammenden Varianten, welche von allen in dieser Arbeit beschriebenen diamantbeschichteten Hartmetall-Wendeschneidplatten die längsten Standwege erreichten. Die Typen X und Y sind beide mit kornvergröberter Oberfläche beschichtet worden, die Variante Z besitzt ein sintertechnisch gradiertes und für die Diamantbeschichtung optimiertes Substrat. Die Schichtdicken der eingesetzten Proben ist aus **Tab. 8.5.1** ersichtlich. Trägt man die Schichtdickenwerte über dem er-

reichten maximalen und dem mittleren Standweg auf, so ergibt sich **Abb. 8.5.2**. Unter Berücksichtigung der Standardabweichung aus **Abb. 8.5.3** lassen sich die folgenden Aussagen ableiten:

- Die Variationen des Substrates E (E1 bis E3)schneiden am schwächsten ab.

- Von den in dieser Arbeit entwickelten Varianten zeigt die Sorte ohne Kornvergröberung die größte Schneidleistung (B1).

- Die gradiert gesinterte Sorte Z weist eine starke Ergebnisstreuung auf und bietet im Mittel keinen Vorteil gegenüber der herkömmlichen Sinterung von B1.

- Die Sorte Y bietet bei einer erheblich größere Schichtdicke ein vergleichbares Standvermögen zu Z, B1 und E.

- Die Sorte X zeigt eine geringe Streuung und liegt im Standvermögen trotz der etwas höheren Schichtdicke von 30 µm im Mittel am höchsten.

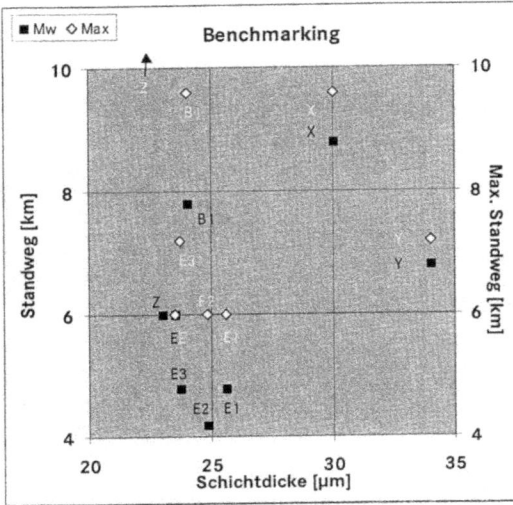

Abb. 8.5.2: Gegenüberstellung der Schichtdicke zum maximalen (Max) und zum mittleren (Mw) erreichten Standweg im Benchmarking

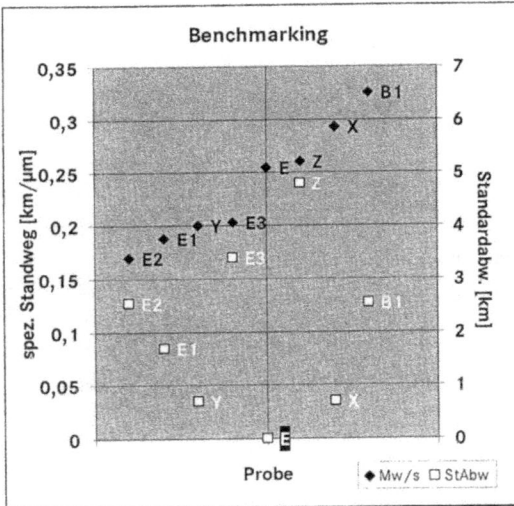

Abb. 8.5.3: Spez. Standweg (bezogen auf die Schichtdicke) und Standardabweichung der Standwege

- Im Vergleich zu kommerziellen Produkten besteht noch ein weiterer Entwicklungsbedarf im Bereich der oberflächlich korn-vergröberten Hartmetalle der Variationen E bis E3, um sowohl die Prozeßsicherheit zu verbessern, als auch die Schichtdicke zu erhöhen.

- Bezogen auf die Schichtdicke hat B1 die beste Leistung erbracht. Jedoch besteht auch hier ein Verbesserungsbedarf in der Zuverlässigkeit (s. Standardabweichung in **Abb. 8.5.3**).

- Kostenaspekte bei der Beschichtung lassen sich vom spezifischen Standweg nicht ableiten, da die Abscheideraten nicht bekannt sind.

9 Die Diskussion der Ergebnisse

9.1 Die Bewertung der Haftfestigkeitsprüfmethoden

Für die Untersuchung der Haftfestigkeit von Diamantschichten auf Hartmetallsubstraten wurden in dieser Arbeit 5 Verfahren herangezogen, die bei amorphen und bei metallischen Hartstoffschichten in der Praxis verschiedentlich Einsatz gefunden haben. Dazu zählen das Rockwellverfahren (verschiedene Prüflasten), der Ritztest, der Strahlverschleißtest, der Kavitationserosiontest und der Impulstest. Darüber hinaus wurde auch die Eignung des Thermoschocktests und des vom HRC-Test bzw. Ritztest abgeleiteten Kerbradtests untersucht.

a) Der Ritztest

Von den quasistatischen Prüfverfahren stellte sich der Ritztest wegen der Verschleißanfälligkeit des Prüfkörpers (Abrieb der Prüfspitze) als unbrauchbar heraus. Die Optimierung der Prüfkörper-Lebensdauer durch die reale Prüflastreduzierung per höherer Prüfkörperrauheit (verstärkte Beanspruchung der zu prüfenden Schicht bei kleineren Lasten) sowie die Ausnutzung der Festigkeitsanisotropie des Diamants ergaben keine Verbesserung der Prüfkörperbeständigkeit gegen Verschleiß. Die Stufenritzmethode (mehrfaches Überfahren einer Prüfspur) glättete zwar die zu prüfende Schicht im ersten Durchgang und ermöglicht ebenfalls kleinere Prüflasten, jedoch genügt bereits eine Prüfspur, um den Prüfkörper erheblich zu beschädigen. Dieser Lastführung wird in der Literatur /Bul94/ eher eine Vergleichbarkeit des Prüfergebnisses zu einem kontinuierlichen Verschleißfortschritt an beschichteten Werkzeugen im Einsatz zugeordnet; Abplatzungsschäden wie bei prüfbaren, dünnen Schichten sind schlecht vorhersehbar. Generell sind die kritischen und damit auch die Prüflasten wegen des sehr tragfähigen Substratmaterials Hartmetall für die Prüfkörperstabilität zu hoch. Dies gilt auch für die bei Diamantschichten hier angestrebten Schichtdicken um 20 bis 30 µm. Führt man qualitative Betrachtungen des Schadensbildes bei der Verwendung von jeweils neuen Prüfkörpern durch, so lassen sich anhand der Schadensbilder grobe Rückschlüsse auf die kohäsive Schichthaftfestigkeit ziehen. Dabei zeigen sich Unterschiede im Bruchverhalten, die auf die Schichtmorphologie (Feinkörnigkeit, Schichtdicke, Schichtgüte) zurückzuführen sind. Eine verfahrenstypische Zuordnung dieser Ergebnisse zur kritischen Prüflast ist bei hochharten und spröden Schichten wie Diamant nicht möglich. Auch die Reibkraft und die akustische Emission reagierten überempfindlich auf topographische Störungen der Probenoberfläche und sind als Bewertungskriterien bei diesem Test unbrauchbar.

b) Der Kerbradtest

Der Kerbradtest wurde als ‚Hybridmethode' des Rockwell- und des Ritztests entwickelt, um einerseits Prüflasten zu erreichen, die über die maximale des Ritztests hinausgehen, und andererseits, um durch die Vermeidung der Gleitreibung bzw. den Einsatz der Rollreibung den Prüfkörperverschleiß zu reduzieren. Zieht man bei der Betrachtung der Prüfschäden an den verschiedenen Schichtmaterialien einen Vergleich zwischen dem Ritztest und dem Kerbradtest, so muß zwischen Festigkeitskombinationen von Schicht und Substrat unterschieden werden. Bei weichen Schichten auf harten Substraten (Hartmetallen) erkennt man im Fall der weichen Schmierstoffschicht MoS$_2$, daß das Eindringen des Kerbrads abgefangen wurde (Aufschwimmen), wohingegen der Ritzkörper sich bis auf das Substrat hindurchgrub. Bei härteren amorphen Schichten wie CrC/C und WC/C verformte der Ritzkörper das Schichtmaterial erheblich, während es unter dem Kerbrad komprimiert wurde und samt dem Substrat einsank. Deshalb zeigte sich das von /Bul91/ beschriebene, zähe Versagen überwiegend in Form von spurparallelen Schichtrissen. Bei entsprechend hoher Last bildeten sich dem Ritztest ähnliche Schadensbilder (Schichtbruchverhalten) aus. Jedoch fehlte beim Kerbradtest im wesentlichen die Spannungskomponente in Spurrichtung. Dies lag an der aus Verschleißgründen gewünschten erheblich geringeren Reibkraftkomponente (ca. 3% der Reibkraft beim Ritztest). Dadurch reduzierte sich vor dem Prüfkörper die sogenannte Bugwelle sowie die Zugspannung dahinter, und die Schichtschädigung breitete sich seitlich nicht so stark aus. Dies setzte sich auch mit steigender Festigkeit der Schicht fort, wie das Beispiel der (Ti,Al)N-Schicht zeigt (s. Kap. 7.2 und 7.3). Bei spröden Schichten wie α-C:H und Diamant auf Hartmetall zeigte der für diese Materialien wichtige Schädigungsfaktor, die Normalverformung ihre Wirkung, indem die Schicht seitlich vom Prüfkörper weggesprengt wurde. Bei diesen Schichten kann von der Kombination "harte Schicht/hartes bzw. relativ weicheres Substrat" ausgegangen werden, eine Kombination, die in der Literatur beim Ritztest bislang nicht explizit behandelt worden ist (s. Kap. 5.2). Dieser Schädigungsmechanismus entspricht dem Abplatzen der Diamantschicht an Zerspanungswerkzeugen. Wie in Kap. 7.3 prinzipiell gezeigt werden konnte, liefert ein Spurraster die Möglichkeit einer halb-quantitativen Schichthaftungsbeurteilung, deren Korrelierbarkeit zur Zerspanung noch näher zu untersuchen ist. Dies konnte wegen der aufwendigen Prototypherstellung der zügig verschleißenden Prüfkörper im Rahmen dieser Arbeit nicht geleistet werden. Dieser Verschleiß konnte auch durch die Ausnutzung von prüflastsenkenden Prüfstrategien wie des Spurrasters nicht auf ein tolerierbares Maß reduziert werden. Will man guthaftende Diamantschichten mit Schichtdicken größer 10 μm prüfen, sind Prüflasten notwendig, die prüfkörperseitig sogar zum sofortigen Ausfall führen.

c) Der Rockwelltest

Somit richtet sich das Augenmerk auf das einzige quasistatische Verfahren ohne Relativbewegung zwischen Diamantschicht und Prüfkörper, dem Eindringverfahren nach Rockwell. Bei der Verwendung dieses Verfahrens müssen verschiedene Einflußfaktoren berücksichtigt werden. Dazu zählen der mögliche große Meßfehler bei sehr schlechter Schichthaftung, das Hartmetall-abhängige Substratfließverhalten bzw. Bruchverhalten sowie die Eindringtiefe, die ebenfalls vom Substrat bestimmt wird. Ein Einfluß der Schichtdicke sowie der Schichtgüte (und damit der Gesamteigenspannungen) auf das Ergebnis, wie in Kap. 5.1 beschrieben, konnte nicht beobachtet aber für stark unterschiedliche Eigenspannungswerte auch nicht ausgeschlossen werden. Das Auftreten von Schadensunterschätzungen bei der Vermessung der Abplatzungsfläche bzw. der Ablösungsfläche ist im Normalfall nicht zu erwarten, da die Qualität der Schichthaftung in der Praxis nicht so schlecht zu erwarten ist, wie im Fall der Beschichtungstechnologie T2 in dieser Arbeit, die gezielt schwach ausgelegt worden war.

Ob die Eindringtiefe und damit der Verformungsgrad bzw. der Schichtschaden der praxisrelevanten Bewertung abträglich ist, wird im Folgekapitel behandelt. Als von grundlegender Bedeutung muß hingegen das Fließverhalten des Substrats bewertet werden. Es entscheidet über die laterale Ausdehnung des Materialaufwurfs um den eindringenden Prüfkörper und kann im spröden Fall bei Lasten über 60 kg (HRA) zu Schüsselbrüchen führen oder der Schicht zu weiterläufigem, kohäsivem Versagen verhelfen. Solches Verhalten wurde bei den feinstkörnigen Substraten A und B gelegentlich beobachtet, beim nur feinkörnigen C jedoch nie. Wird die große plastische Verformung bei Hartmetallen durch Korngrenzengleiten der Karbide vollzogen (s. Kap. 2.3.2), so scheint diese Fähigkeit für Bindergehalte unter 6% bzw. Feinstkorngrößen stark abzunehmen. Dementsprechend müssen auch die Ergebnisse der normierten Eindringtiefen in Abb. 7.1.10 (Prüflast 100 kg) interpretiert werden. Die Reihenfolge der Substrate hinsichtlich der notwendigen Eindringtiefe, um ein identisches Schadensausmaß zu erreichen, wurde dort mit B>C>A angegeben. Bei vergleichbarem Co-Gehalt (C: 6%, A: 5,8%) und gleichen Mischkarbidanteilen, aber unterschiedlicher Binderstegbreite weist das Substrat C mit der größeren Korngröße das stärkere Fließverhalten und damit die weniger weit lateral ausgedehnte Oberflächenverformung auf. Dies kann das Ausmaß der Schichtablösung verringern. Vergleicht man nun die Substrate A und B (Korngröße 0,8 µm), so müßte mit dem gleichen Argument das Substrat B mit nur 3,6Ma-% Kobalt das schlechteste Ergebnis aufweisen. Jedoch liegt in diesem Fall die geringste Zudiffusion von Kobalt an der Grenzfläche vor, was sich in den fehlenden weißen Co-Doppelkarbiden in den REM-Bruchflächenaufnahmen im Anhang 6 widerspiegelt. Hier liegt also ein positiver und überwiegender Einfluß der adhäsiven Schichthaftung vor. Weiterhin müssen die Einflußfaktoren der adhäsiven Schichthaftung diskutiert werden, d. h. die Frage des Rißverlaufs in der Interzone. Dabei spielt zum einen bei Anwesenheit von Kobalt die reduzierte Keimdichte eine entscheidende Rolle hinsichtlich der Schichtablösung direkt an der Grenzfläche zu den Substratkarbiden. In diesem Fall kann von der adhäsiven Haftung auch der Rückschluß auf eine verringerte kohäsive Schichtfestigkeit gezogen werden, da Fehlstellen in der Schichtanbindung bzw. lokale Nichtdiamantphasen (Graphit) Anrisse für den Schichtdurchbruch darstellen. Dieser Faktor dürfte auch der Grund für das bessere Abschneiden des Substrates B gegenüber A in den normierten Eindringtiefen in Abb. 7.1.10 (normiert auf eine einheitliche Abplatzungsfläche, Prüflast 150 kg) sein, da adhäsives Versagen bei guter Kohäsion in der anschließenden Ultraschallbehandlung selten zur Beseitigung der abgelösten Schichtteile führte. Andererseits wird die adhäsive Haftfestigkeit durch die Stabilität des Kornverbundes in der Hartmetalloberfläche beeinflußt, so daß ein Rißausbreitung im Bereich der oberen Karbidlagen des Substrats nicht unbedingt zum sofortigen Schichtverlust führen muß. Dies wird für das Substrathartmetall C angenommen. Eine nähere Betrachtung dieses Faktors wird im Rahmen der Diskussion der Strahlverschleißergebnisse geschehen, da dort auf die Interzonenzerrüttung eingegangen wird (s.u.). Eine Beschichtungstechnologie-bezogene Aussage der Schichtadhäsion ergibt sich aus der Normierung der Ergebnisse der Schichtablösung im HRD-Test (100kg) auf eine einheitliche Eindringtiefe (s. Abb.

7.1.14). Darin liefert die Technologie T2 (keine Co-Ätzung des Substrats) erwartungsgemäß das schlechteste Ergebnis. Interessanterweise liefern die Technologien T1, T3 und T4 nach der Normierung kein differenziertes Ergebnis, obwohl sie unterschiedliche Schichtgüten, Schichtdicken und Keimdichten erzeugten. Dies wird beim Vergleich der Technologien in **Tab. 9.1.1** deutlich. Danach müßte n die Schichten der Technologie T1 deutlich schlechter anschneiden als die aus T3 und T4. Folglich beeinflußt die vorpräparationsgeschwächte Interzone die Eindringtiefen und die Schichtablösungen erheblich stärker als die Adhäsion der Diamantschicht an den Wolframkarbiden.

Tab. 9.1.1: Vergleichende Bewertung der Beschichtungstechnologien T1, T3 und T4 hinsichtlich der Einflußfaktoren auf die Schichthaftung im HRD-Test

	T1	T3	T4		Bemerkung
Schichtdicke	⊖ (5,1 µm)	⊕ (8,7 µm)	⊕ (8,1 µm)	s⤢	=>Unterschätzung Schaden
Keimdichte	⊖	⊕	⊕	⤢	=> adh. Haftung ⤢
Kristallgröße	⊖	⊕	⊕		
Kobalt-Bekämpfung (prozeßseitig)	⊖ (Alu-Zugabe, undef.)	⊕ (Prozeßführung)	⊕ (Prozeßführung)	Definierte Prozeßführung während der gesamten Abscheidedauer pos.	
Eigenspannung	⊖ (-1050 Mpa)	⊕ (-950 bis -850 Mpa)	⊕ (-950 bis -850 Mpa)	Druck-σ^{ES} in Schicht ⤢ => Zug-σ^{ES} in Interzone ⤢	
FAZIT Haftung	⊖	⊕	⊕		

Für die quasistatischen Prüfmethoden läßt sich zusammenfassend folgendes sagen: Die Anwendbarkeit des Rockwelltests wird allgemein durch die Prüflast begrenzt. Bei Lasten unter 100 kg lassen sich bei gut haftenden und/oder dickeren Schichten (größer 10 µm) keine meßbaren Schäden mehr erzeugen. Gleichzeitig führen Lasten oberhalb 100 kg bei der Prüfung von Diamantschichten auf Hartmetall unweigerlich rasch zum Prüfkörperschaden und sind deshalb aus Preisgründen nicht mehr zu vertreten. Dies ist ebenso der Fall, wenn die Schichtdicke oberhalb von 10 µm liegt. Es gibt somit keine durchgehend einsetzbare Methode für die Haftfestigkeitsprüfung von diamantbeschichteten Hartmetallen, die elastisch-plastische Deformationen im makroskopischen Maßstab bei quasistatischer Beanspruchung erzeugt.

d) Der Strahlverschleißtest

Bei den dynamischen Prüfverfahren zeigte sich der Strahlverschleißtest als die einzig anwendbare Methode für die Prüfung vom Diamantschichten. Dabei müssen zwei Arten von Testbedingungen unterschieden werden: Die oxidativ-abrasive Variante unter Umgebungsluft mit karbidischem Korn einerseits bzw. die inert-zerrüttende unter Schutzgas mit weicherem oxidischem Korn andererseits. Unter der ersten Kombination spielen die Schichtstruktur und die Schichtdicke eine entscheidende Rolle hinsichtlich der Durchstrahldauer im Prallstrahl, wie am Beispiel des Entwicklungsschrittes ES Ia in Kap. 7.4.2 dargestellt wurde. Hier zeigte die deutlich längere Dauer beim Test der Beschichtungstechnologie T3 und T4 den Vorteil eines feinen Schichtkorns und einer großen Keimdichte (vgl. Kap. 5.4), wodurch eine bessere Rißdissipation (nach Richtung und Betrag) erreicht wird. Angesichts des hohen mechanischen und thermischen Angriffs des Strahlmittelss (Strahlkorn >> Diamantkorn) spielt die größere Oxidierbarkeit der graphitisch besetzten Korngrenzen gegenüber den Diamantkristalliten keine nennenswerte Rolle. Wird jedoch der Einstrahlwinkel verkleinert, so ist bei einer schlechteren Schichtgüte mit einem verstärkten Materialverlust der Schicht zu rechnen (analog zu den Tribologieversuchen in Kap. 2.1.2). Unter diesen Umständen ergab sich nach der rechnerischen Beseitigung des Schichtdickeneinflusses eine Klassifizierung der Interzonenstabilität in Abhängigkeit vom Substratmaterial zu B>>A>C (s. Abb. 7.4.8). Dieser Trend bestätigt sich im Entwicklungsschritt ES Ib bei inertzerrüttenden Versuchsbedingungen durchgehend für alle Technologien. Hier zeigt sich ein deutlicher Einfluß der Schichtdicke nur bei Unterschieden >2 µm, andernfalls dominiert die Schichthaftung das Strahldauerergebnis. Wie in Kap. 5.4 beschrieben, steigt der Erosionswiderstand von Hartmetall mit sinkenden Korngrößen (unter 1 µm) und mit abnehmendem Co-Gehalt (im Bereich von Bindergehalten unter 10 Ma-%), da wie bei der Schicht zunehmend eine interkristalline Rißbildung und damit eine Rißenergiedispersion stattfindet. Betrachtet man den Versuch im Entwicklungsschritt ES IIa, so bestätigt sich die Stabilitätsreihenfolge B>A für die jeweiligen Modifikationen. Vergleicht man die Varianten B (Standard) und B2 (untersintert), so ist bei der Variante B durch die bessere Sinterung zum einen von einer gleichmäßigeren Binderverteilung auszugehen, zum anderen auch von einer höheren Binder und damit Gesamtfestigkeit aufgrund eines höheren W-Gehaltes in der Binderphase /Gur55/. Der Vorteil der heißisostatisch nachverdichteten Variante B1 ist erfahrungsgemäß auf die typischerweise geringere Porosität und eine bessere Kontiguität zurückzuführen. Beiden Standardvarianten (A und B) und deren Modifikationen ist außerdem hinsichtlich der Schichtstruktur im Bruch ein Trend gemeinsam: Die Feinkörnigkeit und die Schichtkeimdichte steigen in der Reihenfolge $X2<X<X1$. Demnach sollte die Strahldauerfolge der A-Variationen der der B-Variationen entsprechen. Warum die analoge Variante A1 lediglich Ergebnisse im unteren Streubereich der Standardvariante A lieferte, kann an dieser Stelle nicht geklärt werden.

Mit der Zunahme der Schichtdicke in den Entwicklungsschritten ES IIb und ES III stieg die Durchstrahldauer erheblich an. Dies beruht einerseits auf der stärkeren Abfederung des Partikelimpulses durch die Diamantschicht, und andererseits auf dem größeren Abstand des Aufschlagortes zum ungünstigerweise positiv vorgespannten Substrat in Verbindung mit einer stärkeren Dispersion der Schallwellen.

Da es bei den Strahlverschleißergebnissen einen klaren Einfluß der Substratsorte bzw. -der Interzonenfestigkeit gibt (s. ES Ia: Schichtdicke $\geq$ 8 µm bzw. ausreichend langer Partikelbeschuß bei den Proben der Technologien T3 und T4), d.h. die Interzone die schwächste Stelle im Verbund ist, ist auch in den Rockwelltests von einem (wenigstens teilweisen) Rißverlauf in den obersten Lagen des Substrats auszugehen. Wie der Strahlverschleißtest gezeigt hat, schneidet dabei das C-Substrat am schwächsten ab und besitzt daher die schwächste Interzone. Daher muß für das oben beschriebene Schadensflächen-normierte Ergebnis des HRC-Tests im Fall des Substrats C von einem verstärkten

Versagen in der Substratoberfläche ausgegangen werden, so daß die Schichtabplatzung wegen der unbehelligten Kohäsion eine Schadensunterschätzung verursacht (s. Abschnitt c)).

Eine Gegenüberstellung der normierten Strahlverschleißergebnisse des Entwicklungsschrittes ES Ia und der Ergebnisse der Rockwell-Versuche ergab weder für die Flächen-normierten noch für die Et-normierten Werte der Ablösungsfläche des HRD-Tests einen sichtbaren Zusammenhang. Gleichermaßen sah es bei den Et-normierten Werten der Abplatzungsfläche des HRC-Tests aus. Als ursächlich für diese Unvergleichbarkeit ist der Einfluß der grundlegenden Substrateigenschaften anzuführen. Bei den Rockwellverfahren dringt der Prüfkörper zwischen 20 und 40 µm das unveränderte Hartmetall vor und wird durch dessen Festigkeit und Fließeigenschaften bestimmt, während beim Strahlverschleißtest allein die Festigkeit der vorpräparierten Interzone ausschlaggebend ist. Will man eine Vergleichbarkeit der Testmethoden erreichen, so darf das Substrat chemisch-physikalisch nicht verändert werden (Interzonenschwächung).

Betrachtet man die Ergebnisse des Strahlverschleißtests an anderen Schichtwerkstoffen, so steigt typischerweise der Materialabtrag an der Probe bei sinkender Festigkeit/Härte mit abnehmendem Strahlwinkel (zunehmende Abrasion). Unter einem Prallstrahl (90°) wächst der Materialabtrag mit sinkender plastischer Verformbarkeit, da die Inkubationszeit für Risse und deren Akkumulation sich verzögert. Die Diamantschicht zeigt wegen des sehr hohen E-Moduls selbst dann einen sehr großen Verschleißwiderstand. Bei spröden Beschichtungen wie α-C:H und Diamant überträgt sich der Impuls stärker in tiefere Probenbereiche. Dabei dürften sich Unterschiede in der Diamantgüte kaum auf die Durchstrahldauer auswirken, der Ermüdungswiderstand des bei geringen Schichtdicken stärker belasteten Substrats hingegen sehr wohl.

e) Der Kavitationserosiontest

Der Kavitationserosiontest vermochte auch bei der erhöhten Schwingungsamplitude von 30 µm die Diamantschicht innerhalb von 15 h Beschallungsdauer nicht zu zerstören. Angesichts des hohen E-Moduls und der großen Stabilität dieses Materials zersplitterten lediglich einige stark exponierte Kristallitkanten. Bei den übrigen Schichtwerkstoffen setzte - entsprechend der geringeren Impulsbelastung der Oberfläche - eine dem Strahlverschleißtest ähnliche Zerrüttung nach deutlich längeren Beanspruchungszeiten ein. D. h. der direkt in die Schichtoberfläche eingeleitete Primärimpuls ist für eine rasche Erosion der Diamantschicht zu schwach. Daher ist davon auszugehen, daß die in der Interzone auftretenden Schallwelleninterferenzen wegen der Laufweglänge von mindestens 5 µm (Schichtdicke) eine für eine Materialschädigung unkritische Intensität erlangt haben. Aus demselben Grund kommen den Mehrfachreflexionen der Schallwellen an den Phasen- bzw. Probengrenzen keine nennenswerte Bedeutung für einen Beanspruchungsbeitrag zu. Die große Beschallungsdauer bei Diamantschichten - insbesondere bei dickeren Schichten - macht also die Verwendung dieses Verfahrens nicht praktikabel. Außerdem tritt über der Versuchsdauer ein zunehmender Verschleiß der Sonotrodenspitze ein, so daß hier veränderte Versuchsbedingungen entstehen (der bewegte Körper erodiert stets stärker als der feststehende).

f) Der Impulstest

Obwohl im Bereich der Schnittkräfte der AlSi10Mg wa-Zerspanung (Gleichlauffräsen) und mit einer vergleichbaren Kontaktzone gearbeitet wurde, vermochte der Impulstest nicht einmal eine Probe mit schwacher Haftfestigkeit (ES la: T2A) nach einer Million Schlägen zu zerstören. Offensichtlich spielt hier der Ort der Impulseinleitung und das verursachte Spannungsspektrum eine entscheidende Rolle. Bei negativ vorgespannten Diamantschichten mit typischerweise hohem E-Modul vermag ein annähernd Hertz'scher Spannungsgradient offensichtlich nicht das komplexe Belastungsfeld einer exponierten Schneidkante zu simulieren. Zudem weist das festigkeitsbegrenzende Substrat in der Schneidkante eine von zwei Seiten durch die chemische Vorpräparation massiv geschwächte Zone auf.

g) Der Thermoschocktest

Bei der Schneidenbelastung kommt es im wesentlichen auf die mechanische Beanspruchung an. Wie der Thermoschocktest gezeigt hat (s. Kap. 7.7), vermochten die betrachteten Diamantschichten durchaus ohne nennenswerte Schädigung mehrere tausend Thermozyklen zu überstehen, wobei die Probentemperatur sich bereits im Bereich der oxidativen Reaktion von Kohlenstoff aus der Diamantschicht mit dem Luftsauerstoff befand. Bei 700°C und beschleunigt bei noch höheren Temperaturen stellte sich lediglich ein reaktiver Abtrag der Diamantschicht entsprechend der Darstellung in Kap. 3.2 ein. Eine der Kammrißbildung ähnliche Schädigung ergab sich bei freigelegtem Hartmetallsubstrat erst bei Temperaturen um 900°C und liegt damit außerhalb des Einsatzbereiches von diamantbeschichteten Werkzeugen in der Leichtmetallbearbeitung und bereits im Bereich der Beschichtungstemperaturen, d.h. hier können bereits chemische oder thermochemische Prozesse einsetzen, deren Aktivierung in der normalen Anwendung nicht gegeben sind.

h) Fazit der Testmethoden

Von diesen 7 Methoden haben allein der Strahlverschleißtest und bedingt die Rockwellverfahren bewertbare Ergebnisse an Diamantschichten geliefert. Im Überblick stellen sich die Eigenschaften der verschiedenen Prüfmethoden hinsichtlich der Verwendung für diamantbeschichtete Hartmetalle wie in (**Tab. 9.1.2**) dar. Diese Aussage basiert auf Untersuchungen an diamantbeschichteten Hartmetallen mit deutlichen Eigenschaftsunterschieden (Substrathärte, Interzonenstabilität bzw. Substratpräparation, Schichtdicke und –struktur sowie Schichthaftung) erforderlich. Für eine weitergehende Auslotung der Sensitivität der Prüfverfahren hinsichtlich der Probeneigenschaften, wurden zudem auch verschiedene Nicht-Diamantschichten (α-C:H, WC/C, CrC/C, TiN, (Ti,Al)N, TiN+MoS$_2$) hinzugezogen.

Tab: 9.1.2: *Wirkungsweise und Anwendbarkeit der 7 Prüfmethoden bei diamantbeschichteten Hartmetallen*

Prüfmethode	Wirkungsweise	Einsatzbereich / Anwendbarkeit
Ritztest	makroskopisch, quasistatisch mit Relativbewegung, mechanisch mit hoher lateraler Scherbelastung	wegen Prüfköperverschleiß/ Meßsignalauswertung nur bei ausreichend duktilen Schicht- oder Substratwerkstoffen
Kerbradtest	makroskopisch, quasistatisch mit Relativbewegung, mechanisch mit mäßiger lateraler Scherbelastung	wegen begrenzter Prüflast nur bei ausreichend spröden Schichtwerkstoffen und vorzugsweise weicheren Substraten; Diamantschichten nicht, da kontinuierlicher Prüfkörperverschleiß zu hoch; qualitatives Verfahren
Rockwelltest	makroskopisch, quasistatisch ohne Relativbewegung, mechanisch mit großer plastischer Verformung	bei Prüfung spröd-harter Schichtwerkstoffe: Prüfkörperverschleiß mäßig bis hoch, tritt abrupt auf; Ergebnis nicht beeinflußt durch Diamantschichtgüte und -dicke; möglichst duktile Substrate verwenden; grob qualitatives Verfahren, größere Meßfehler möglich; Prüflast für Diamant auf Hartmetall: 100 kg, maximale Diamantschichtdicke: 10 µm
Strahlverschleißtest	mikroskopisch, dynamisch, mechanisch ermüdend, ggf. oxidierend	auch bei spröd-harten Schichtwerkstoffen einsetzbar; bei Diamant Schichtstruktur/-güteneinfluß unter oxidierenden Bedingungen, sonst mechanisch ermüdend; bewertet bei Schichtdicken bis 10 µm Interzonenstabilität mit; bei größeren Schichtdicken wg. Versuchsdauer oxidativ-abrasives Regime empfehlenswert; quantitatives Verfahren
Kavitationserosiontest	mikroskopisch, dynamisch, mechanisch ermüdend	vorzugsweise einsetzbar bei duktilen oder spröd-amorphen Schichtwerkstoffen; Bei Diamant lediglich Beschädigung der Kristallitkanten; quantitatives Verfahren, größere Meßfehler möglich
Impulstest	makroskopisch, dynamisch, mechanisch ermüdend mit großer elastischer Verformung	wg. zu großer Versuchsdauer für Diamant auf Hartmetall nicht einsetzbar;
Thermoschocktest	makroskopisch, dynamisch, thermochemisch/ thermomechanisch ermüdend	wg. außerordentlicher thermomechanischer Stabilität/geringem therm. Ausdehnungskoeffizienten/ guter therm. Leitfähigkeit bei Diamantschichten nicht einsetzbar.

9.2 Die Korrelierbarkeit der Haftfestigkeitsprüfmethoden zu den Zerspanungsverfahren

a) Thermoschocktest - Fräsen

Wie das Schädigungsdiagramm aus den Thermoschockversuchen (Abb. 7.7.14) gezeigt hat, sind die diamantbeschichteten Hartmetalle unter zyklischer Belastung unempfindlich gegenüber maximalen Temperaturwerten bis etwa 625°C. Bei einem den Gleichlauffräsversuchen in AlSi10Mg wa angepaßten Versuchsregime (Pulsfrequenz, -dauer) stellt sich eine Art Dauerfestigkeit ein. Bei Fräsoperationen in Al-Legierungen ohne Partikelverstärkung wird üblicherweise dieses Temperaturniveau nicht erreicht, so daß man der thermomechanischen Wechselspannung allein keine Bedeutung für den Verschleiß zuordnen kann. Mit Kammrißerscheinungen ist demnach nicht zu rechnen. Allerdings ist ein Einfluß im Zusammenspiel mit der mechanischen Beanspruchung nicht auszuschließen. Wie in Kap. 3.2 erwähnt ist, bilden sich unter beiden Arten von Beanspruchungen ähnliche Spannungsverteilungen aus, die sich in Ihren Werten addieren. Wegen der Oxidationsneigung des polykristallinen Diamants oberhalb der Grenztemperatur von etwa 625°C sind die übrigen Thermoschockversuche nicht als Ersatzsimulation für diese Spannungsüberlagerung zu verstehen, da sich die Schichtdicke dabei über der Versuchsdauer durch Oxidations- bzw. Sublimationsprozesse deutlich reduzierte. Dennoch bewiesen die Ergebnisse, daß die Diamantschicht unter der verschärften Thermo-Wechselbelastung nicht zu Abplatzungen neigt. Auch das Aufreißen der freiliegenden Hartmetalloberfläche tritt erst bei Probentemperaturen oberhalb 900°C auf und erlaubt keinen Rückschluß auf normale Einsatzbedingungen in der Zerspanung.

b) Kavitationserosiontest - Zerspanung

Über eine Abhängigkeit des abrasiven Verhaltens einer Diamantschicht von der Probentemperatur ist literaturseitig nichts bekannt. Offenbar ändern auch Blitztemperaturen nicht die in den Tribologieversuchen in Kap. 2.1.2.1 auftretenden Schädigungsmechanismen, im Fall der polykristallinen Diamantschicht das Mikrobrechen von Kristallitkanten. Wie der Angriff der Kavitationserosion in dem im Kap. 7.5 beschriebenen Versuch gezeigt hat, sind diesem Verschleiß insbesondere die exponierten Kanten der gut facettierten Kristallite ausgesetzt. Zu vermuten ist, daß diese Facetten in der gleichen Weise auf bevorzugten Gleitebenen {111} plastizieren bzw. Risse ausbilden wie eine Einkristall. So wie bei Diamantschichten der Adhäsionsverschleiß unbekannt ist, so wenig wirksam zeigt sich der Kavitationserosiontest im Materialabtrag. Dies hängt mit dem hohen E-Modul des Diamants in den Kristalliten wie auch im Kornverbund, d.h. der kohäsiven Festigkeit zusammen. Bei gegebener maximal einkoppelbarer Energie (Sonotrodenleistung) und der sich einstellenden Blasenzahl reicht der Impuls der Mikrojets im implodierenden Blasenfeld nicht aus, um die Interzone unter der Diamantschicht noch zu schädigen.

c) Strahlverschleißtest - Zerspanung

Betrachtet man die Si-Ausscheidungen der AlSi-Gußlegierungen, so bewegt sich deren Größe zwischen 10 und 100 µm, d.h. bis zu einem Vielfachen der Schichtdicke. Aus diesem Grund erscheint der Strahlverschleißtest mit Strahlmittelkörnungen zwischen 50 und 120 µm gegenüber dem Kavitationserosiontest geeigneter, die abrasiv-zerrüttende Belastung des schneidenden Werkzeugs zu simulieren.

Die Gegenüberstellung der Standwege im Fräsen der Legierung AlSi10Mg wa (ES Ia, Gleichlauffräsen) über der mittleren gemessenen Strahldauer (erster Schichtdurchbruch) ergab keinerlei Korrelation. Dies gilt ebenfalls für die um den Einfluß der Schichtdicke bereinigten Strahldauermittelwerte. Wie in Kap. 7.4.2 erläutert, wird bei Verwendung von karbidischem Strahlmittel im Luftstrom das Strahlergebnis durch die Abrasion bzw. die Schichtdicke und die Schichtstruktur dominiert. Im Gegensatz dazu ist dies beim Fräsen nicht der Fall. Anders sieht das Verhältnis beim Entwicklungsschritt ES Ib aus. **Abb. 9.2.1** zeigt bei logarithmisch aufgetragenen Strahldauerwerten (Mittelwert, gemessen) eine strenge Korrelation zu den Frässtandwegen, ohne daß die Strahldauerwerte um den Einfluß der Schichtdicke bereinigt wurden. Die geringe Steigung der Korrelationskurve zeugt zudem von einer wenig streuungssensitiven und daher zuverlässigen Bewertung der praxisrelevanten Schichthaftung seitens des Strahlverschleißtests. Beachtet man, daß sich zwischen dem Standweg und der Schichtdicke sowie zwischen dem Standweg und der um den Schichtdickeneinfluß bereinigten Strahldauerwerte keine explizite Abhängigkeit ergibt, so läßt sich daraus schließen, daß die Schichtdicke zwar einen Einfluß auf das Fräsergebnis hat, dies aber nicht der alleinige bzw. der dominierende Faktor ist. Angesichts der starken Wechselbeanspruchung im Fräsen wie auch im Strahlverschleißtest spielt neben der Schichtdicke folglich die Ermüdungsfestigkeit eine bedeutende Rolle. (Das ist auch der

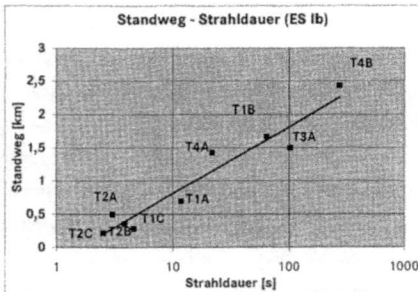

Abb. 9.2.1: Korrelation der Frässtandwege zu der Strahldauer (ES Ib)

Grund für die fehlende Korrelation der Fräsergebnisse des ES Ia zu den unter abrasiv-oxidativen Bedingungen erreichten Strahlzeiten (s.o.), bei welchen die Schichterosion im Vordergrund stand.) Der Vergleich der Probenvarianten untereinander deklassiert einerseits die schlecht vorpräparierten Varianten der Beschichtungstechnologie T2 generell und hebt die Stabilitätsfolge der Substrate B>A>C hervor. Diese ist identisch mit der Härtefolge der beschichteten Substrate (s. Kap. 6.2.4.1). Offensichtlich bietet die Härtemessung einen Anhaltswert für den Ermüdungswiderstand einer Probe im Fräsen bzw. im Strahlverschleißtest.

Eine ähnlich gute Abhängigkeit der Fräsergebnisse von den Durchstrahlzeiten (oxidisches Korn, Argon) ergaben sich auch für die Proben der übrigen Entwicklungsschritte ES IIa und ES III und für das Ge-

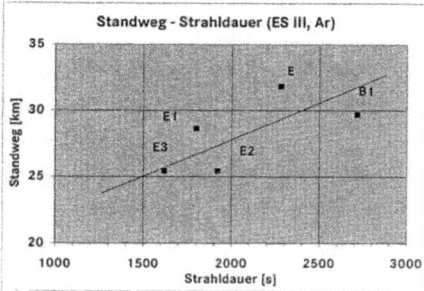

Abb. 9.2.2: Korrelation der Frässtandwege zu der Strahldauer

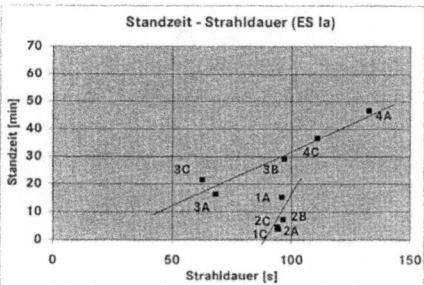

Abb. 9.2.3: Gegenüberstellung der Drehstandzeiten zur normierten mittleren Strahldauer (ES Ia)

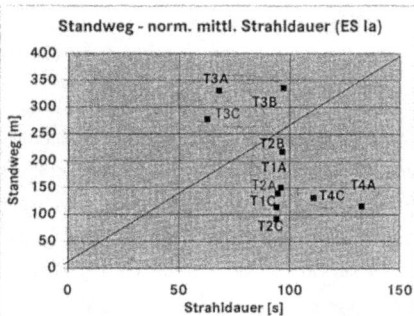

Abb. 9.2.4: Korrelation von Bohrstandweg und normierten mittleren Durchstrahldauer (ES Ia)

genlauffräsen von AlSi17MgCu4. **Abb. 9.2.2** zeigt die Korrelationskurve der sehr dicken Schichten des ES III. Darin bildet sich die starke Streuung der Standwegergebnisse wieder ab.

Im Unterschied zum Fräsen zeigen die Standzeiten im **Drehen** der AlSi10Mg wa-Legierung (ES Ia) eine deutliche Abhängigkeit von den normierten Durchstrahlzeiten (bereinigt um den Schichtdickeneinfluß, **Abb. 9.2.3**). Demnach wird das Standvermögen der diamantbeschichteten Hartmetalle beim Drehen primär nicht von der Schichtdicke bestimmt. Von deutlichem Einfluß ist aber die Beschichtungstechnologie. Die geringere Keimdichte der Schichten der Beschichtungstechnologien T1 und T2 liefert andere, wegen des geringen Wertniveaus schlecht differenzierbare Verhältnisse. Hingegen zeigen die feineren Schichten der Technologien T3 und T4 eine gut ausgebildete Korrelationskurve. (Da sich für die weniger abrasiven Versuchsbedingungen im Strahlverschleißtest an Proben des Entwicklungsschrittes ES Ib keine Korrekturfunktion für die Schichtdicke ableiten ließ, kann eine entsprechende Korrelation zu den Drehversuchen erstellt werden.)

Wiederum anders verhält sich die analoge Gegenüberstellung für das **Bohren (Abb. 9.2.4)**. Wie beim Drehen zeigen sich erst nach der Bereinigung vom Schichtdickeneinfluß Abhängigkeiten der Strahldauerwerte und der Bohrstandwege. (Dies ist sinnvoll, da eine analoge Abrasion wie beim Strahlverschleißtest (SiC) beim Bohren nicht besteht.) Dabei ergibt sich keine strenge Korrelation. Während sich entlang des theoretischen Korrelationsstrahls durch den Ursprung lediglich eine Klassifizierung der Substrate entsprechend C<B≈A ergibt, wird die Beschichtungstechnologie T3 im Bohren deutlich über-, die Technologie T4 unterbetont.

d) Rockwelltest - Zerspanung

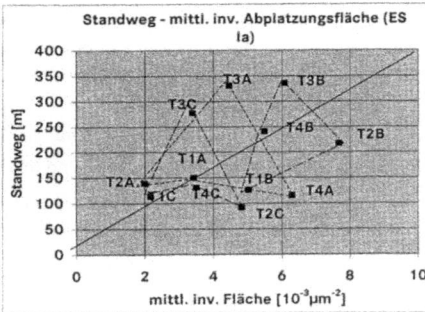

Abb. 9.2.5: Verhältnis von Bohrstandweg und inverser mittlerer Abplatzungsfläche (ES Ia)

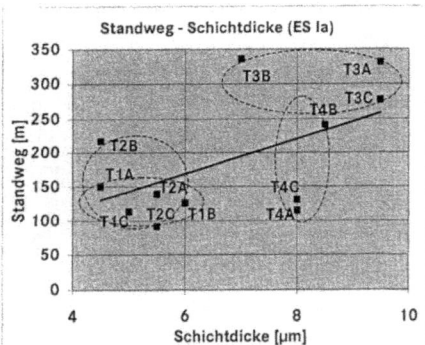

Abb. 9.2.6: Bohrstandweg in Abhängigkeit von der Diamantschichtdicke

Eine ähnliche Situation ergibt sich in der Gegenüberstellung des Standwegs im **Bohren** (äußere Schneidecken) und mittlerer inverser Schadensfläche (Abplatzung) aus dem **HRC-Test** in **Abb. 9.2.5**. Hier tritt ebenfalls die Technologie T3 im Bohren stark hervor. Verbindet man gedanklich die Punkte der einzelnen Substrattypen miteinander zu Dreiecken, so ergibt sich im Mittel entlang des Korrelationsstrahls eine Klassifizierung zu C<A<B. Vereinheitlicht man den Schichtschaden rechnerisch und schafft dadurch eine Vergleichbarkeit der für die Entstehung dieses Schadens notwendigen Eindringtiefen, so verändern sich die Verhältnisse unwesentlich. Es entstehen klare Domänen der einzelnen Substrathartmetalle ohne jede Aussagekraft hinsichtlich der bohrrelevanten Schichthaftung. Da der Faktor Substrat wenig ausschlaggebend auf das Bohrergebnis erscheint, muß eine Bewertung des Schichtdikkeneinflusses auf den Bohrstandweg vorgenommen werden.

Abb. 9.2.6 stellt den Standweg der Schichtdikke gegenüber. Man erkennt eindeutig einen Einfluß der Schichtdicke auf das Bohrergebnis (stärker als beim Drehen, da dort die Druckbelastung nicht so groß ist), jedoch weichen die Varianten T4A und T4C negativ von der gemittelten Korrelationskurve ab, die Variante T3B stark positiv. Dies spricht auch für einen weiteren Beschichtungstechnologie-bezogenen Einflußfaktor, der die kohäsive Festigkeit dominiert. Folglich bleiben bei der Gegenüberstellung der Bohrergebnisse mit den mittleren inversen Rißflächen aus dem HRD-Test sowohl die gemessenen (und die auf die Eindringtiefe bezogenen) Rißflächenwerte, als auch die flächennormierten Eindringtiefenwerte ohne jede Korrelation. Dieser Faktor ergibt sich auch nicht aus den Eigenspannungen im Verbund (s. Kap. 6.2.3.6), da sich hier die Varianten der Beschichtungstechnologie T3 nicht von der Variante T4A unterscheiden. Das Schichtversagen unter einer Oberflächenreib- und -furchbelastung wie im Ritztest zeigt ebenfalls keine charakteristischen Unterschiede der Technologien T3 und T4. Zu vermuten ist daher, daß die grundlegend positive Wirkungsweise des Sauerstoffs in der Prozeßatmosphäre bei der Diamanscheidung (wie im Fall der Technologie T3) die dichte Keimbildung sowie die Homogenität und Fehler-freiheit der Diamantschicht fördert und auf diese Weise die Kohäsion stärkt.

Ähnlich schlecht wie beim Bohren korrelieren die Werte des Standwegs im **Fräsen** mit den Werten der mittleren inversen Abplatzungsflächen des **HRC-Tests**, auch wenn diese in normierter Weise vorlie-gen. Da der HRC-Test wegen der großen Eindringtiefe stark durch die Eigenschaften des Substrats beeinflußt wird, und die Fräsergebnisse von der Grundfestigkeit des die Diamantschicht tragenden Materials bestimmt werden, kann hieraus nur auf die immense Bedeutung der Interzonenstabilität für den Werkzeugeinsatz unter pulsierender Beanspruchung geschlossen werden. Die fehlende Korrelati-on der Fräsergebnisse zu den flächennormierten HRC-Testergebnissen (Et) spricht für die untergeord-nete Bedeutung der Schichtkohäsion und für eine anderweitige Technologieabhängigkeit der **Fräser-gebnisse** in diesem Zusammenhang. Spricht man dem **HRD-Test** bzw. dem Interzonenriß einen Zu-sammenhang mit der Interzonenstabilität zu, so muß sich hierbei eine bessere Korrelation zu den Fräsergebnissen ergeben als beim HRC-Test.

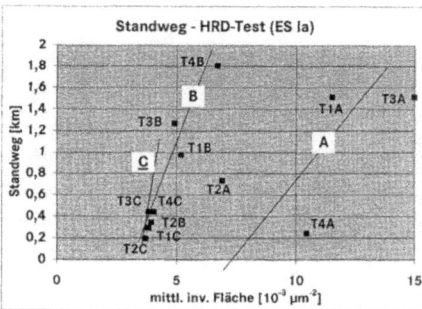

Abb. 9.2.7: Korrelation von Frässtandweg und mittl. in-verser Rißfläche (HRD, ES Ia)

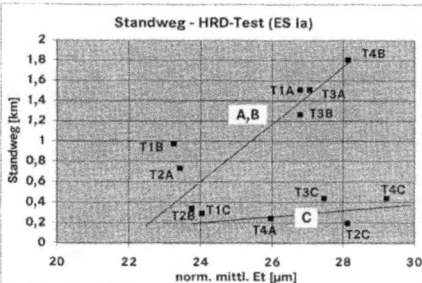

Abb. 9.2.8: Korrelation von Frässtandweg und normierter mittl. Eindringtiefe (HRD, ES Ia)

In **Abb. 9.2.7** sind die gemessenen Werte gemit-telt gegeneinander aufgetragen. Man erkennt bereits, wenn auch von einer deutlichen Streu-ung überdeckt, die substratabhängigen Grund-tendenzen der Korrelationskurven. Präzisiert man die Darstellung, indem man die Eindringtie-fen errechnet, die zu einer einheitlichen Scha-densfläche führen, so ergeben sich die Verhält-nisse nach **Abb. 9.2.8**. Man erkennt deutlich, das die geringere Grundhärte des Substrates C weitgehend unabhängig von der Beschichtungs-technologie zu schlechten Fräsergebnissen führt.

Ebenso liefern die grobkörnigeren und mit gerin-ger Keimdichte aufgewachsenen Diamant-schichten der Beschichtungstechnologien T1 und T2 niedrige und auffällig streuende Resulta-te. Für die feinstkörnigen Substrate A und B ergibt sich dennoch eine gute Korrelation. Der Einfluß der Grundhärte des Substrates bestätig-te sich ebenfalls in einer Gegenüberstellung der Standwege zu den auf eine einheitliche Eindring-tiefe normierten, mittleren inversen Rißflächenwerten aus dem HRD-Test. Ohne den substratcharakte-ristischen Härteeinfluß bilden die Rißflächen einen indifferenten Streubereich ohne jede Korrelation aus. Damit stellt sich die Frage nach der Sensitivität des HRD-Tests für Eindringtiefenschwankungen. Kombiniert man die beiden Normierungsverfahren (siehe auch Kap. 7.1.3), indem man nach der Normierung der Schadensflächenwerte auf eine einheitliche Eindringtiefe Et (Schritt 1) die Flächenwerte noch einmal auf eine einheitliche, mittlere inverse Rißfläche einstellt (Schritt 2), so ergeben sich neue, theoretische Werte für die probenspezifischen Eindringtiefen. Diese entstehen durch die Verschiebung der Diagrammpunkte entlang der substratspezifischen Trendkurven nach Abb. 7.1.13 auf den einheitlichen Ordinatenwert von $5*10^{-3}\mu m^{-2}$. Die Differenz der neu gewonnenen Eindringtiefenwerte zur Einheitstiefe von 26 μm (Normtiefe) stellt nun den Nenner der Sensitivität $\Delta Sfl_{norm}/\Delta Et_{norm}$ (Steigung des Abhängigkeitsverhältnisses „mittl. inv. Schadensfläche zu Eindringtiefe") dar (Schritt 3). ΔSfl_{norm} ergibt sich aus der Differenz zwischen der normierten, mittleren inversen Schadensfläche (aus Schritt 1) zur Normschadensfläche ($5*10^{-3}\mu m^{-2}$). Man erhält dadurch die Sensitivität der Schichtablösung (Schadensfläche) gegenüber der Eindringtiefe für die verschiedenen Probenvarianten.

Abb. 9.2.9 gibt diese Sensitivität für die einzelnen Probenvarianten wieder. Auf der zweiten Ordinate sind zudem die Werte der normierten, mittleren Rißflächen aufgetragen. Man erkennt deutlich, daß Sensitivität technologieabhängig ist. Während die Beschichtungstechnologie T3 die größte Sensitivität zeigt, stellt sich die Technologie T4 im Mittel am unempfindlichsten dar, sieht man der Beschichtungstechnologie T2 (Vorpräparation ohne Co-Ätzung) ab, deren normierte, mittlere inverse Schadensfläche zuverlässig am schlechtesten abschneidet. Einzig die Technologie T1 liefert gemischte Sensitivitätswerte. Unter der Voraussetzung, daß für alle Beschichtungstechnologien eine statistisch gleich gute Hartmetallqualität verwendet wurde, müssen technologiecharakteristische Haftfestigkeitsstörungen (Adhäsion) die Ursache für die unterschiedlichen Sensitivitäten sein. Die Sensitivität folgt also der Klassifizierung T3 > T1 > T4 > T2. Dies entspricht exakt der Härtefolge der diamantbeschichteten Hartmetallproben (HV50, s. Kap. 6.2.4.1). Interessanterweise zeigt die Technologie T3, deren Prozeßgas sauerstoffhaltig war, die höchsten Sensitivitätswerte und die höchsten Härtewerte. Dies deutet auf eine Aufhärtung bzw. Versprödung der Interzone und/ oder der Diamant-

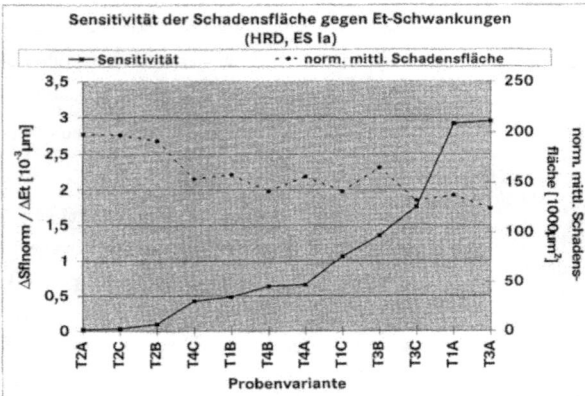

Abb. 9.2.9: relative Sensitivität der Schichtablösung von der Eindringtiefe (HRD, ES Ia)

schicht hin. Ist dies der Fall, so resultiert der Erfolg der Technologie T3 beim **Bohren** aus der höheren Druck- und Scherfestigkeit der Schneide. Hingegen zeigen die Platten der Technologie T4 bei unwesentlich geringerer Schichtdicke (s. Kap. 6.2.3.2: s = 8,7μm (T3) ≥ 8,1 μm (T4) > (5,1 μm (T2,T1)) eine vergleichsweise höhere Elastizität im Bereich Interzone/ Diamantschicht und ertragen damit besser die Schlagbeanspruchung im Fräsen. Ein vergleichender Rückblick auf die Drehergebnisse wirft die Frage auf, warum sich beim Bohren andere Prioritäten hinsichtlich der Probenvarianten ergaben als beim Drehen. In Kap. 4.3 wurde darauf hingewiesen, daß sich bei schneidplattenbesetzten Bohrern der Schnittprozeß gegenüber dem Drehen nur noch durch die zur Bohrermitte hin abnehmende Schnittgeschwindigkeit bzw. die zunehmende Druckbelastung unterscheidet. Berücksichtigt man, daß sich die meisten Ausfälle der Beschichtung am äußeren Durchmesser des Bohrers ergaben (daher auch die auf diese Schäden beschränkte Versuchsauswertung), so reduziert sich der Prozeßunterschied in der vorliegenden Diskussion wiederum. Da die Bohrwerkzeuge einerseits einen geringeren Freiwinkel aufwiesen, und zum anderen beim Bohren ein fast sechsmal so großer Vorschub gewählt wurde, muß hier dennoch die erheblich größere Druckbelastung als Unterschied angesehen werden. Das bedeutet, daß im kontinuierlichen Schnitt mit zunehmender Flächenpressung neben einer guten Diamantkeimdichte der Stabilität (Härte) der Beschichtung bzw. der kohäsiven Schichthaftfestigkeit eine wachsende Bedeutung

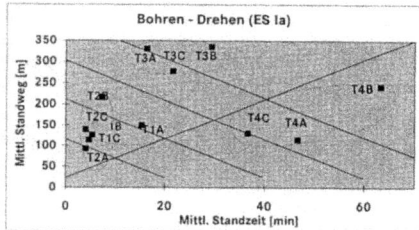

Abb. 9.2.10: Gegenüberstellung von mittl. Bohrstandwegen und mittl. Drehstandzeiten (ES Ia)

(noch vor der Grundfestigkeit des Substrathartmetalls) zukommt. Darüber hinaus erkennt man, daß die hohe Quetschbelastung im Bereich der Bohrermitte weniger kritisch für den Standweg ist als die Kombination von Druck und schnittgeschwindigkeitsabhängiger Scherbelastung. In der Gegenüberstellung der Bohr- und der Drehergebnisse kristallisieren sich somit eindeutige Standzeitdomänen der Beschichtungstechnologien heraus (**Abb. 9.2.10**).

Die Standzeitergebnisse im **Drehen** (ES Ia, wie oben) zeigten weder mit der mittleren inversen Abplatzungsfläche (**HRC-Test**) noch mit den flächennormierten Eindringtiefen ein Abhängigkeitsverhältnis. Dies gilt ebenso für die Gegenüberstellung der Standzeiten zu den mittleren inversen Rißflächen und den rißflächennormierten Eindringtiefen aus dem **HRD-Test**. Dies heißt, daß die Eigenschaften des Substratkerns, die die Rockwellergebnisse beeinflussen, für das Standvermögen im Drehen von untergeordneter Bedeutung sind. Da sich eine klare Korrelation der Drehstandzeiten zur Durchstrahldauer im hoch abrasiv wirkenden Strahlverschleißtest (SiC, Luft - o, bereinigt um den Einfluß der Schichtdicke) im Strahlverschleißtest ergeben hat, erscheint für das Drehen die Interzonenstabilität ein wichtiger Faktor zu sein. Außerdem steht die Abrasionsbelastung im Drehen im Hintergrund. Die Interzonenstabilität und - wie in Kap. 8.3 gezeigt – die Schichtdicke wirken sich auf die Scherfestigkeit der Schneide aus und bestimmen das Drehergebnis. Das in Kap. 6.2.4.2 beschriebene Verfahren zur Bestimmung des gemischten E-Moduls kann diesbezüglich Aussagen zur Dichte der Interzone liefern. Stellt man die E-Moduli der Proben des Entwicklungsschrittes ES Ib den entsprechenden Standzeiten gegenüber, so bilden die Wertepaare der Beschichtungstechnologien T1, T2 und T3 Domänen aus, die sich ihrerseits auf einer gemeinsamen Korrelationslinie bewegen (**Abb. 9.2.11**). Berücksichtigt man

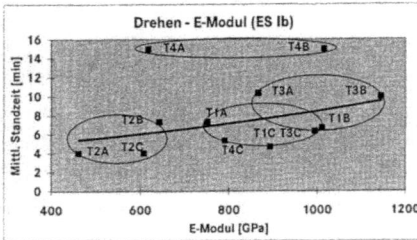

*Abb. 9.2.11: Korrelation von E-Modul und Beschichtungs-
technologie (ES Ib)*

die vergleichsweise meßtechnisch bedingte Überschätzung der C-Proben, so verstärkt sich der Korrelationsgrad noch. Auffällig sind hingegen die Proben T4A und T4B, die sich im Drehen als überproportional haftfest herausstellten und sich nicht an der Korrelation beteiligen. Demnach besitzt die Diamantschicht aus T4 für das Drehen vorteilhafte, intrinsische Eigenschaften.

e) Fazit des Vergleichs Haftfestigkeitsprüfverfahren - Zerspanung

Hinsichtlich der Korrelierbarkeit der Versuchsergebnisse aus den verschiedenen Haftfestigkeitsprüfverfahren und den drei Zerspanungsverfahren Fräsen, Drehen und Bohren lassen sich die in **Tabelle 9.2.1** dargestellten Aussagen zusammenfassen. Die Rückführung dieser Aussagen auf probencharakteristische Details werden in Kap. 9.3 ausführlich behandelt.

Tab. 9.2.1: Korrelierbarkeit von Haftfestigkeitsprüf- und Zerspanungsergebnissen (Gesamtbeurteilung)

Haftfestigkeitsprüfverfahren	Fräsen	Drehen	Bohren
HRD-Test	ja, für Schichtdicken <10 µm, jedoch nur qualitativ klassifizierend	nein, da Substrateinfluß auf Drehergebnisse zu gering (bei moderaten Schnittbedingungen)	nein, da das Bohrergebnis durch die Schichtmorphologie besonders, durch das Substrat hingegen zu wenig beeinflußt wird
HRC-Test	nein, da der HRC-Test stärker durch die Schichtkohäsion bestimmt als das Fräsergebnis	nein, da Substrateinfluß auf Drehergebnisse zu gering (bei moderaten Schnittbedingungen)	nein, da das Bohrergebnis durch die Schichtmorphologie besonders, durch das Substrat hingegen zu wenig beeinflußt wird
Ritztest	nein, da Ritztest aus Gründen des immensen Prüfkörperverschleißes ungeeignet für diamantbeschichtete Hartmetalle		
Kerbradtest	nicht abschließend bewertbar, wenn ja, dann nur für Schichtdicken <10µm		
Strahlverschleißtest	ja, bei Al₂O₃-Korn und Inerttransportgas gute Korrelation	ja, bei SiC-Korn und Luftmedium gute Korrelation (Schichtdickeneinflußbereinigte Strahldauer)	nein, da Schichtmorphologie die Bohrergebnisse besonders beeinflußt
Kavitationserosionstest	nein, da erzeugbare Blasen zu klein und Diamantkohäsion zu groß sind, erfolgt lediglich eine leichte Schädigung der exponierten Kristallikanten		
Impulstest	nein, da Versuchsdauer zu lang/Probenbeanspruchung zu gering		
Laserschocktest	nein, da diamantbeschichtete Hartmetalle bis mind. 625°C 'dauerfest' gegenüber Thermozyklierung (Leichtmetallegierungen ohne Verstärkung)		

9.3 Die Bewertung der Schneidstoffentwicklung

In einer Schneidstoffentwicklung muß nicht nur ein geeigneter Beschichtungsprozeß, sondern auch ein gangbarer Kompromiß zwischen der Optimierung der chemischen Zusammensetzung der Interzone, der Karbidaktivierung zugunsten einer hohen Keimdichte und der mikrostrukturellen Komposition des Hartmetallsubstrats gefunden werden /Ols98/. Dabei besteht die Optimierung der chemischen Zusammensetzung im wesentlichen in der Vermeidung der Reaktion von Kobalt und Diamant/Kohlenstoff. Die Karbidaktivierung ergibt sich einerseits aus der naßchemischen Murakami-Ätzung, andererseits aus der Dekarburierung der WC-Körner, die nach dem Rekarburieren zur unmittelbaren Ausbildung von Diamantkeimen führen sollen. (Im Fall einer nicht in-situ Dekarburierung vor der Diamantabscheidung wird die Keimdichte durch Diamantpartikelrückstände aus einer Ultraschallbekeimung in der Substratoberfläche maßgeblich verstärkt.) Die Mikrostruktur muß zum einen eine ausreichende Festigkeit besitzen, zum anderen soll die laterale Rißausbreitung in der Interzone verhindert bzw. blockiert werden. Dies kann entweder durch ein Feinstkornhartmetall mit einer starken

Kontiguität ermöglicht werden (s. Kap. 2.3.2), oder bei Interzonen-Kornvergröberung durch die Aus-richtung eines großen Teils der plattenförmigen, prismatischen Körner schräg zur Oberfläche.

Die erzeugten, oberflächlich kornvergröberten Varianten E bis E3 (ES IIb und ES III) wiesen zwar eine sehr dichte Anbindung der Diamantschicht an die Grobkarbide auf, diese orientierten sich jedoch überwiegend oberflächenparallel. Dadurch wurde unter Belastung zwangsläufig eine laterale Rißaus-breitung erleichtert. Vorteilhafter wäre es, hinsichtlich der in spröden Werkstoffen sehr hohen Rißaus-breitungsgeschwindigkeit die Rißfronten in der Interzone in das Substrat (feinkörnige, harte Bereiche) und /oder in die hochfeste Diamantschicht hinein zu leiten und somit zu dispergieren bzw. zu stop-pen. Die Oberflächenparallelität der Interzonenkarbide in den entwickelten Varianten muß angesichts der korngrößenbedingt schlechteren Kontiguität zu einer Destabilisierung der Interzone gegenüber den Standardhartmetallen führen. Zudem wurde hier eine Mischung von sehr verschieden großen Karbidkörnern erzeugt, die bei Hartmetallen erfahrungsgemäß eine Minderung der Biegebruchfestig-keit und eine oberflächliche Kerbwirkung bedingen. Diese Kerbwirkung muß um so kritischer einge-stuft werden, da das Hartmetall unter der Diamantschicht positiv vorgespannt ist. Dementsprechend unzuverlässig zeigten sich auch die Ergebnisse im Fräsen und im Strahlverschleißtest (Streuung), so daß auch die Wirkung der Ätzvariationen (E1 bis E3) in den Hintergrund tritt. Wenn auch im Ben-chmarking bei der Variante X nach Angaben des Herstellers bevorzugt schräg ausgerichtete Grobkar-bide in der Substratoberfläche erzeugt wurden, so ergab sich zwar eine geringere Standwegstreuung und eine gutes -niveau, doch wurden bei den typischerweise im Fräser geklemmten Schneidplatten eine erhebliche Anzahl von Plattenbrüchen in der Klemmung beobachtet, die nicht auf Fehler in der Klemmung zurückgeführt werden konnten. Unklar ist, ob diese Klemmbrüche auch durch die große Schichtrauheit begünstigt wurden. Festigkeitsmindernd wirkt sich das stets transkristalline Bruchver-halten der vorzugsorientierten Oberflächenkörner aus. Dadurch rückt die Bedeutung der durch die im Beschichtungsrezipienten durchgeführte De- und Rekarburierung offenbar erhöhte Diamantkeimdich-te in den Hintergrund. Da auch die Verdampfung des Kobalts aus der HM-Oberfläche nicht vor der Nachdiffusion unter Abscheidetemperaturen schützt, wurden die Varianten X und Y vorteilhafterweise in Hochrateprozessen diamantbeschichtet.

Die Standwegergebnisse der eigenen kornvergröberten Varianten lagen weiterhin auf einem tieferen Niveau bezogen auf das geHIPte Substrat B1, obwohl die topographieabhängig bessere mechanische Verzahnung mit der Beschichtung eine größere Schichthaftung gewährleisten müßte. Das B1-Substrat dominierte unter den Standard-Korngrößen die Stabilitätsvergleiche trotz der Ätzvorbehandlung im Hartmetallbad bzw. der dadurch verursachten Schwächung des Karbidskeletts. Dies ist auf die gute Kontiguität und den sehr wahrscheinlich geringeren Anteil an Co-Ansammlungen an den Karbidkon-taktstellen zurückzuführen. Zusätzlich sorgen die ätzbedingten, kleineren Hohlräume des wenig bin-derhaltigen Gefüges für eine höhere Stabilität. Dies leitet sich aus der mit der Sinterqualität steigen-den Koerzitivkraft ab, also der Binderstegbreite. Die diesbezüglich durchgeführte Untersuchung im Entwicklungsschritt ES IIa zeigte die zur Koerzitivkraft analogen Härteunterschiede der Hartmetalle.

Bei Untersinterung kommen die vereinzelten Bindernester schichthaftungsschwächend hinzu. Entsprechend dem Restkobaltgehalt an der Oberfläche fiel die Diamantkeimdichte bei diesen Proben geringer aus. Bei einer integralen Restkobaltmessung vor der Beschichtung können lokal stärkere Kobaltreste im Bereich der Bindernester nicht ausgeschlossen werden. Wie die Untersuchung des Zusammenhangs von Koerzitivkraft und dem Restkokaltgehalt an der Substratoberfläche nach der Ätzung in Kap. 6.2.2.1 ergab, steigt der meßbare Restkobaltgehalt der zu beschichtenden Probe mit dem Anfangskobaltgehalt und sinkt mit zunehmender Sinterqualität. Für jede Hartmetallsorte ist eine Vorhersage der Ätzbarkeit mittels der Koerzitivkraft somit chargenabhängig empfehlenswert.

Offenbar wirkt sich die Sprödigkeit binderarmer Hartmetalle für die Bearbeitung von Leichtmetallegierungen nicht negativ auf das Standvermögen aus. Jedoch zeigte der Vergleich der Härtewerte der diamantbeschichteten Hartmetalle des Entwicklungsschritts ES Ia (Vorpräparation mit Sandstrahlung) mit denen des ES Ib (ohne Sandstrahlung), daß das Strahlen bei relativ spröden Substraten mit geringem Bindergehalt eine mechanische Vorschädigung verursachen kann, die bei gleicher Ätztiefe einen Festigkeitsverlust bedeutet.

Aus diesen Überlegungen heraus zeichnen sich zwei entgegengesetzte Leistungsbegrenzungen für die Substratstabilität und damit für die derzeitige Verwendbarkeit von diamantbeschichteten Hartmetallen als Zerspanungswerkzeuge ab. Die erste wurde in den Entwicklungsschritten ES I bis ES IIa erreicht. Dabei wurde die Schlagfestigkeit des Werkzeugs durch die Verringerung des Kobaltgehaltes und die gleichzeitige Erhöhung des Verformungswiderstandes verbessert (Substrat B). Der Verformungswiderstand war hier eng mit der Korngröße verknüpft. Feinstkornhartmetalle zu verwenden bedeutet aber auch eine minimale geometrische Verzahnung mit der Schicht, also den Verlust eines wichtigen Haftfestigkeitsfaktors. Außerdem impliziert der geringe Tiefgang der obersten Karbidlage das große Risiko für die Haftung, von einer ätzgeschwächten Interzone abhängig zu sein. Wie in Abb. 6.2.3 verdeutlicht, können die massiven Eigenschaftsunterschiede von Substratkern und Interzone zu einer scharfen Trennung an der Ätzgrenze führen. Hier stellt sich die Frage, ob die Beseitigung des Kobalts durch Verdampfung zu Beginn des Beschichtungsprozesses nicht einen sanfteren Übergang vom binderhaltigen Korpus zur binderfreien Oberfläche ergibt. Dabei läßt sich die HM-spezifische Ätzbarkeit (und die Änderung der Schichtdicke) bei chargenbedingt schwankenden HM-Eigenschaften durch die Binderverteilung vorhersagen. Koerzitivkraftwerte über dem Sollwert führen zur verstärkten Präsens von Co-Resten (und damit zu einer geringeren Schichtdicke) und umgekehrt (s. Kap. 6.2.3.2). Das andere Extrem der Interzonenmorphologie stellt die massive Kornvergröberung aus Entwicklungsschritt ES IIb und ES III dar. Zwar reichen die obersten Karbide mitunter tief in das Substrat hinein, doch die schlechtere Kontiguität und die erhebliche Kerbwirkung lassen nur ein wenig besseres Standvermögen aufkommen (siehe Benchmarking Kap. 8.5). Die in dieser Arbeit entwickelten modifizierten Hartmetalle weisen darüber hinaus noch den Optimierungsbedarf in der Ausrichtung der groben Interzonenkörner auf. Ob ein mittlerer Zustand in der Größe der Interzonenkörner zu einem Haftfestigkeitsanstieg führt, kann an dieser Stelle nicht geklärt werden. Weiterhin muß auch die Frage der

Wasserstoffaufnahme bzw. -versprödung im Substrat geklärt werden. Dieser Gesichtspunkt wurde bislang in keiner Untersuchung explizit betrachtet.

Zur Steigerung der Durchreibdauer wurde im ES IIb und im ES III die Schichtdicke bis auf etwa 24 µm erhöht, wodurch sich das Standvermögen verbesserte. Dies wurde in erster Linie durch die kohäsiv stärkere Diamantschicht ermöglicht. Zieht man die Untersuchung von /Tak93/ hinzu, so zeigen dessen Dreipunkt-Biegebruchversuche an diamantbeschichteten WC-6%Co-Hartmetallen, daß sich mit wachsender Schichtdicke (bei sonst gleichen Abscheidebedingungen) die Biegebruchfestigkeit absenkte. Bei einer Schichtdicke von 35 µm betrug diese Festigkeit nur noch 75% der Ausgangsbiegebruchfestigkeit des unbeschichteten Hartmetalls. Dieser Tatbestand wirft die Frage nach der Ursache auf. Unter der Voraussetzung einer identischen Abscheidetemperatur, also gleichen thermischen Eigenspannungen sowie einer vergleichbaren Schichtgüte kann dieser Effekt nicht auf schichtdickenabhängige Eigenspannungen zurückgeführt werden. Jedoch wird sich zum einen die Diamantschicht bei wachsender Dicke unter gleichen thermischen Druckeigenspannungen weniger komprimieren lassen, so daß die positive Dehnung des Substrates in der Interzone zunimmt. Ein weiterer haftfestigkeitsrelevanter Faktor stellen chemische Veränderungen im Substrat-/ Interzonenbereich dar. Durch die für große Schichtdicken üblicherweise langen Beschichtungszeiten bei hoher Temperatur (800-900°C) diffundiert Kobalt wieder der Substratoberfläche zu und vermag dort Diamantschichtkeime katalytisch zu zersetzen. Weiterhin muß mit einer erhöhten Wasserstoffaufnahme und einer daraus resultierenden Versprödung des Substrat gerechnet werden. Daher ist von einer standzeitrelevant nach oben begrenzten Schichtdicke und damit der Durchreibdauer (ES III) auszugehen.

Die Entwicklung der Beschichtungstechnologie selbst zeigte ein interessantes Spektrum an erzeugten Schichteigenschaften auf. Dabei sorgten die schlechte Kohäsion und die geringe Schichtdicke aus den Beschichtungstechnologien T1 und T2 (ES I) für ein meist schlechtes Abschneiden der Werkzeuge. Die nachfolgend entwickelten Schichten der Technologien T3 und T4 zeigten insgesamt deutlich bessere Standzeiten, bewährten sich aber unter konträren Einsatzbedingungen. Während die Beschichtungstechnologie T4 in Verbindung mit dem formstabilen Substrat B bzw. B1 eine gute Schlagfestigkeit im Fräsen boten, sorgten die andersartigen intrinsischen Eigenschaften (nicht Eigenspannungen) von Diamantschicht und Interzone aus Technologie T3 für einen fast substratunabhängigen Standzeitgewinn im Bohren. Dabei ergab sich bei der Messung des gemischten E-Moduls wie auch der Vickershärte (HV50) an den beschichteten Proben des Entwicklungsschritts ES I gleichermaßen das Verhältnis T3 > T4 (s.a. **Tab. 9.3.2**). Demnach erfahren die Interzone und die Diamantschicht in der sauerstoffhaltigen Prozeßatmosphäre eine Aufhärtung bzw. Versprödung. Dabei kommt die höhere Härte der Diamantschicht durch die ‚dünneren‘ Korngrenzen und oft durch eine etwas kleinere Korngröße zustande, die sich aufgrund der besseren Ätzeigenschaft des Sauerstoffs für Graphit und amorphen Kohlenstoff ausbilden. Das Hartmetall erfährt seinerseits eine verstärkte Oxidation des Bindermetalls.

Wie im vorangegangenen Kapitel deutlich geworden ist, bedarf es bei der Auslegung von diamantbeschichteten Hartmetallen unterschiedlicher werkstofflicher Prioritäten in der Beschichtung, die auch die Schichtgüte betreffen. Üblicherweise wird die Schichtgüte durch das Flächenverhältnis unter der Raman-Kurve (Wellenlängenverschiebung) vom Raman-Peak zur Summe von D- und G-Peak herangezogen, die übrigen Hybridisierungsanteile in der Schicht werden vernachlässigt. Damit kann den verfahrensspezifischen Beanspruchungscharakteristika in der Zerspanung nicht Rechnung getragen werden. So weisen allein die standwegrelevanten Diamantschichten der Beschichtungstechnologie T3 (ES Ia) einen deutlichen P-Peak (Precursor-Peak bei ca. 1465 cm^{-1}) auf. Nach /Rats95/ hängt während der Diamantabscheidung dies weitgehend druckinsensitiv von dem Verhältnis C/(C+O) ab. Dabei bilden sich unter Anwesenheit von Sauerstoff andere Precursorprodukte wie O_2^- und OH$^-$. Dies fördert zudem die Wachstumsgeschwindigkeit der Schicht. Steigert man zusätzlich den Precursoranteil im Gas, so beschleunigt sich das Schichtwachstum erneut. So ergeben sich bei einer höheren Abscheiderate und bei gleicher Beschichtungsdauer wegen der guten Ätzwirkung der sauerstoffhaltigen Radikale dickere Diamantschichten mit einer ähnlichen Güte wie bei reiner Wasserstoffätzung - wie in den Entwicklungsschritten ES Ia und ES Ib bewiesen. Dabei kann die Diamantkorngröße etwas geringer ausfallen als ohne Sauerstoffbeteiligung. /Zhu89/ steigerte den Methananteil im Prozeßgas auf 5% und registrierte hierbei eine Abnahme der Größe der Graphit- und der Diamantkörner. Außerdem stellten sich diese orientierungsloser und gleichmäßiger verteilt dar. Die damit verbundenen, ausgeprägt isotropen Schichteigenschaften und die stärker rißdispergierende Wirkung des für feinkörnige Werkstoffe typischen transkristallinen Bruchverhaltens könnten die Erklärung für das besonders gute Abschneiden der Schichteigenschaften der Technologie T3 (ES Ia) sein, zumal Unterschiede in den Peak-Verhältnissen der XRD-Messungen nachgewiesen werden konnten. Bei Schichten dieser Technologie legt der P-Peak die Präsenz von Wasserstoff nahe. Inwieweit Wasserstoff in der Diamantschicht eine Rolle hinsichtlich der Schichtsprödigkeit spielt, konnte nicht belegt werden. /Pee90/ berichtet von H$^+$-Anteilen von bis zu 4%, bezogen auf den C-Anteil in der Diamantschicht. Dieser stieg mit sinkender Diamantschichtgüte. Dabei vermutet /Pee90/ die chemische Einbindung in die Schicht in Precursorstrukturen bis hin zur Aromatenbildung. Jedoch gibt es in der Literatur keine Hinweise auf einen vergleichbaren Precursor-Peak wie in Diamantschichten bei diamantähnlichen Schichten.

Vor dem in diesem Kapitel aufgezeigten werkstofflichen Hintergrund sind auch die Korrelierbarkeiten der Haftfestigkeitsprüfmethoden mit den Zerspanungsergebnissen verständlich. **Tab. 9.3.1** zeigt die Möglichkeiten des Probenvergleichs – bezogen auf die unterschiedlichen Hartmetalle bzw. Beschichtungstechnologien, die sich aus den Versuchsergebnissen ergeben.

Substratvergleich

Bemerkung	ES	Zerspanungsverfahren	Probenvergleich	Probenvergleich	Prüfverfahren	ES	Bemerkung
B strahl-geschädigt	Ia	Fräsen AlSi10Mg wa	A > B > C	A > B > C	Härtemessung HV10 (unbeschichtete Proben)	(Ia)	
	Ib	Fräsen AlSi10Mg wa	B > A > C	B > C > A	HRC	Ia	
	Ia	Drehen AlSi10Mg wa	B > A ≈ C		HRD (schadensnormierte Et)	Ia	Schadensunterschätzung C
	Ib	Drehen AlSi10Mg wa	B ≈ A > C		E-Modul-Messung	Ib	
	Ia	Bohren AlSi10Mg wa	B ≥ A > C	B >> A > C	SVT (SiC+Luft, ohne Schichtdickeneinfluß)	Ia	
	IIa	Fräsen AlSi17MgCu4	B1 > B > B2 / A1 > A > A2	B1 > B ≈ B2 / A > A1 > A2	SVT (Al$_2$O$_3$+Argon, mit Schichtdickeneinfluß, B$_i$ > A$_i$)	IIa	A1 nicht gesichert
	IIb	Fräsen AlSi17MgCu4 (Gleichlauf)	E1 ≈ E3 ≈ E2 ≈ B1 ≥ E	E > E1 ≈ E2 ≈ E3 ≈ B	SVT (Al$_2$O$_3$+Argon, mit Schichtdickeneinfluß)	IIb	
	IIb	Fräsen AlSi17MgCu4 (Gegenlauf)	E1 > E3 > E2 ≈ B1 ≥ E				
	III	Fräsen AlSi17MgCu4	E ≈ E1 ≈ E2 ≈ E3 ≈ B1	B1 > E > E2 ≈ E1 ≥ E3	SVT (Al$_2$O$_3$+Argon, mit Schichtdickeneinfluß)	III	kleinster Schadenszuwachs bei E3

Technologievergleich

Bemerkung	ES	Zerspanungsverfahren	Probenvergleich	Probenvergleich	Prüfverfahren	ES	Bemerkung
T4B beste	Ia	Fräsen AlSi10Mg wa	T4 ≥ T3 ≈ T1 > T2	T3 > T1 > T4 > T2	E-Modul-Messung	Ia	
	Ib	Fräsen AlSi10Mg wa	T4 ≤ T3 u. T1 ≥ T2		Härtemessung HV50 (beschichtete Proben)	Ia	
Schichtdicken-einfluß (T4, T3 > T1,T2)	Ia	Drehen AlSi10Mg wa	T4 > T3 > T1 ≈ T2	T3 ≥ T1 ≥ T4 > T2	HRD (Et-normierte Schadensfläche)	Ia	
	Ib	Drehen AlSi10Mg wa					
	Ia	Bohren AlSi10Mg wa	T3 >> T4 ≈ T2 ≈ T1	T3 > T4 ≥ T2 > T1	HRC	Ia	Schichtdicken-einfluß (T4, T3 > T1,T2)

Tab. 9.3.1: Gegenüberstellung der Hartmetall- und der Beschichtungstechnologie-Klassifizierung durch die Zerspanungs- und die Prüfverfahren

Darin wird deutlich, wie einheitlich die Standergebnisse beim Fräsen, Drehen und Bohren (ES I)von der Substrathärte B > A > C (unbeschichtet) und von der daraus resultierenden Interzonenstabilität (s. gemischter E-Modul) abhängen. Selbstverständlich spiegeln sich diese Verhältnisse auch in den Haft-festigkeitsuntersuchungen mit den Rockwell-Verfahren wieder. Stellt man den zerrüttenden Charakter des Strahlverschleißtests in den Vordergrund (bei SiC-Strahlmittel durch die Eliminierung des Schichtdickeneinflusses), so kommen auch hier die Substrateigenschaften wieder zum Tragen. Bei den größeren Schichtdicken von 16 bis 24 µm (ES IIb und III) führt die Unzuverlässigkeit der Interzone unter den rauhen Zerspanungsbedingungen im Fräsen zu einer weitgehenden „Einebnung" der Stand-wegunterschiede.

Beim Technologievergleich prägen die oben ausgeführten Unterschiede in den Beschichtungsprozes-sen das Standergebnis der Werkzeuge, während im Bereich der Haftfestigkeitsprüfmethoden nach wie vor der Probenhärteeinfluß dominiert – allerdings in diesem Fall von den diamantbeschichteten Hart-metallen.

Zusammenfassend stellen sich die diskutierten Eigenschaften der verschiedenen Werkzeugmorpholo-gien wie folgt dar (**Tab. 9.3.2**):

Tab. 9.3.2: Bewertung der Eigenschaften diamantbeschichteter Hartmetalle und beschichtungstechnologischer Aspekte

Eigenschaft/Verfahren	Vorteil	Nachteil
geringe Korngröße/starke Kontiguität des Hartmetalls	hohe Biegesteifigkeit/Festigkeit des Substrats; Feinstkorn fördert interkristalline Rißausbreitung	geringe Verzahnung von Schicht und Substrat; Gefahr der Ätzschädigung des Karbidskeletts
Oberflächenkornvergröberung	Starke Verzahnung Schicht-Substrat; bei schräger Kornausrichtung gute Rißeinleitung in das Substrat/die Schicht	transkristalliner Bruch; hohe Schichtrauheit; starke Kerbwirkung, geringe Biegebruchfestigkeit
wenig Binderanteil im Hartmetall	kleinere Ätzporen/Kerben; kaum Binderreste nach der Oberflächenätzung; hohe Schlagfestigkeit	(Sprödigkeit, jedoch bei Werkzeugen für die Leichtmetallbearbeitung unbedeutend)
optimaler Sintergrad/HIP	wenig Bindernester; gute Karbidkorn-Skelettierung	
vorpräparierende Strahlbehandlung	Einstellung eines gleichmäßigen Rauheitszustands (bei nicht kornzuvergröbernden Oberflächen)	mechanische Vorschädigung binderarmer Hartmetalle
oberfl. Binderverdampfung	Keine Ätzschädigung des Karbidskeletts, Ätzgradient	möglicherweise stärkere Wasserstoffaufnahme
hohe Schichtwachstumsrate	geringe Nachdiffusion von Co zur Substratoberfläche	
große Schichtdicke (> 20 µm)	lange Durchreibdauer	höhere positve Eigenspannungen im Substrat
Sauerstoffanteile im Prozeßgas	verbesserte Schichtmorphologie für Druckbeanspruchungen (Bohren), Aufhärtung der Interzone	Zu hohe Versprödung für schlagbeanspruchte Werkzeuge
Feinkörnigkeit der Diamantschicht	isotrope Eigenschaften; Rißdispergierung	

Im Hinblick auf eine geeignete Einstellung der praxisrelevanten Werkzeugeigenschaften von diamant-beschichteten Hartmetall-Wendeschneidplatten folgen aus den obigen Ausführungen schließlich in **Tabelle 9.3.3** resümierten Aussagen (Diese Angaben sind anhand der Untersuchungsergebnisse ab-geschätzt und beziehen sich auf Prozeßparameter und Werkstückeigenschaften der in dieser Arbeit untersuchten Art (s. Kap. 8).):

Tab. 9.3.3: Morphologische Anforderungen an diamantbeschichtete Hartmetall-Wendeschneidplatten für das Frä-sen, Drehen und Bohren von AlSi-Legierungen

Zerspanungs-verfahren	Anforderung an diamantbeschichtete Hartmetallwerkzeuge	
	Hartmetall	**Beschichtungstechnologie**
Fräsen	*Zerrüttungsstabilität*	*stabile Verankerung/ große Schichtdicke*
	• *ausreichend hohe Kernhärte des Hartme-tall-Substrats durch Feinstkörnigkeit (Korn-ø < 1µm), 3,6% < Co-Gehalt < 6%* • *optimale Binderverteilung im Substrat und Nachverdichtung (Sinter-HIP)* • *Substratrauheit << Rz = 5,5 µm bzw. Ra = 0,7 µm, bis Rz = 3,5 µm bzw. Ra = 0,43 µm geeignet* • *Oberflächenkornvergröberung mit diago-naler Ausrichtung der Körner*	• *Binderentfernung an der Oberfläche vollstän-dig, zum Substratkern hin gradiert* • *gradierter Karbid-Diamantübergang* • *Diamantschichtdicke bis max. 30 µm (Hoch-rateprozeß)* • *keine Versprödung /Aufhärtung der Interzo-ne/ Diamantschicht durch sauerstoffhaltige Prozeßgase*
Drehen	*Scherstabilität (Interzone)*	*Elastizität/ Stabilität*
	• *analog Fräsen, jedoch Kornvergröberung nicht getestet*	• *analog Fräsen, jedoch Schichtdicken > 9 µm nicht getestet* • *feinkörnige Schicht, $sp^3/sp^2 \approx 1,5$*
Bohren	*Druck-/Scherstabilität (Interzone)*	*Druckstabilität*
	• *ausreichend hohe Kernhärte des Hartme-tall-Substrats durch Feinstkörnigkeit (Korn-ø < 1µm), 3,6% < Co-Gehalt < 6% (Kornvergröberung nicht getestet)* • *keine Rauheitsvariation (Substrat) getestet (Werte bei Rz = 1,4 µm, Ra = 0,16 µm)*	• *größere Schichtdicke (≥ 9µm) vorteilig* • *feinkörnige Schicht, $sp^3/sp^2 \approx 1,5$* • *Aufhärtung der Interzone/Schicht durch durch sauerstoffhaltige Prozeßgase positiv*

10 Der Ausblick

Die vergleichende Diskussion der Schneidstoffentwicklung in der Literatur und in dieser Arbeit hat sowohl die Erfolge beim Einsatz diamantbeschichteter Hartmetall-Werkzeuge in der Bearbeitung von Al-Gußlegierungen verdeutlicht, wie auch deren technologische Grenzen. Betrachtet man die Möglich-keiten Diamantschicht- wie auch Substratmorphologien (Grundkörper) optimal für das jeweilige

Zerspanungsverfahren einzustellen, so existieren bereits heute die Technologien und das dazu notwendige Know-how. Bei Beachtung der magnetischen Sättigung und der Koerzitivkraft des Substrats lassen sich sogar Schwankungen der Diamantschichtdicke bzw. des Rest-Co-Gehalts nach dem Ätzen vorhersagen. Anders sieht es bei der elementar wichtigen Gestaltung einer optimalen Interzone aus.

Zwar wurde mit den Feinstkornhartmetall-Substraten einerseits (optimale Interzonenfestigkeit [ohne Naßätzung]) und der thermochemischen Kornvergröberung andererseits (optimale Schicht/Substrat-Verzahnung) zwei der wichtigsten Einflußgrößen auf die Schichthaftung Rechnung getragen, doch ist die Vereinigung von Interzonenfestigkeit und geometrischer Schichtverzahnung nicht möglich. Dies betrifft ebenso die meisten Technologien, die Zwischenschichten vorsehen, da auch hier mit einer geringen Rauheit der mit Diamant zu beschichtenden Oberfläche gearbeitet wird. Besitzen derlei Zwischenschichten zudem einen metallischen oder amorphen Charakter, muß mit einer zusätzlichen Destabilisierung des Verbundes zwischen Diamantschicht und Hartmetallsubstrat gerechnet werden. Die Haftfestigkeit der Schicht ist stets nur so gut wie die Tragfähigkeit des Untergrundes. Eine Ausnahme könnten in diesem Zusammenhang Bestrebungen sein, Diamant/WC-Komposit-Gradientenschichten als Übergang vom Hartmetall zur Diamantschicht zu entwickeln. Abgesehen hiervon ergibt sich ein positiver Ausblick aus einer Verbesserung der Oberflächenstabilität eines Co-armen Feinstkornhartmetalls. Dabei kann auf eine geringfügige, vorpräparierende Co-Verdampfung aus der Hartmetalloberfläche nicht verzichtet werden. Möglicherweise stellt ein gradierter, karbidischer Werkstoffübergang vom Wolframkarbidskelett zur Diamantschicht eine gangbare Lösung dar. Die dazu notwendige Beschichtungstechnologie muß jedoch einen Hochrateprozeß beinhalten, um die Problematik der Kobaltzudiffusion zur Substratoberfläche zu minimieren.

Wie diese Arbeit gezeigt hat, läßt sich die Überwachung der Qualität der Diamantschichthaftung (auf Hartmetall-Zerspanungswerkzeugen) in der Serienbeschichtung und beim Endanwender für Fräs- und für Drehwerkzeuge mit dem Strahlverschleißtest realisieren. Möglicherweise ist dies auch bei Bohrwerkzeugen für weniger rauhe Schnittbedingungen als in dieser Arbeit der Fall. Denkbar ist zudem, daß dieses Prüfverfahren auf andere hochharte und abriebfeste Schichten (auf ebenfalls harten Substraten) übertragbar ist. Der Vorteil des Strahlverschleißtests liegt insbesondere im kostengünstigen, 'verschleißfreien Einwegprüfmittel'. Optische Untersuchungen von gebrauchtem Strahlmittel haben gezeigt, daß die Zersplitterung marginal war, so daß man sogar von einer 2- bis 3-fachen Verwendbarkeit ausgehen kann. Die zerstörungsfreie Prüfung der Diamantschichthaftung mittels dem dargestellten E-Modul-Meßverfahren bietet zudem noch Potential für weitere Untersuchungen und den Einsatz für die Beurteilung von Drehwerkzeugen.

Bei geometrisch bestimmten Prüfkörpern wie dem Kerbrad oder dem Rockwell-Diamantkegel ist eine Anwendung bei Beschichtungen denkbar, deren Härte deutlich unter der von Diamant aber härter oberhalb der bislang normgerecht prüfbaren metallischen Hartstoffschichten liegt. Korrelierbarkeiten zur Verschleißentwicklungen in Zerspanungsoperationen bedürfen jedoch noch einer genaueren Untersuchung.

Literaturverzeichnis

/Ala93/	Alahelisten, A. et al.	in: Eurotrib '93, 6th Int. Congress on Tribology, Budapest, 280
/Ala94/	Alahelisten, A. et al.	Wear, 177 (1994) 159
/Amm51/	Amman, E. Hinnüber, J.	Stahl und Eisen, 71 (1951) 1081
/Ana89/	Anand, K. Conrad, H.	in: Wear of Materials 1989 (Ed: Ludema, K. C.) New York: Am. Soc. of Mech. Eng., 1989, 135
/Ara87/	Arai, T. et al.	Thin Solid Films, 154 (1987) 387
/ASTMG32/		ASTM G32-92, 1996
/Bac92/	Bachmann, P. K. Linz, U.	Spektrum der Wissenschaft, Sept. 1992, 30
/Ball86/	Ball, A.	Proc. of the Int. Conf. of Hard Metarials, Rhodos 1984 (Eds.: Almond, E.A. et. al.). Institut of Physiks Conf. Series No. 5 Bristol, Boston: Adam Hilger Ltd., 1986, 861
/Ban95/	Bantle, R. Matthews, A.	Surf. and Coat. Techn., 74-75 (1995) 857
/Bec69/	Beckhaus, H.	Einfluß der Kontaktbedingungen auf das Standverhalten von Fräswerkzeugen beim Stirnfräsen Dissertation RTWH Aachen, 1969
/Ben60/	Benjamin, P. Weaver, C.	Proc. Roy. Soc. Lond. Ser. A254 (1960) 177
/Ber83/	Berger, J. et al.	Ölhydr. Pneumat., 27 (1983) 714
/Bhu93/	Bhushan, B. et al.	J. Appl. Phys., 74(6) (1993) 41
/Bie95/	Biermann, D.	Untersuchungen zum Drehen von Aluminiummatrix-Verbundwerkstoffen Dissertation Universität Dortmund, 1994
/Bie96/	Biermann, D.	Präsentation auf dem Aachener Werkzeugmaschinenkolloquium, 1996
/Bon94/	Bonifácio, M. E. R. Diniz, A. E.	Wear, 173 (1994) 137
/Bro88/		Brockhaus Enzyklopädie in 24 Bänden, 19. Auflage Verlag F. A. Brockhaus, 1988
/Brö94/	Brömer, H.	Vortrag im DASA-Werk Varel 1994 nicht veröffentlicht
/Bue60/	Kingery, W. D.	J. Am. Ceram. Soc. 38(1) (1955) 3
/Bul88/	Bull, S. J. et al.	Surf. and Coat. Techn., 36 (1988) 503
/Bul91/	Bull, S. J. Rickerby, D. S.	in: Advanced Surface Coatings Blackie-Verlag, Glasgow, 1991, 315
/Bul94/	Bull, S. J. et al.	Diamond Films and Techn., 4 (1994) 1, 1
/Bul97/	Bull, S. J.	Tribology Int., 30(7) (1997) 491
/Bur87/	Burnett, P. J. Rickerby, D. S.	Thin Solid Films, 154 (1987) 403
/Byr95/	Byrne, G. et al.	A Literatur Review, Report on NEMPRO Project (Brite Euram), 1995

/Cap96/ Capelli, E. Diamond and Rel. Mat., 5 (1996) 292
et al.

/Car92/ Cardinale, G. F. J. Mater. Res., 7 (1992) 1432
Robinson, C. J.

/Che93/ Chen, L.-Q. J. of Tribology, 115 (1993) 471

/Coa96/ Coad, E. J. Diamond and Rel. Mat., 5 (1996) 640
et al.

/Coo92/ Cook, A. Diamond and Rel. Mat., 1 (1992) 478
et al.

/Czi92/ Czichos, H. Tribologie-Handbuch, Vieweg Verlag Braunschweig; Wiesbaden 1992
Habig. K.-H.

/Dav93/ Davis, R. F. Diamond Films and Coatings
Noyes Publications, N.J., 1993

/Den92/ Denkena, B. Verschleißverhalten von Schneidkeramik bei instationärer Belastung
Dissertation Universität Hannover, 1992

/Dep88/ De Pascale, O. Optics and Lasers in Eng., 9 (1988) 13
et al.

/Deu96/ Deuerler, F. Diamond and Rel. Mat., 5 (1996) 1478
et al.

/Deue96/ Deuerler, F. Phys. Status Solidi (a), 154 (1996) 403
et al.

/DIN 4760/ DIN 4760
Gestaltabweichungen, 1982

/DIN39/ DIN -Fachbericht 39
Charakterisierung dünner Schichten, 1993

/DIN50103/ DIN 50103
Härteprüfverfahren nach Rockwell, 1984

/DIN50323/ DIN 50323
Tribologie, 1993

/DIN8589/ DIN 8589, Teil 3
Fertigungsverfahren Spanen, 1982

/DINVENV DINv ENV 1071 Vornorm: Verfahren zur Prüfung keramischer Schichten, Teil3
1071/

/DIS3738/ DIN ISO 3738
Rockwell-Härteprüfung, 1991

/DIS3878/ DIN ISO 3878
Vickers-Härteprüfung, 1991

/Dom74/ Domke, W. Werkstoffe und Werkstoffprüfung
Girardet-Verlag, Essen, 1974

/Eig90/ Eigenmann, B. Röntgenographische Analyse inhomogener Spannungszustände in
Keramiken, Keramik-Metall-Fügeverbindungen und dünnen Schichten
Dissertation Universität Karlsruhe, 1990

/Ern78/ Ernst, P. Verschleißerfassung beim Bohren mit Wendelbohrern
Dissertation TU Darmstadt, 1978

/Exn79/ Exner, H. E. Int. Metals Review, 4 (1979) 149

/Fen92/ Feng, Z. Thin Solid Films, 212 (1992) 35
et al.

/Fen98/ Fenker, M. Nukleation von CVD-Diamant auf Stahlsubstraten
Dissertation Ruprecht-Karls-Universität Heidelberg, 1998

/Fey94/ Feyer, M. Werkstoffcharakterisierung durch Kavitationsbeaufschlagung
Dissertation Ruhr-Universtität Bochum, 1994

/Fie95/ Field, J. E. Wear, 186-187 (1995) 195
et al.

/Fie96/	Field, J. E. Pickles, C. S. J.	Diamond and Rel. Mat., 5 (1996) 625
/Fre92/	Freller, H. et al.	Diamond and Rel. Mat., 1 (1992) 563
/Gåh96/	Gåhlin, R. et al.	Wear, 196 (1996) 226
/Gar92/	Gardos, M. N. Soriano, B. L.	J. Mater. Res., 7(7) (1992) 1769
/Geu92/	Geurts, J.	Vortrag Universität Ulm, 1992 nicht veröffentlicht
/Gre74/	Grein, H.	Kavitation – eine Übersicht Sulzer-Forschungsheft (1974) 87
/Gro88/	Groß, K.-J.	Erosion (Strahlverschleiß) als Folge der dynamischen Werkstoffreaktion beim Stoß Dissertation Universität Stuttgart, 1988
/Gur55/	Gurland, J. Bardzil, P.	J. Metals, 7 (1955) 311
/Güt99/	Güttler, H.	Fa. DaimlerChrysler, pers. Mitteilung
/Hab80/	Habig, K.-H.	Verschleiß und Härte von Werkstoffen Carl-Hanser-Verlag, München, Wien, 1980
/Hae87/	Haefer, R. A.	Oberflächen- und Dünnschicht-Technologie, Teil I Springer-Verlag, Heidelberg, 1987
/Hae91/	Haefer, R. A.	Oberflächen- und Dünnschicht-Technologie, Teil II Springer-Verlag, Heidelberg, 1991
/Hal89/	Halling, J.	in: Mechanics of Coatings Elsevier Verlag, Amsterdam, 1990
/Has69/	Hasselman, D. P. H.	J. Am. Ceram. Soc., 52(11) (1969), 600
/Hau95/	Haubner, R. et al.	J. Phys. IV Coll., C5, 5 (1995) 753
/Hay92/	Hayward, I. P. et al.	Wear, 157 (1992) 215
/Her95/	Hertz, H.	Collected Works, Vol. 1, Barth Verlag, Leipzig, 1895
/Hol94/	Hollman, P. et al.	Wear, 179 (1994) 11
/Holm94/	Holmberg, K. Matthews, A.	Coatings Tribology Elsevier Verlag, Amsterdam, 1994
/Hua92/	Huang, T. H. et al.	Scripta Metall. Mater., 26 (1992) 1481
/Hua93/	Huang, T. H. et al.	Surf. And Coat. Techn., 56 (1993) 105
/Ina80/	Inasaki, I.	Proc. of the 25th MTDR Conf., 245
/Ins89/	Inspektor, A. et al.	Surf. And Coat. Techn., 39-40 (1989) 211
/Ins97/	Inspektor, A. et al.	Int. J. of Refractory Metals & Hard mat., 15 (1997) 49
/ISO3369/		ISO 3369 Impermeable sint. Met. Mat. And hardmet. – Determ. Of Density, 1975
/ISO3685/		ISO 3685 Lebensdauerprüfungen von Drehmeißeln, 1993
/ISO4499/		ISO 4499 Hardmetals – Metallogr. Determ. Of microstructure, 1978

/ISO4505/		ISO 4505 Hardmetals, 1978
/Iso93/	Isozaki, T. et al.	Diamond and Rel. Mat., 2 (1993) 1156
/IST97/		Entwurf zu einer Norm für die Haftfestigkeitsprüfung mit dem Ultra-schall-Kavitationstest
/Ito91/	Itoh, H. et al.	J. Mater. Sci., 26 (1991) 3763
/Jia92/	Jiang, X.	Diamond and Rel. Mat., 2 (1993) 1112
/Jin87/	Jindal, P. C. et al.	Thin Solid Films, 154 (1987) 361
/Joh89/	Johnson, C. E. et al.	Mater. Res. Bull., 24 (1989) 1127
/Jön86/	Jönsson, B. Akre, L.	Thin Solid Films, 137 (1986) 65
/Jör97/	Jörgensen, G. et al.	Proc. of the 14th Int. Plansee Seminar, Reutte, May 12.-16. 1997
/Käs92/	Kästner, W.	Drehbearbeitung bei instationären Lastzuständen Dissertation Universität Hannover, 1992
/Kaw87/	Kawato, T. Kondo, K.	Jap. J. Appl. Phys., 26 (1987) 1429
/Kaw93/	Kawarada, M. et al.	Diamond and Rel. Mat., 2 (1993) 1083
/Kie65/	Kieffer, R. Benesovsky, F.	Hartmetalle Springer-Verlag, Wien, 1965
/Kin55/	Buessem, W. R.	Sprechsaal für Keramik-Glas-Email, 6(93) (1960), 137
/Kla97/	Klages, C.-P., Dimigen, H. et al.	Proc. of 14th Int. Plansee Seminar, Eds. Gneringer, G., Rödhammer, P, Wilhartitz, P., Plansee AG, Reutte, 3 (1997) 1
/Kla98/	Klages, C.-P., Schäfer, L.	In: Low-Pressure Synthetic Diamond Eds: B. Dischler a. C. Wild Springer-Verlag, Berlin Heidelberg, 1998, 86
/Kle93/	Klein, C. A. Cardinale, G. F.	Diamond and Rel. Mat., 2 (1993) 918
/Kno92/	Knotek, O. et al.	Surf. And Coat. Techn., 54-55 (1992) 102
/Kno94/	Knotek, O. et al.	Surf. And Coat. Techn., 68-69 (1994) 253
/Kön84/	König, W.	Fertigungsverfahren Band I VDI-Verlag, Düsseldorf, 1994
/Kub95/	Kubelka, S. et al.	Diamond and Rel. Mat., 5 (1995) 2, 105
/Kuo90/	Kuo, C.-T et al.	J. Mater. Res., 5(11) (1990) 2515
/Kup94/	Kupp, E. R. et al.	Surf. And Coat. Techn., 68-69 (1994) 378
/Kus95/	Kuschnereit, R. Hess, P.	in: Mechanical Behavior of Diamond and Other Forms of Carbon MRS, Pittsburgh, 1995, 121
/Lah95/	Lahres, M. Füßer, H.-J.	Metalloberfläche, 49(9) (1995) 720
/Lah97/	Lahres, M. Jörgensen, G.	Surf. And Coat. Techn., 96 (1997) 198
/Lau74/	Lauterborn, W.	Acustica, 31 (1974) 2, 51
/Lau76/	Lauterborn, W.	Physikalische Blätter, 32 (1976) 12, 553
/Lau84/	Laugier, M. T.	Thin Solid Films, 117 (1984) 243

/Lav93/	Laval, P. Felder, E.	Materiaux & Techniques, 1-2-3 (1993) 93
/Lee98/	Lee, D.-G. et al.	Surf. And Coat. Techn., 100-101 (1998) 187
/Ley91/	Leyendecker, T et al.	In: Appl. Of Diamond Films and Rel. Materials Elsevier Science Publ. B. V., 1991
/Li 93/	Li, D. M. et al.	Persönliche Mitteilung
/Liu95/	Liu, H. Dandy, D. S.	Diamond and Rel. Mat., 4 (1995) 1173
/Lud89/	Ludwig, H.-R.	Beanspruchungsanalyse der Werkzeugschneiden beim Stirnplanfräsen Dissertation Universität Karlsruhe (TH), 1989
/Lux91/	Lux, B. et al.	In: Diamond and Diamond-like Films and Coatings Plenum Press, New York, 1991, 579
/Lux98/	Lux, B. Haubner, R.	In: Low-Pressure Synthetic Diamond Eds: B. Dischler a. C. Wlld Springer-Verlag, Berlin Heidelberg, 1998, 224
/Mag94/	Magerl, F.	Thermoschock- und thermisches Ermüdungsverhalten von keramischen Werkstoffen unter bruchmechanischen Aspekten Dissertation Universität Stuttgart, 1994
/Mat65/	Mattox, D. M.	Sandia Lab. Rep. SC-R-65-852 (1965)
/Mat90/	Matsubara, H. Kihara, J.	in: Sci. And Technol. Of New Diamond KTK Scientific Publishers, 1990, 89
/May95/	Mayer, G.	persönliche Mitteilung
/Meh85/	Mehrota, P. K. Quinto, D. T.	J. Vac. Sci. Technol. A3 (6), Nov/Dec 1985, 2401
/Meh92/	Mehlmann, A. K. et al.	Diamond and Rel. Mat., 1 (1992) 600
/Meh93/	Mehlmann, A. K. et al.	Diamond and Rel. Mat., 2 (1993) 317
/Mey98/	Meyer, B.	in: Neue Werkstoffe Band II VDI-Berichte 670, VDI-Verlag, Düsseldorf, 745-759, 1989
/Mon93/	Monoghan, D. P. et al.	Surf. And Coat. Techn., 60 (1993) 525
/Muc89/	Mucha, J. A. et al.	J. Appl. Phys., 65 (1989) 3448
/Mül96/	Müller-Hummel, P. Lahres, M.	Innovations in Materials Research, 1(1) (1996) 1
/Mül99/	Müller-Hummel, P.	Entwicklung einer Inprozeßtemperaturmeßvorrivchtung zur Optimierung der laserunterstützten Zerspanung Dissertation Universität Stuttgart, 1999
/Mün95/	Münsterer, S. Kohlhof, K.	Surf. And Coat. Techn., 74-75 (1995) 642
/Mur88/	Murakawa, M. et al.	Surf. And Coat. Techn., 36, 1-2 (1988) 303
/Nes93/	Nesladek, M. et al.	Diamond and Rel. Mat., 3 (1993) 98
/Nes94/	Nesladek, M. et al.	Diamond and Rel. Mat., 3 (1994) 912
/Nes95/	Nesladek, M. et al.	Thin Solid Films, 270 (1995) 184
/Oht90/	Ohtake, N. Yoshikawa, M.	J. Electrochemical Soc., 137 (1990) 717

/Ole96/	Oles, E. J. et al.	Diamond and Rel. Mat., 5 (1996) 617
/Ols89/	Olsson, M. Hedenqvist, P.	Surf. And Coat. Techn., 37 (1989) 321
/Ols98/	Olson, J. M. Windischmann, H.	Diamond Films and Techn., 8(2) (1998) 105
/Pag89/	Page, T. F. Knight, J. C.	Surf. And Coat. Techn., 39-40 (1989) 339
/Par93/	Park, B. S. et al.	Diamond and Rel. Mat., 2 (1993) 910
/Par98/	Parthasarathi, S. et al.	Surf. And Coat. Techn., 105 (1998) 1
/Pek78/	Pekelharing, J.	Annals of CIRP – Proc. Int. Prod. Eng. Res., 27(1) (1978) 8
/Pek80/	Pekelharing, A. J.	Wear, 62 (1980) 37
/Per88/	Perry, A. J. et al.	Surf. And Coat. Techn., 36 (1988) 559
/Pet92/	Peters, M. G. Cummings, R. H.	Europ. Patent No. 0519 587 A1, 1992
/Pic95/	Pickles, C. S. J. et al.	In: Mechanical Behavior of Diamond and Other Forms of Carbon MRS, Pittsburgh, 1995, 327
/Pim96/	Pimenov, S. M. et al.	Appl. Surf. Sci., 92 (1996) 106
/Plan89/	Plano, L. S. et al.	Präsentiert 1. Int Symp. Diamond and Diamond-like Films (175th ECS Meeting), L.A., 7.-12.5.1989
/Ple66/	Plesset, M. S.	Philos. Trans. R. Soc. London, 260 (1966) 241
/Poh95/	Pohl, M. et al.	JOT 1995/5, 72
/Pri93/	Prijaya, N. A. et al.	Diamond and Rel. Mat., 3 (1993) 129
/Qui87/	Quinto, G. et al.	Thin Solid Films, 154 (1987) 361
/Rat95/	Rats, D. et al.	Paper No. I5.5 MRS, Spring Meeting 1995, San Francisco
/Rats95/	Rats, D. et al.	In: Mechanical Behavior of Diamond and Other Forms of Carbon MRS, Pittsburgh, 1995, 159
/Rau52/	Rautala, P. Norton, T.	Proc. 1st Plansee Seminar, (1952) 303
/Rei93/	Reineck, I. et al.	Surf. And Coat. Techn., 57 (1993) 47
/Ric87/	Rickerby, D. S. Burnett, P. J.	Surf. And Coat. Techn., 33 (1987) 191
/Rie77/	Rieger, H.	Kavitation und Tropfenschlag Werkstofftechn. Verlagsges. M.b.H., Karlsruhe, 1977
/Rit92/	Ritter, J. E.	Erosion of Ceramic Materials Trans Tech Publications, Zürich, 1992
/Row92/	Rowcliffe, D. J.	Key Eng. Mat., 71 (1992) 1
/Rva95/	Rats, D., Vandenbulcke, I. et al.	Diamond and Rel. Mat., 4 (1995) 207
/Sai90/	Saijo, K. et al.	Surf. And Coat. Techn., 43-44 (1990) 30
/Sai91/	Saito, Y. et al.	J. Mater Sci., 26 (1991) 2937
/Sai93/	Saito, Y. et al.	Diamond and Rel. Mat., 2 (1993) 1391

/Sch92/	Schmidt, J.	Räumen: Neue Technologien Tagungsband wbk: Karlsruher Kolloquium, Februar 1992
/Sch93/	Schäfer, L. et. Al.	Diamantbeschichtung komplexer Geometrien, Hochskalierung des Heißdraht-CVD-Prozesses zur Diamantabscheidung Abschlußbericht des FhG-IST Hamburg, Förder-Kz. 13N5869, 1993
/Schä91/	Schäfer, L. et al.	In: Applications of Diamond and Related Materials Elsevier Sci. Pub., 1991, 121
/Scha97/	Schaupp, J.	Wechselwirkung zwischen der Maschinen- und Hauptspindelantriebs- dynamik und dem Zerspanprozeß beim Fräsen Dissertation Universität Karlsruhe (TH), 1997
/Sche88/	Schedler, W.	Hartmetall für den Praktiker VDI-Verlag, Düsseldorf, 1984
/Sche91/	Schehl, D. U. P.	Werkzeugüberwachung mit Acoustic-Emission beim Drehen, Fräsen un d Bohren Dissertation RWTH Aachen, 1991
/Schn96/	Schneider, D. Schultrich, B.	Metalloberfläche, 50(1) (1996) 43
/Schu67/	Schulmeister, R.	Metalloberfläche, 21 (1967) 68
/SEK88/	Sekler, P. A. et al.	Surf. And Coat. Techn., 36 (1988) 519
/Sev98/	Sevillano, E.	In: Low-Pressure Synthetic Diamond Eds: B. Dischler a. C. Wlld Springer-Verlag, Berlin Heidelberg, 1998, 12
/Sha84/	Shaw, M. C.	Metal Cutting Principles, Clarendon Press, Oxford, 1984
/Shi88/	Shibuki, K. et al.	Surf. and Coat. Techn., 36 (1988) 295
/Shi93/	Shibuki, K. et al.	Diamond Films and Techn., 3(1) (1993) 31
/Shi94/	Shibuki, K. et al.	Surf. and Coat. Techn., 68-69 (1994) 369
/Shi94/	Shipway, P. H. Hutchings, I. M.	Wear, 174 (1994) 169
/Shi95/	Shipway, P. H. Hutchings, I. M.	Surf. and Coat. Techn., 71 (1995) 1
/Söd90/	Söderberg, S. et al.	Vacuum, 41 (1990) 1317
/Spu96/	Spur,	IDR 2/96, 45
/Sta97/	Stals, L. M. M. et al.	Surf. and Coat. Techn., 91 (1997) 230
/Ste87/	Steinmann, P. A. et al.	Thin Solid Films, 154 (1987) 333
/Ste95/	Stevenson, A. N. J. Hutchings, E. M.	Wear, 181-183 (1995) 56
/Sun90/	Sundararajan, G. Shewmon, P. G.	Wear, 140 (1990), 369
/Sus94/	Sussmann, R. S. et al.	Diamond and Rel. Mat., 3 (1994) 303
/Suz86/	Suzuki, H. et al.	J. Jpn. Soc. Powder Metallurgy, 33 (1986) 262
/Tah96/	Taher, M. A. et al.	Surf. and Coat. Techn., 86-87 (1996) 678
/Tak91/	Takatsu, S. et al.	Mat. Sci. and Eng., A140 (1991) 747

/Tak93/	Takehana, S. et al.	in: 2nd Int. Conf. on the Appl. of Diamond Films and Rel. Mat. MYO, Tokyo, 1993, 571
/Tan91/	Tankala, K. Debroy, T.	in: New Diamond Sci. and Technol., Int. Conf. Proc., Washington, 1991, 827
/Thi64/	Thiruvengadam, A. Preiser, H. S.	J. Ship. Res., 8 (1964) 39
/Til90/	Tillner, W. (Hrsg.)	Vermeidung von Kavitationsschäden Band 193 Expert-Verlag, Ehningen, 1990
/Tom94/	Tomlinson, W. J. Matthews, S. J.	Ceramics Int., 20 (1994) 201
/Tön92/	Tönshoff, H. K. Wasmann, U.	Forschung im Ingenieurwesen, 58(11/12) (1992) 283
/Tön95/	Tönshoff, H. K.	Spanen - Grundlagen Springer-Verlag, Berlin, Heidelberg, 1995
/Uen90/	Ueno, A. et al.	Sci. and Technol. of New Diamond, (1990) 43
/Uet86/	Uetz, H. (Hrsg.)	Abrasion und Erosion Carl Hanser Verlag, München, Wien, 1986
/Van95/	Vandierendonck, K. et al.	Surf. and Coat. Techn., 74/75 (1995) 819
/VDI3198/		VDI-Richtlinie 3198 Beschichten von Werkzeugen der Kaltmassivumformung mit CVD- und PVD-Verfahren, 1992
/Wal91/	Waldherr, U.	Kavitationserosion keramischer Werkstoffe Dissertation Ruhr-Universität Bochum, 1991
/War96/	Warnecke, G. Bähre, D.	Präsentiert auf dem Aachener Werkzeugmaschinenkolloquium 1996
/Was94/	Wassmer, R.	Verschleißentwicklung im tribologischen System Fräsen Dissertation Universität Karlsruhe (TH), 1994
/Wei84/	Weiß, H.	Fräsen mit Schneidkeramik Dissertation Universität Karlsruhe (TH), 1984
/Wei95/	Weinert, K. Meister, D.	Production Eng., II/2 (1995) 1
/Wen95/	Wentzel, E. J. Allen, C.	Wear, 181-183 (1995) 63
/Wes97/	Westermann, H.	Fa. UHM, Horb, pers. Mitteilung
/Wie68/	Wiegand, H. Schulmeister, R.	MTZ, 29 (1968) 41
/Wil94/	Wild, C. et al.	Diamond and Rel. Mat., 3 (1994) 373
/Win91/	Windischmann, H. Glenn, F.	J. Appl. Phys., 69(4) (1991) 2231
/Win91/	Windischmann, H. et al.	Proc. 2nd Int. Conf. on New Diamond Sci. and Technol., Pittsburgh, PA, 1991, MRS1991, 762
/Wit80/	Witte, L.	Spezifische Zerspankräfte beim Drehen und Bohren Dissertation RWTH Aachen, 1980
/Woo68/	Woods, R. D.	J. Soil Mech. Founds. Div. Am. Soc. Civ. Engnrs., 94 (1968) 951
/Zho95/	Zhou, J. Bahadur, S.	Wear, 181-183 (1995) 178
/Zhu89/	Zhu, W. et al.	J. Vac. Sci. Technol., A7(3) (1989) 2315
/Zum96/	Zum Gahr, K.-H.	Präsentation auf dem Technologie-Workshop Daimler-Benz, 7.-8.10., Ulm, 1996

Abbildungsverzeichnis   Seite

Tabellenverzeichnis

Anhang

Anhang 6

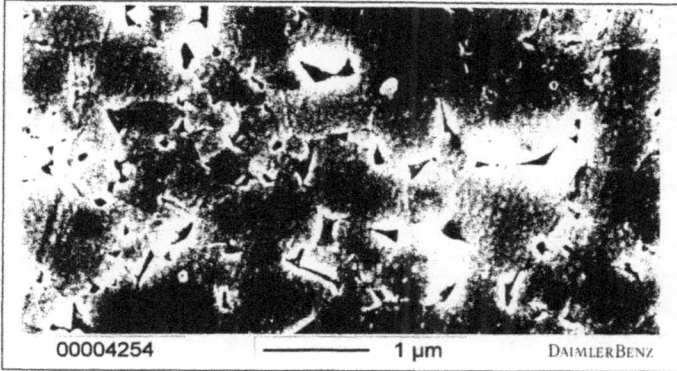

Abb. A6.2.1: Schliff des Hartmetalls HMA nach Co-Ätzung

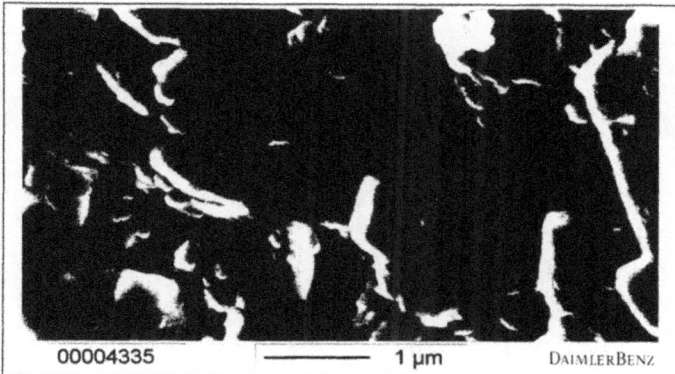

Abb. A6.2.2: Schliff des Hartmetalls HMB nach Co-Ätzung

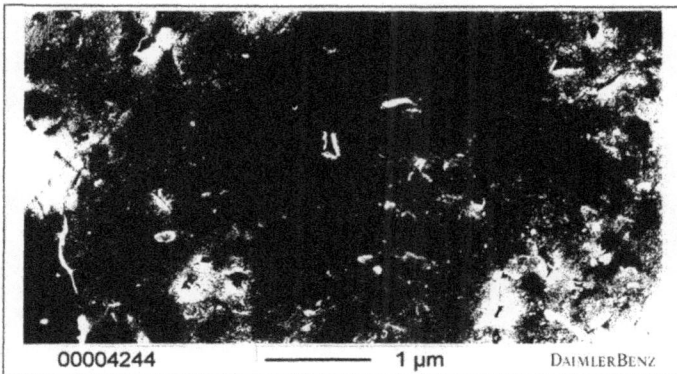

Abb. A6.2.3: Schliff des Hartmetalls HMC nach Co-Ätzung

Vorpräparationsstufe	A	B	C
unbehandelt	2318	2205	2187
nur gestrahlt	2359	2415	2362
nur H2- behandelt	2701	2534	2323
nur Co-geätzt	2120	1925	1832

Tab. A.6.2.1: Mittl. HV1-Werte der Hartmetalle A, B und C nach den einzelnen Vorpräparationsbehandlungen

Abb. A6.2.4: unbehandelte Oberfläche des HMA

Abb. A6.2.5 gestrahlte Oberfläche des HMA

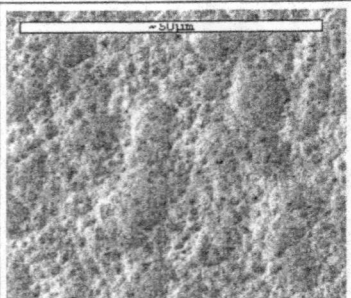

Abb. A6.2.6: Co-geätzte Oberfläche des HMA

Abb. A6.2.7 : Co-geätzte Oberfläche des HMB

Abb. A6.2.8: Co-geätzte Oberfläche des HMC

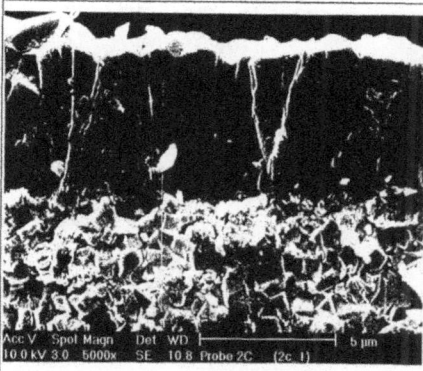

Abb. A6.2.9: Bruchflächenaufnahme (SEM) einer
Probe T2C (ES Ia)

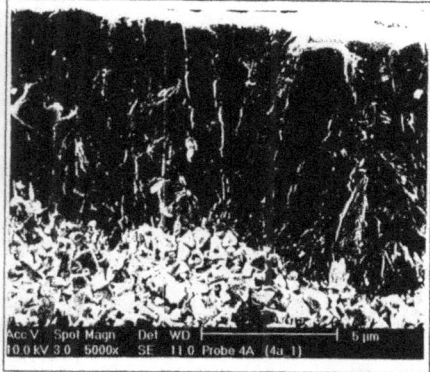

Abb. A6.2.10: Bruchflächenaufnahme (SEM) einer
Probe T4A (ES Ia)

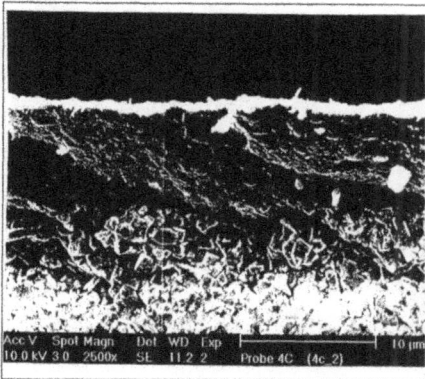

Abb. A6.2.11: Bruchflächenaufnahme (SEM) einer
Probe T4C mit Torsionsbruch(ES Ia)

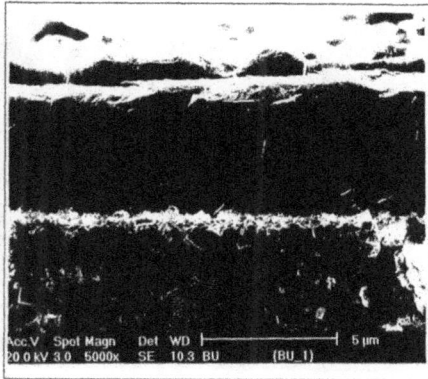

Abb. A6.2.12: Bruchflächenaufnahme (SEM) einer
Probe B2 (ES IIa)

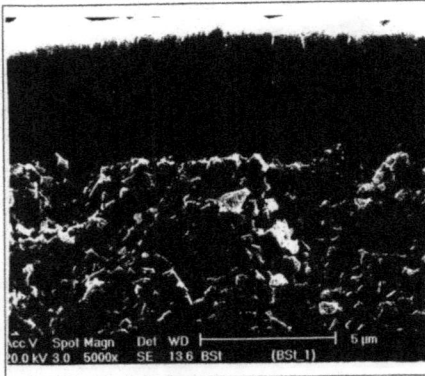

*Abb. A6.2.13: Bruchflächenaufnahme (SEM) einer
Probe B (ES IIa)*

*Abb. A6.2.14: Bruchflächenaufnahme (SEM) einer
Probe B1 (ES IIa)*

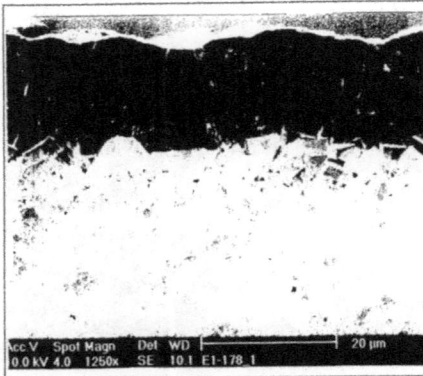

*Abb. A6.2.15: Bruchflächenaufnahme (SEM) einer
Probe E1 (ES IIb)*

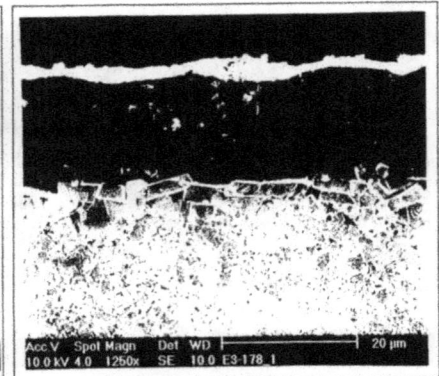

*Abb. A6.2.16: Bruchflächenaufnahme (SEM) einer
Probe E3 (ES IIb)*

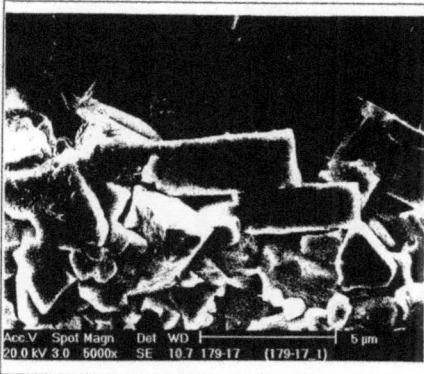

Abb. A6.2.17: Bruchflächenaufnahme (SEM) einer Probe E3 (ES III)

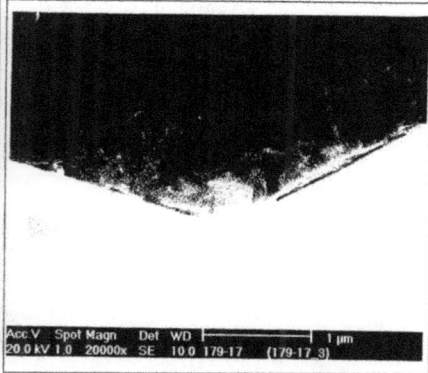

Abb. A6.2.18: Bruchflächenaufnahme (SEM) einer Probe E3 (ES III)

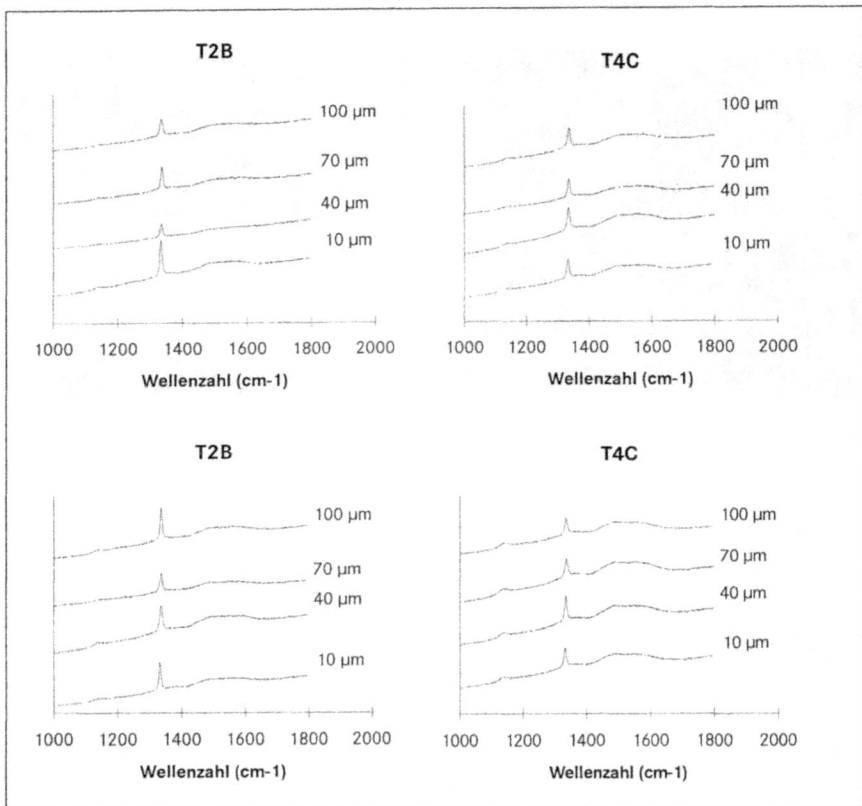

Abb. A6.2.19: Ramanspektrum: Spanflächenverlauf (oben) und Freiflächenverlauf (unten) der Varianten T2B und T4C (ES Ia)

Tab. A6.2.2: Meßparameter der Eigen-
spannungsmessungen (sin² ψ-Methode)

Gerät	Diffraktometer
Wellenlänge	0,229091 nm (CrKα)
2Θ	130,6°
Reflex	(220)
Ψ-STellungen	11 Werte, IΨI ≤ 60°

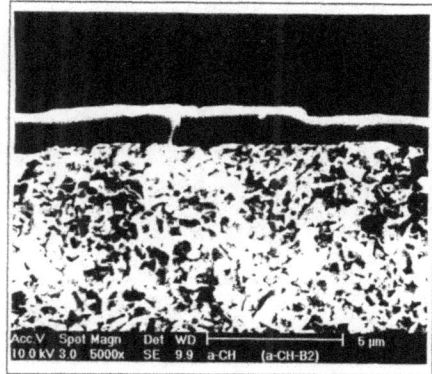

Abb. A6.2.20: Bruchflächenaufnahme (SEM) einer
HMC-Probe mit α-C:H-Beschichtung

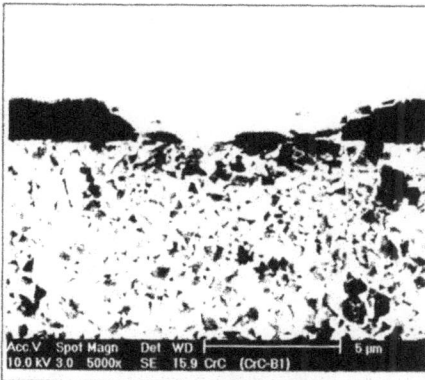

Abb. A6.2.21: Bruchflächenaufnahme (SEM) einer
HMC-Probe mit CrC/C-Beschichtung

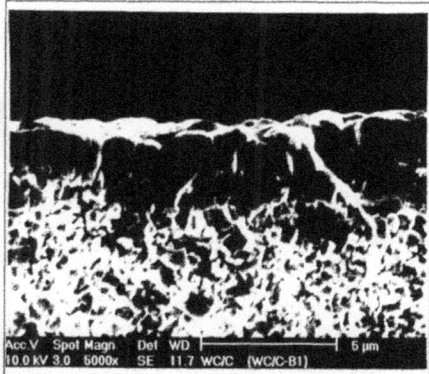

Abb. A6.2.22: Bruchflächenaufnahme (SEM) einer
HMC-Probe mit WC/C-Beschichtung

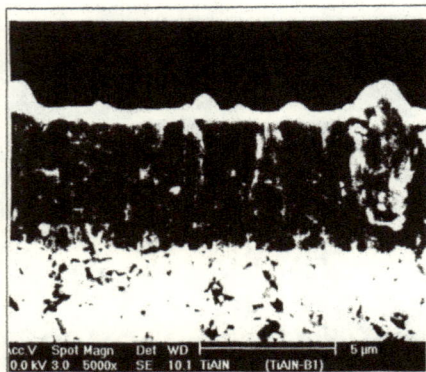

Abb. A6.2.23: Bruchflächenaufnahme (SEM) einer HMC-Probe mit (Ti,Al)N-Beschichtung

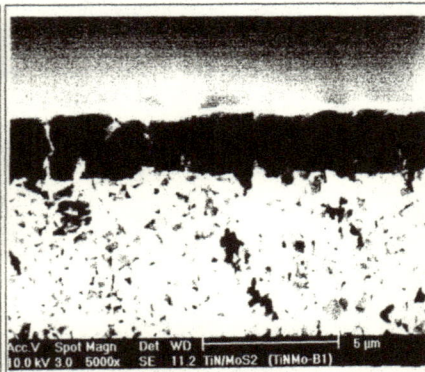

Abb. A6.2.24: Bruchflächenaufnahme (SEM) einer HMC-Probe mit TiN+MoS$_2$-Beschichtung

Anhang 7

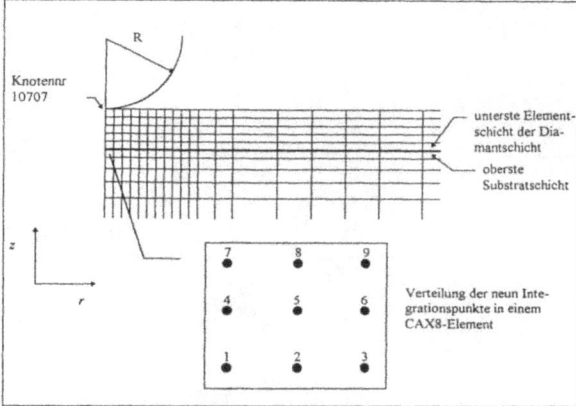

Abb. A7.1.1: Elementnetz und CAX8-Element der FEM-Eindrucksimulation

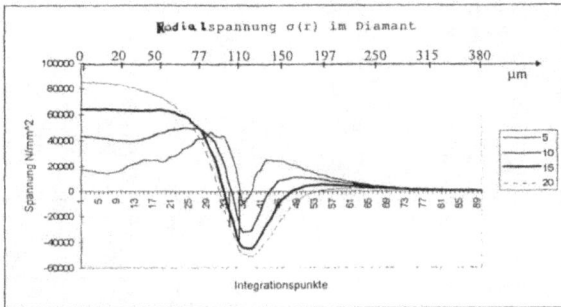

Abb. A7.1.2: Verteilung der Radialspannung in der Diamantschicht im Eindringhalbzyklus

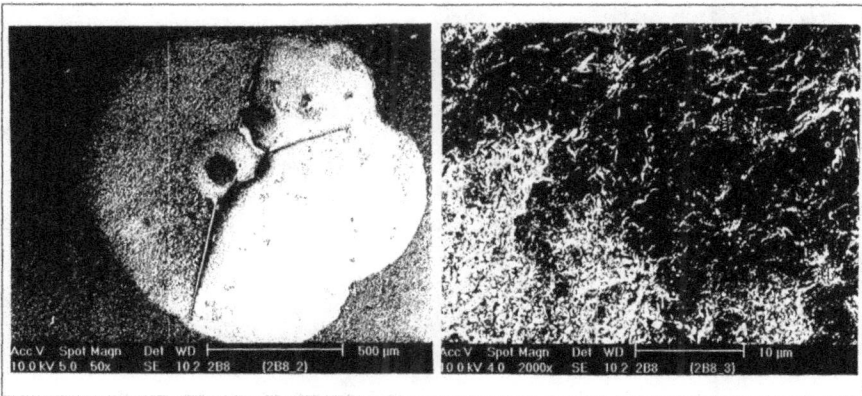

Abb. A7.1.3: typischer Schüsselbruch: Übersicht (links), Randzone (rechts)

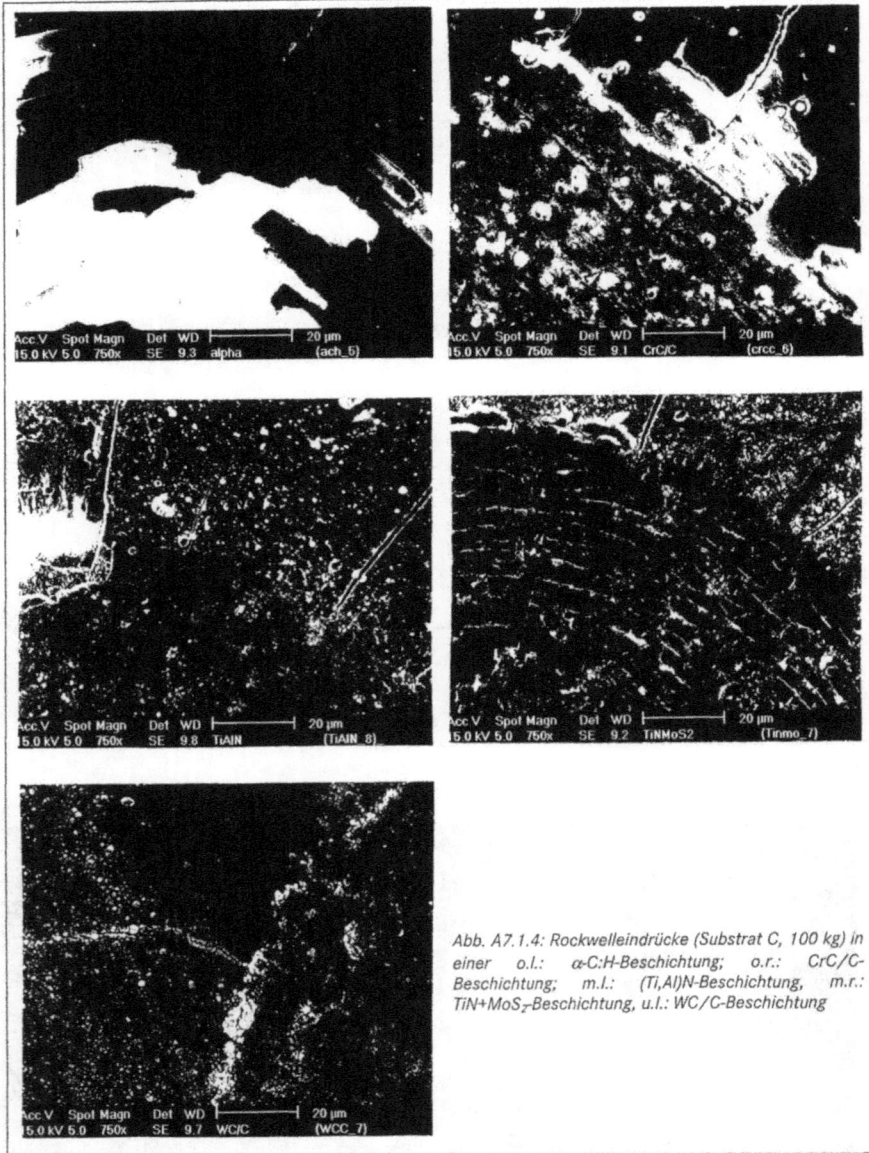

Abb. A7.1.4: Rockwelleindrücke (Substrat C, 100 kg) in einer o.l.: α-C:H-Beschichtung; o.r.: CrC/C-Beschichtung; m.l.: (Ti,Al)N-Beschichtung, m.r.: TiN+MoS₂-Beschichtung, u.l.: WC/C-Beschichtung

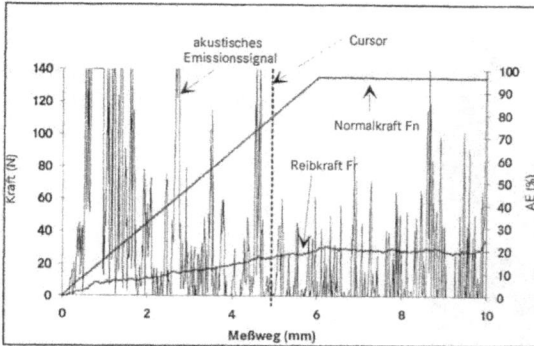

Abb. A7.2.1: Kraft-Weg-Diagramm eines Ritztests

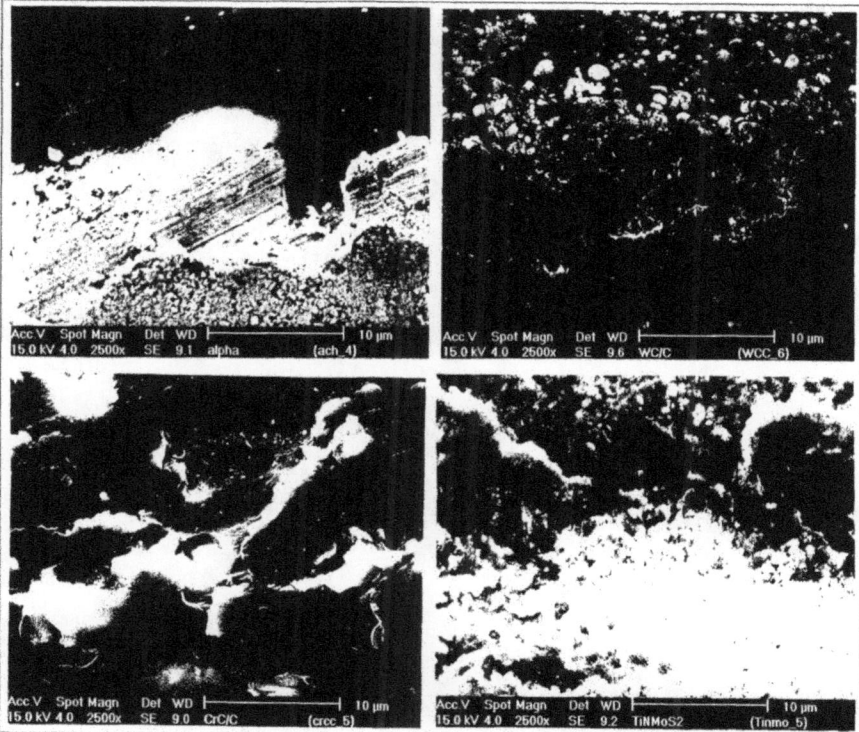

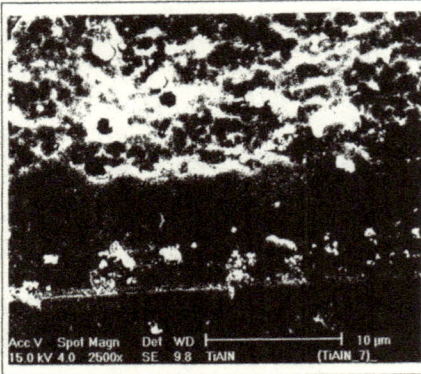

Abb. A7.2.2: Ritzspuren an HMC-Proben mit (S. A10) o.l.: α-C:H, o.r.: WC/C-, u.l.: Cr/C-, u.r.: TiN+MoS₂, S A11 o.l.: (Ti,Al)N-Beschichtung

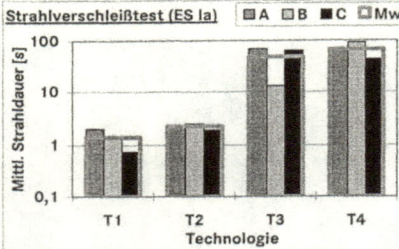

Abb. 7.4.1: Einzelergebnisse des Strahlverschleißtests an Proben des ES Ia

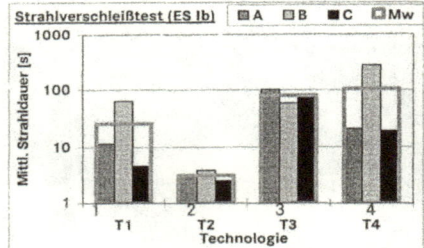

Abb. 7.4.2: Einzelergebnisse des Strahlverschleißtests an Proben des ES Ib

Anhang 8

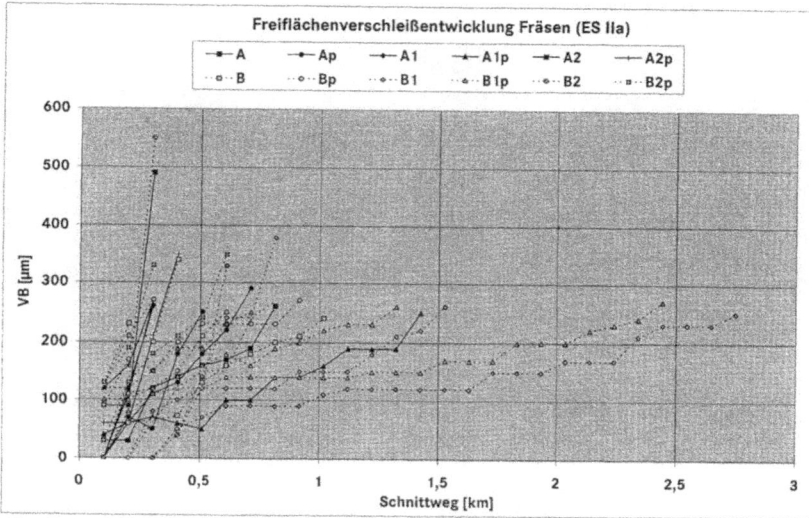

Freiflächenverschleißentwicklung Fräsen (ES IIa)

Abb. A8.1.1: Entwicklung der Verschleißmarkenbreite VB beim Gegenlauffräsen von AlSi17MgCu4 (ES IIa)

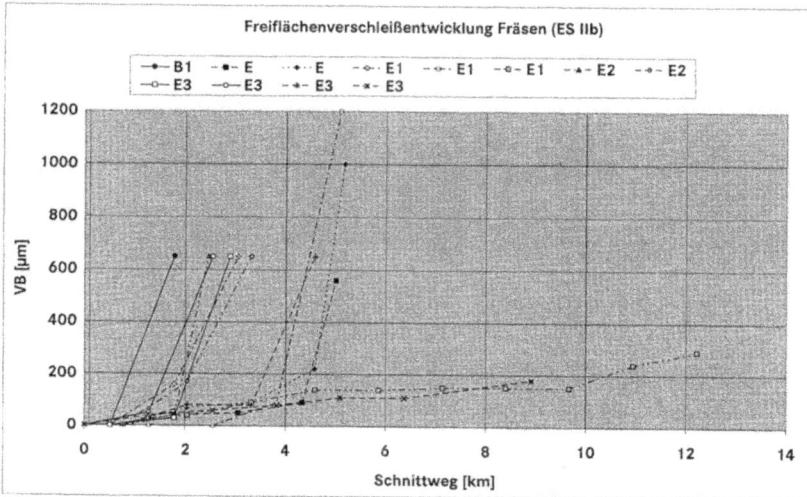

Freiflächenverschleißentwicklung Fräsen (ES IIb)

Abb. A8.1.2: Entwicklung der Verschleißmarkenbreite VB beim Gegenlauffräsen von AlSi17MgCu4 (ES IIb)

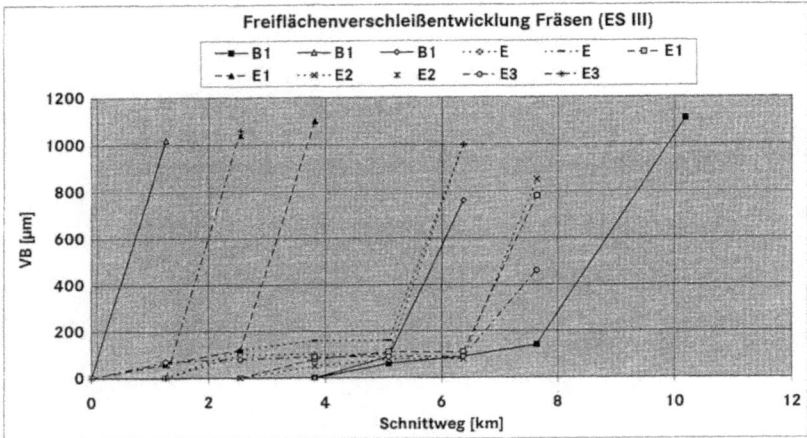

Abb. A8.1.3: Entwicklung der Verschleißmarkenbreite VB beim Gegenlauffräsen von AlSi17MgCu4 (ES III)

www.ingramcontent.com/pod-product-compliance
Lightning Source LLC
Chambersburg PA
CBHW020834210326
41598CB00019B/1892